高等职业教育“十四五”规划教材
中国特色高水平高职专业建设计划成果
现代农业装备应用技术专业群系列教材

农机发动机结构与维修指导手册

赵作伟　主编

中国农业大学出版社
·北京·

内 容 简 介

本教材注重理论与实践相结合，充分运用一体化教学模式，根据新时期高等职业教育特点，围绕工作岗位和教学实际编写而成。作者精心选取教材内容，根据农机发动机结构、功能及工作过程进行合理编排，通俗易懂，突出对学生实践能力的培养。本书主要内容包括发动机的工作原理及总体构造、曲柄连杆机构、配气机构、柴油机燃料供给系统、柴油发动机共轨系统、冷却系统的构造与维修、润滑系统的构造与维修以及柴油发动机的装配与综合故障分析。

本教材适合高等职业院校农机应用技术、工程机械运用与维护等专业教学使用，也可作为拖拉机、汽车和工程机械维修人员的培训教材及相关从业人员的自学参考书。

图书在版编目(CIP)数据

农机发动机结构与维修指导手册 / 赵作伟主编 . --北京：中国农业大学出版社，2024.2
ISBN 978-7-5655-3166-8

Ⅰ. ①农… Ⅱ. ①赵… Ⅲ. ①农业机械－发动机－构造－手册②农业机械－发动机－维修－手册 Ⅳ. ①S220

中国国家版本馆 CIP 数据核字(2024)第 036555 号

书　　名 农机发动机结构与维修指导手册
作　　者 赵作伟　主编

策划编辑 郭建鑫　张秀环　　**责任编辑** 郭建鑫
封面设计 李尘工作室
出版发行 中国农业大学出版社
社　　址 北京市海淀区圆明园西路 2 号　　**邮政编码** 100193
电　　话 发行部 010-62733489,1190　　读者服务部 010-62732336
编辑部 010-62732617,2618　　出　版　部 010-62733440
网　　址 http://www.caupress.cn　　**E-mail** cbsszs@cau.edu.cn
经　　销 新华书店
印　　刷 运河(唐山)印务有限公司
版　　次 2024 年 3 月第 1 版　　2024 年 3 月第 1 次印刷
规　　格 185 mm×260 mm　　16 开本　　13.75 印张　　343 千字
定　　价 49.00 元

编 审 人 员

主　编　赵作伟　黑龙江农业工程职业学院

副主编　崔　勇　江苏农牧科技职业学院
　　　　　张东凤　江苏农林职业技术学院
　　　　　邹法毅　黑龙江农业工程职业学院

参　编　赵梦龙　江苏农林职业技术学院
　　　　　贾学武　黑龙江农业经济职业学院
　　　　　田多林　新疆农业职业技术学院
　　　　　李　石　黑龙江农垦职业学院
　　　　　项腾飞　浙江经济职业技术学院
　　　　　王宝臣　黑龙江省农业机械工程科学研究院
　　　　　邓　宇　黑龙江德沃科技开发有限公司
　　　　　杨柏松　凯斯纽荷兰工业(哈尔滨)机械有限公司

主　审　杜长征　黑龙江农业工程职业学院

前　　言

党的二十大报告指出“教育是国之大计、党之大计。培养什么人、怎样培养人、为谁培养人是教育的根本问题”“深化教育领域综合改革，加强教材建设和管理，完善学校管理和教育评价体系，健全学校家庭社会育人机制”。这凸显了教育和教材建设工作在国家发展全局中的重要地位。本教材在编写过程中，积极将党的二十大精神融入教材，力求落实到教材的每一个项目和任务，贯穿于编写、使用、管理等每一个环节。

本教材在编写时广泛征求兄弟院校专业教师、维修技术人员和企业领导的意见，参考了大量的资料，结合我国农机维修行业的生产实际，最终确定的主要内容包含农机发动机结构与维修的 8 个项目 23 个任务。教材体例上，以任务工单的形式，突出农机发动机的实践操作、维修技能训练、常见故障分析和诊断。

本教材充分考虑了高等职业教育教学的特点和工作岗位对人才的需求，在内容编排上注重理论知识与实践技能的有机结合，突出内容的针对性、通用性、先进性和实践性，旨在提高学生的专业理论知识、实践操作技能以及分析和解决生产过程中实际问题的能力，从而使本教材具有较强的实用性和可操作性。本教材适合高等职业院校农机应用技术、工程机械运用与维护等专业教学使用，也可作为拖拉机、汽车和工程机械维修人员的培训教材及相关从业人员的自学参考书。

本教材由赵作伟统稿，杜长征主审，具体编写分工如下：赵作伟编写了项目一；张东凤编写了项目二；赵梦龙编写了项目三的任务一、任务二；邓宇编写了项目三的任务三；贾学武编写了项目四的任务一和任务二；王宝臣编写了项目四的任务三和任务四；崔勇编写了项目五；邹法毅编写项目六；田多林编写了项目七的任务一；杨柏松编写了项目七的任务二；项腾飞编写了项目八的任务一；李石编写了项目八的任务二。

本教材是新形态教材，配套了丰富的数字教学资源，读者可扫描书中二维码，或登录在线教学平台进行学习。

由于编者水平和精力所限，书中难免存在不足和疏漏之处，恳请读者批评指正，以便再版时修订完善。

编　者

2023 年 7 月

目　　录

项目一　发动机的工作原理及总体构造

项目目标

1. 能够合理选择工具,对发动机总成进行拆卸;
2. 能够对发动机零部件进行观察和认知;
3. 能解释发动机的定义与分类;
4. 能叙述发动机的名词术语及型号编制规则;
5. 能正确掌握发动机的工作原理。

项目任务

1. 发动机的解体;
2. 发动机的观察。

任务一　发动机的解体

【任务目标】

✓ **知识目标**

1. 掌握发动机解体的意义;
2. 掌握发动机解体的要求;
3. 掌握维修设备与工具;
4. 掌握发动机的定义和分类;
5. 掌握内燃机产品和型号编制规则。

✓ **能力目标**

1. 能够规范使用常用工具;
2. 能够规范使用专用工具;
3. 能够规范使用常用量具;
4. 能够规范使用维修设备;
5. 能够解体柴油发动机。

✓ **素质目标**

1. 严格执行发动机解体的安全操作规范;
2. 严格执行发动机解体的"6S"管理规范;
3. 培养团队协作意识、责任意识和爱岗敬业精神;
4. 培养学生自主学习、归纳总结、语言表达的能力;
5. 培养学生对"三农"发展的信心。

【任务工单】

任务工单见表 1-1。

表 1-1　发动机的解体任务工单

专业		操作时长	180 分钟		
班级		机型	农机 4 缸柴油发动机		
学号		时间	年　　月　　日		
姓名		成绩			

发动机的解体作业表

序号	作业内容	作业要点	配分	评分标准	得分	备注
1	安全文明生产	(1)做好操作前的准备，包括检查所需的工具、量具与零件、设备； (2)遵守安全操作规程，正确使用工具，操作现场整洁	10	未达到要求，1 次扣 2 分，扣完为止		
2	拆卸气缸盖	(1)旋松气缸盖罩盖螺栓，取下气缸盖罩盖和垫片，旋松摇臂轴支架螺栓和气缸盖螺栓，取下摇臂总成，取出推杆； (2)将气缸盖与机体分开，选择专用工具取出气门锁块和气门弹簧上座及气门外弹簧和内弹簧，取下气门油封，取出气门弹簧下座，抽出进气门和排气门	20	操作漏、错 1 次各扣 2 分，扣完为止		
3	拆卸摇臂轴组	用扭力扳手拆卸摇臂轴组，按照由两边至中间的顺序进行拆卸，与拆卸气缸盖同时进行	10	操作漏、错 1 次各扣 2 分，扣完为止		
4	拆卸油底壳	拆卸油底壳的顺序为：将发动机倒置，依次旋松油底壳螺栓，取下油底壳，并拆卸集滤器和机油泵	10	操作漏、错 1 次各扣 2 分，扣完为止		
5	拆卸飞轮	拆卸飞轮的顺序为打开飞轮螺栓锁片，用扭力扳手对角旋松飞轮螺栓，然后用其他工具旋下飞轮螺栓，取下飞轮	10	操作漏、错 1 次各扣 2 分，扣完为止		
6	拆卸凸轮轴	松开挺柱室侧盖板螺栓，取下侧盖板及垫片，松开止推凸缘固定螺栓，抽出凸轮轴及其正时齿轮总成。抽凸轮轴及其正时齿轮总成时，应用手在挺柱室内托起凸轮轴慢慢地抽出	10	操作漏、错 1 次各扣 2 分，扣完为止		
7	拆卸曲轴	松开各主轴承盖的紧固螺栓，拆下各主轴承盖，取出曲轴，取下止推轴承片	10	操作漏、错 1 次各扣 2 分，扣完为止		

续表1-1

序号	作业内容	作业要点	配分	评分标准	得分	备注
8	拆卸活塞连杆组	(1)松开连杆大端紧固螺母,取下连杆大端盖和连杆轴承,用木棒将活塞连杆组推出; (2)活塞环的拆卸:用活塞环卡钳依次拆下第一道气环,第二道气环和组合油环	10	操作漏、错 1 次各扣 2 分,扣完为止		
9	技术要求	(1)为了保证在解体过程中零件不受损坏和刮伤,要使用合适的专用工具; (2)解体前应彻底清洗外部灰尘和油污; (3)应选择适当地方分别摆放好零件,以备清洗、检查、装配	10	拆卸不符合技术要求扣 2 分;操作错误扣 2 分,扣完为止		
评分说明		(1)工具及零件掉在地上每次扣 1 分; (2)量具掉在地上每次扣 3 分; (3)因操作失误造成零件及工具、量具损坏每次扣 2 分; (4)违反安全操作规程每次扣 1～3 分; (5)因违规操作发生重大人身或设备事故,按零分计				
学生签字			教师签字			

【相关知识点】

知识点 1 发动机的定义和分类

发动机是将其他形式的能量转变为机械能的工作装置,是农业机械的动力源。发动机的工作状况直接影响整车的动力性和经济性,为提高车辆的使用性能和使用寿命,必须对发动机定期进行维护保养及维修。使用人员应熟练地掌握发动机的基本结构和发动机的工作过程及相关知识。

微课 1-1 发动机定义与分类

一、发动机的定义

发动机是将液体或气体燃料与空气混合后在机体内燃烧而产生热能,再将热能转化为机械能的机械装置。因为燃烧产生热能的过程在机体内完成,发动机又称为内燃机。广义上的内燃机不仅包括往复活塞式内燃机、旋转活塞式发动机和自由活塞式发动机,也包括旋转叶轮式的燃气轮机、喷气式发动机等。现代拖拉机、汽车使用往复活塞式内燃机的最多,这种发动机经过不断革新,技术上已经完善,具有热效率高、结构紧凑、体积小、便于拆装、启动性能良好等优点,因而被广泛应用。

二、发动机的分类

发动机种类繁多,可以按不同特征来加以分类。如图 1-1 所示。

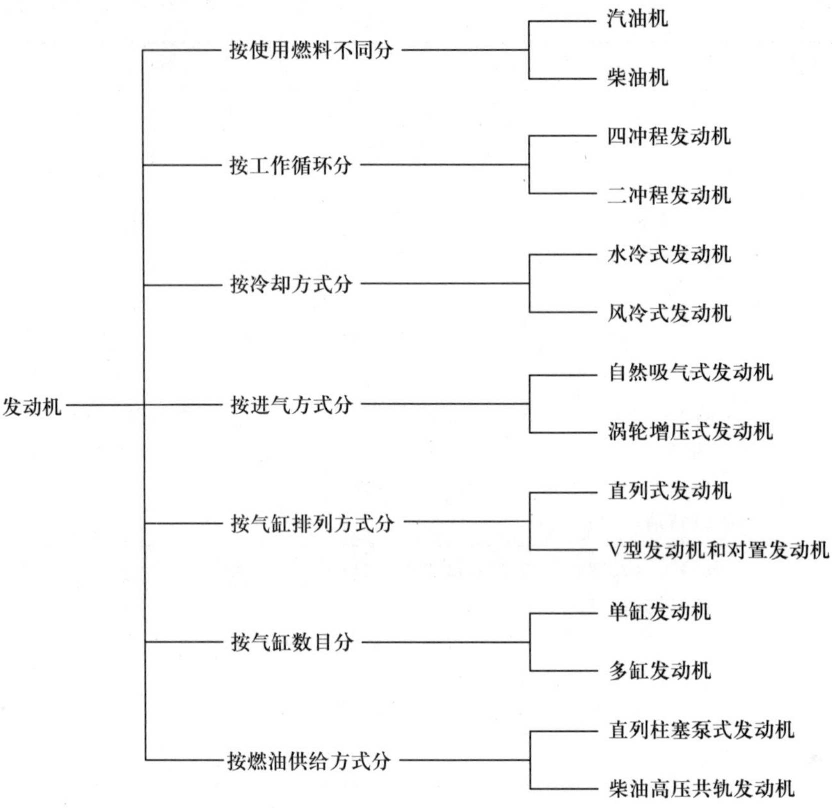

图 1-1 发动机的分类

知识点 2 内燃机产品和型号编制规则

微课 1-2 内燃机产品和型号编制规则

为了便于内燃机的生产管理与使用，我国于 2008 年对内燃机名称和型号的编制方法重新进行了审定，颁布了国家标准《内燃机产品名称和型号编制规则》(GB/T 725—2008)，主要适用于往复式内燃机，是产品名称命名和型号编制的统一规则，其他类型的内燃机也可参照使用。

内燃机产品名称均按所采用的燃料命名，如柴油发动机、汽油发动机。

内燃机型号应能反映内燃机的主要结构特征及性能。内燃机型号依次分为四个部分，其排列顺序及各部分含义规定如图 1-2 所示。

内燃机型号是由阿拉伯数字(简称数字)、汉语拼音字母或国际通用的英文缩略字母组成的，它是区别内燃机的规格和特点的主要标志。为了避免字母重复，可借用其他汉语拼音字母或国际通用的英文缩略字母，但不得用其他文字或代号。例如，工厂可根据机器特征选用一个字母作为机器特征符号，若工厂还需选用其他字母，必须经主管部门批准，不得擅自选用。

第一部分：由制造商代号或系列符号组成。本部分代号由制造商根据需要相应地选择 1～3 位字母表示。

第二部分：由气缸数符号、气缸布置形式符号、冲程形式符号、缸径符号组成；

(1)气缸数用 1～2 位数字表示；

(2)气缸布置形式按照表 1-2 的规定表示；

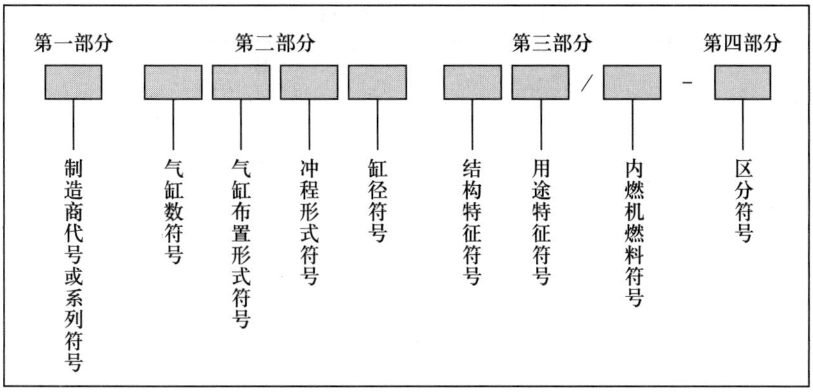

图 1-2　内燃机型号的组成和含义

表 1-2　气缸布置形式符号

符号	含义	符号	含义
无符号	多缸直列或单缸	H	H 型
V	V 型	X	X 型
P	卧式		

注：其他布置形式符号见 GB/T 1883.1。

(3)冲程形式为四冲程时符号可以省略；

(4)缸径符号一般用缸径或缸径行程数字表示，也可用发动机排量或功率数表示。其单位由制造商自定。

第三部分：结构特征符号、用途特征符号分别按表 1-3、表 1-4 的规定编制。内燃机燃料符号如表 1-5 所示。

表 1-3　结构特征符号

符号	结构特征	符号	结构特征
无符号	冷却液冷却	Z	增压
F	风冷	ZL	增压中冷
N	凝气冷却	DZ	可倒转
S	十字头式		

表 1-4　用途特征符号

符号	用途	符号	用途
无符号	通用型及固定动力(或制造商自定)	D	发电机组
T	拖拉机	C	船用主机、右机基本型
M	摩托车	CZ	船用主机、左机基本型
G	工程机械	Y	农用三轮车(或其他农用车)
Q	汽车	L	林业机械
J	铁路机车		

注：内燃机左机和右机的定义按 GB/T 726 的规定。

表 1-5　内燃机常用燃料符号

符号	燃料名称	备注
无符号	柴油	
P	汽油	
T	天然气(煤层气)	管道天然气
CNG	压缩天然气	
LNG	液化天然气	
LPG	液化石油气	
Z	沼气	各类工业化沼气允许用 1～2 个字母表示,如“ZN”表示农业有机废弃物产生的沼气
W	煤矿瓦斯	浓度不同的瓦斯允许在 W 后加 1 个小写字母表示,如 Wd 表示低浓度瓦斯
M	煤气	工业化煤气如焦炉煤气、高炉煤气等,允许在 M 后加 1 个字母区分煤气类型
S	柴油/天然气双燃料	其他双燃料用两种燃料的字母表示
SCZ	柴油/沼气双燃料	
M	甲醇	
E	乙醇	
DME	二甲醇	
FME	生物柴油	

注:1. 一般用 1～3 个拼音字母表示燃料,也可用成熟的英文缩写字母表示。
2. 其他燃料允许制造商用 1～3 个字母表示。

第四部分:区分符号。同一系列产品需要区分时,允许制造商选用适当的符号表示。第三部分与第四部分可用“-”分割。

举例如下:

G12V190ZLD 表示 12 缸、V 型、缸径 190 mm、冷却液冷却、增压中冷、发电用柴油机(G 为系列符号)。

492Q/P-A 表示 4 缸、直列、缸径 92 mm、冷却液冷却、汽车用汽油发动机(A 为区分符号)。

12V190ZL/T 表示 12 缸、V 型、缸径 190 mm、冷却液冷却、增压中冷、天然气发动机。

G12V190ZLS 表示 12 缸、V 型、缸径 190 mm、冷却液冷却、增压中冷、柴油/天然气双燃料发动机(G 为系列符号)。

8E150C-1 表示 8 缸、直列、二冲程、缸径 150 mm、冷却液冷却、船用主机、右机基本型柴油机(1 为区分符号)。

R175A 表示单缸、四冲程、缸径 75 mm、冷却液冷却、柴油机(R 为系列符号;A 为区分符号)。

JC150C-1 表示济南柴油发动机有限公司生产,12 缸、V 型、四冲程、缸径 260 mm、行程 320 mm、冷却液冷却、增压中冷、船用主机、右机基本型柴油机。

1E65F/P 表示单缸、二冲程、缸径 65 mm、风冷、通用型。

EQ6100-1 表示东风汽车工业公司生产，6 缸、直列、四冲程、缸径 100 mm、冷却液冷却、通用型、第一类型产品。

知识点 3　4110 型柴油发动机总成的解体

一、技术要求

(1)为了保证在解体过程中零件不受损坏和刮伤，要使用合适的专用工具。

(2)解体前应彻底清洗外部灰尘和油污。

(3)为了保证零件装复后恢复到原始工作状态，对无须更换又易于装错位置的零件，在适当的位置上做标记或配挂标签。

(4)与各缸相关的零件，应按其装配关系妥善保管好；对其他零件，应选择适当地方分别摆放好，以备清洗、检测、装配。

(5)对个别零部件，在解体或清洗后难以确认损伤原因的，要做好记录，以备进行综合故障分析。

二、总成的解体与检查

1. 拆卸气缸盖

气缸盖拆卸顺序：旋松气缸盖罩盖螺栓，取下气缸盖罩盖和垫片，旋松摇臂轴支架螺栓和气缸盖螺栓，取下摇臂总成，取出推杆，旋松气缸盖螺栓，将气缸盖与机体分开。选择专用工具(俗称气门拿子)取出气门锁块和气门弹簧上座及气门外弹簧和内弹簧，取下气门油封，取出气门弹簧下座，抽出进气门和排气门。

拆卸注意事项如下：

(1)在将气缸盖拆下前，应先把喷油器拆下来，避免把喷油器碰坏或使喷油孔堵塞。

(2)清除气缸盖或气缸体平面残余密封垫片时，不要刮伤气缸盖底平面和气缸体上平面，以免影响装配后的密封性。

(3)拆卸气门时，应选专用工具将气门弹簧压缩，取出气门锁块后，即可拆下气门。如图 1-3 所示。

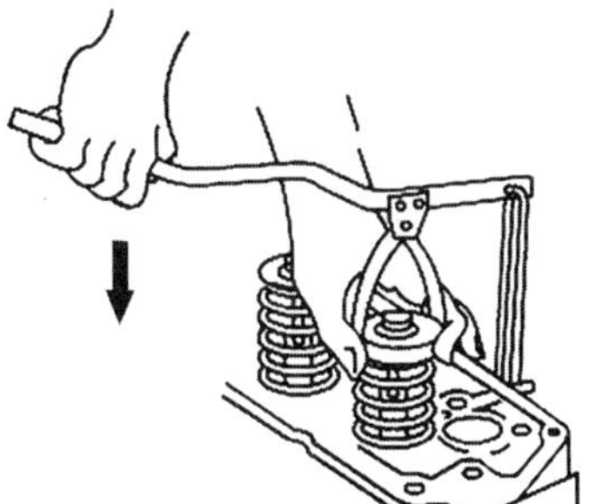

图 1-3　气门的拆卸

(4)气门油封拆卸时，如发现有老化、裂纹等损伤应进行更换。

(5)若喷油器套没有出现漏水、漏气现象，一般不须拆卸。否则须用专用工具进行拆卸。

(6)进、排气门座，如没有出现裂纹、严重烧蚀、密封带明显下沉时，不要拆卸气门座，否则需用镗床镗出气门座，更换新件。

(7)左、右吊耳处如有漏水现象，可拆卸更换垫片，否则不必拆卸。

2. 拆卸摇臂轴组

用扭力扳手(也称力矩扳手)拆卸摇臂轴组，按照由两边至中间的顺序进行拆卸，与拆卸气缸盖同时进行。

3. 拆卸油底壳

将发动机倒置,依次旋松油底壳螺栓并取下油底壳,同时拆卸集滤器和机油泵(机油即发动机润滑油)。

4. 拆卸齿轮传动机构

(1)飞轮的拆卸　打开飞轮螺栓锁片,用扭力扳手对角旋松飞轮螺栓,然后用其他工具旋下飞轮螺栓,取下飞轮。

(2)曲轴后油封的拆卸　将后油封壳的固定螺栓旋下,用两个专用螺栓拧入后油封壳的拆卸孔,将后油封壳顶出。

(3)拆卸飞轮壳,并转动曲轴,观察正时齿轮标记。

(4)惰轮及惰轮轴的拆卸　卸下卡簧,取出止推垫圈和惰轮,松开第一惰轮轴的固定螺栓,取下第一惰轮轴,松开第二惰轮轴和固定螺栓,取下第二惰轮轴。

(5)凸轮轴的拆卸　松开挺柱室侧盖板螺栓,取下侧盖板及垫片,松开止推凸缘固定螺栓,抽出凸轮轴及其正时齿轮总成。抽凸轮轴及其正时齿轮总成时,应用手在挺柱室内托起凸轮轴慢慢地抽出,一般不要拆下凸轮轴正时齿轮。确需拆卸时,则应先在凸轮轴中心孔处拧入一个螺栓,然后用三爪拉马拉出正时齿轮。

5. 活塞连杆组和活塞环的拆卸

(1)活塞连杆组的拆卸　松开连杆大端紧固螺母,取下连杆大端盖和连杆轴承,用木棒将活塞连杆组推出。

(2)活塞环的拆卸　用活塞环卡钳依次拆下第一道气环、第二道气环和组合油环。

(3)活塞销的拆卸　用卡簧钳子取下卡环,推出活塞销,使连杆和活塞分离。虽然活塞和活塞销是间隙配合的,但间隙很小,也可用专用工具将销冲出。

(4)曲轴皮带轮(扭转减震器)的拆卸　松开曲轴皮带轮的紧固螺母,拧入锥套拆卸工具,将锥套拉出,曲轴皮带轮便可拆下。

(5)曲轴前油封的更换　松开前油封座紧固螺栓,取下前油封座和前油封,即可更换新的前油封。

(6)曲轴的拆卸　松开各主轴承盖的紧固螺栓,拆下各主轴承盖,取出曲轴,取下止推轴承片。

6. 拆卸润滑系统

(1)拆下主油道调压阀,拆下离心式机油滤清器,拆下输油泵,拆下柴油细滤器,拆下喷油泵。

(2)机油冷却器的拆卸　松开机油冷却器盖板螺栓,取下冷却器盖和垫片;松开螺母,取出冷却器芯子;松开旁通阀体,取出挡圈、柱塞、弹簧、密封圈。

知识点 4　维修设备与工具

在维修中,正确地选用维修设备、常用及专用工具或量具是保证维修质量、减轻劳动强度、提高工作效率的重要保证。

一、常用设备

在维修中,维修设备是必不可少的,主要包括地沟、举升设备、总成拆装设备、总成运送设备与工作台架等。

1. 维修用地沟

维修用地沟是类似“举升机”的一种设备，由于建造费用低、安全可靠，在小型修理厂中使用较多。

2. 环链手拉葫芦

环链手拉葫芦是一种悬挂式手动提升重物的机械，是装卸笨重物体常用的起重工具。其起重量有 0.5 t、1 t、2 t、3 t、5 t 等。

3. 维修工艺设备

维修工艺设备即直接用来完成维修工艺所用的设备，如专修机械设备、检验仪器、试验台等。

4. 清洗与润滑设备

常用清洗与润滑设备主要有外部清洗机、零件清洗机、积炭清洗设备、滤清器清洗机、润滑油加注器、齿轮油加注器、润滑脂加注器和轴承油脂加注器等。

5. 修理工艺设备

常用修理工艺设备主要有曲轴磨床、镗缸机、磨缸机、磨气门机、磨气门座机和气门座铰刀等。

6. 检查调整设备

常用检查调整设备主要有发动机功率测试仪、油电路试验仪、气门密封试验仪、高压油泵与喷油器试验台、机油泵试验台、弹簧试验仪、磁力探伤仪、万能电气试验台、仪表与灯具修试台、制动阀与气室修试台、前轮定位测试仪、转向盘转动量与转矩检验仪和制动试验仪等。

7. 拆装紧固设备

常用拆装紧固设备主要有轮胎螺母拆装机、钢板弹簧“U”形螺栓螺母拆装机、各种风动扳手、轮胎轮辋拆装机和手提式液压拉压器等。

二、常用维修机具

维修作业中常用维修机具有台虎钳、压力机、砂轮机、台钻等。

1. 台虎钳

装配在工作台上，是一种夹持工件的工具。其规格按钳口的长度分为 75 mm、100 mm、125 mm、150 mm、200 mm 等。常用的是回转式和固定式两种，如图 1-4 所示。

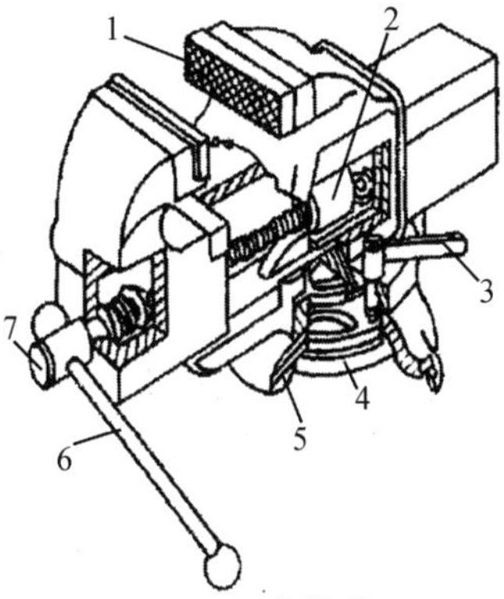

a. 回转式

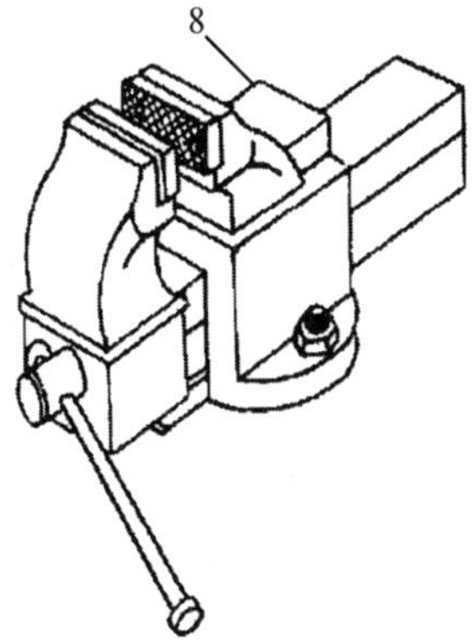

b. 固定式

1. 钳口　2. 固定螺母　3. 转盘扳手　4. 夹紧盘　5. 转盘座　6. 手柄　7. 螺杆　8. 砧座

图 1-4　台虎钳

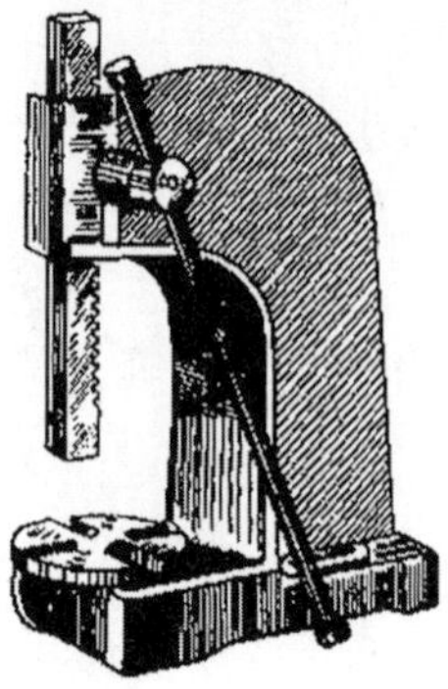

图 1-5　压力机

2. 压力机

压力机是在拆装工作中,用来压入或压出衬套、滚动轴承、齿轮及校正连杆弯曲等必备的机具。手动压力机外形如图 1-5 所示。

3. 砂轮机

砂轮机是维修工作中通常用来磨修工件的电动工具,可用来磨去工件或材料的毛刺、锐边等。

砂轮机主要由砂轮、电动机和机体等组成,如图 1-6 所示。砂轮机通常装有中号及细号两个砂轮,供工作中选用。

4. 台钻

台钻是一种小型钻床,一般用来钻孔径 16 mm 以下的工件,其外形如图 1-7 所示。台钻的灵活性大、使用方便,可用于钻不同规格的孔。

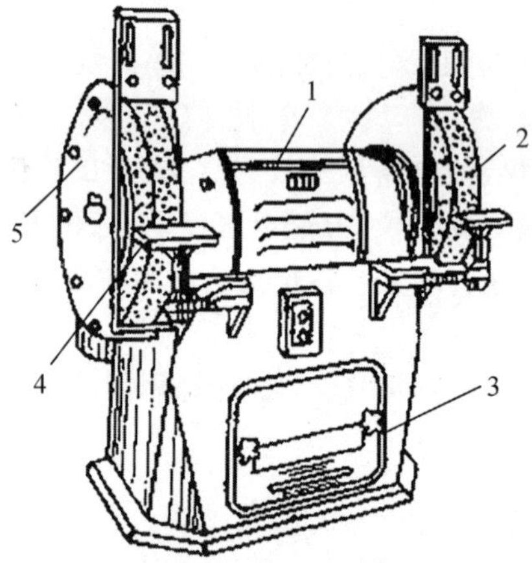

1. 电动机　2. 砂轮　3. 机座　4. 托架　5. 防护罩

图 1-6　砂轮机

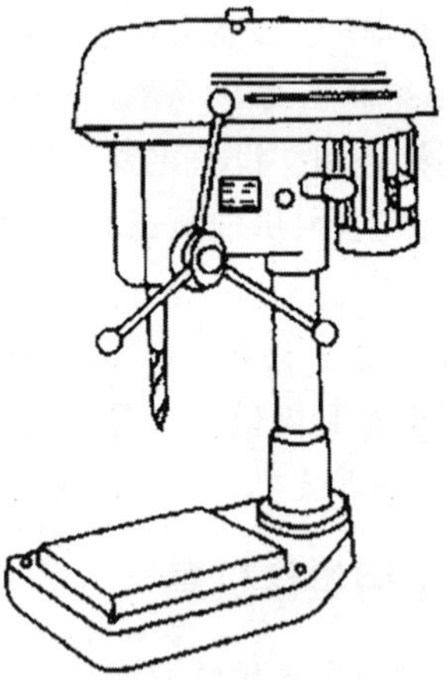

图 1-7　台钻

三、专用工具

1. 拉器

拉器(又称拉马)如图 1-8 所示,是一种拆卸工具,可用来拉出齿轮、皮带轮和轴承等,不仅便于迅速拆卸零件,而且不致损坏零件。

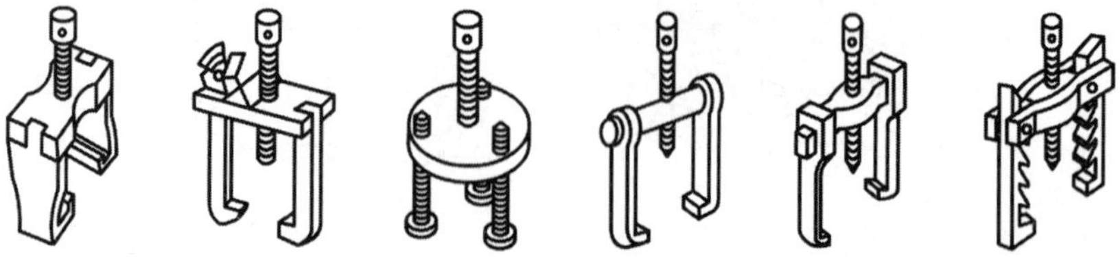

图 1-8　拉器

2. 液压千斤顶

液压千斤顶是利用液体压力来顶举重物的,其规格按最大起重量分为 1.5 t、2 t、3 t、5 t、8 t、10 t、16 t 等。维修中常用 3 t、5 t 两种千斤顶。

3. 气缸套拉具

其中一种气缸套拉具如图 1-9 所示。使用时，将拉具托板装入气缸套的底部，待装好后慢慢旋紧螺母，即可将气缸套拉出。

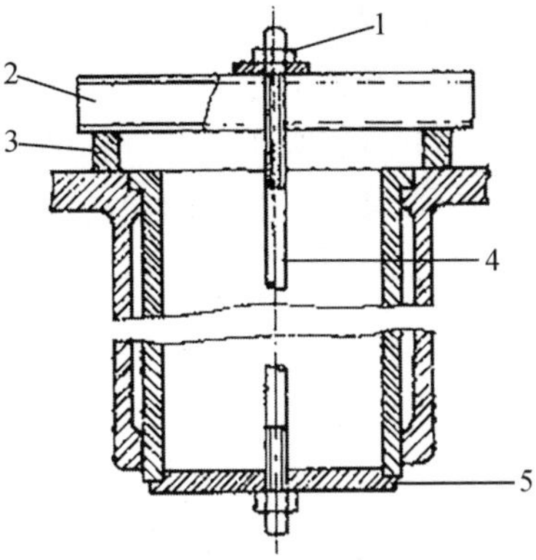

1. 螺母　2. 拉具支板　3. 拉具支承套
4. 丝杠　5. 拉具托板

图 1-9　气缸套拉具

4. 黄油枪

黄油枪是用来加注润滑脂的工具。在拖拉机保养维修中常用来向装有黄油嘴的润滑部位加注润滑脂。如图 1-10 所示。常用的黄油枪为手压杠杆式，主要由储油筒、弹簧、活塞、压油柱塞、出油阀和出油嘴等零件组成。

5. 扭力扳手

扭力扳手是可根据刻度控制扭矩大小的专用扳手，它由扭力杆、套筒头和刻度盘组成。如图 1-11 所示。凡是对螺母、螺栓有明确扭力要求的（如气缸盖、曲轴与连杆的螺栓、螺母等），都要使用扭力扳手拆、装。在拧紧时指针可以表示出扭矩数值的大小。

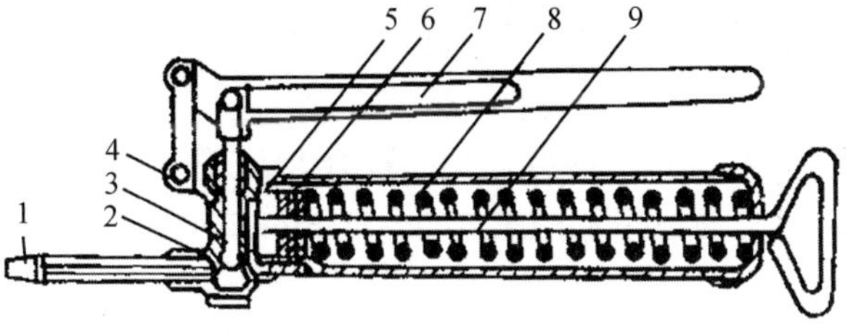

1. 出油嘴　2. 枪体　3. 压力杆　4. 支承销　5. 皮碗
6. 活塞　7. 手柄　8. 弹簧　9. 拉杆

图 1-10　黄油枪

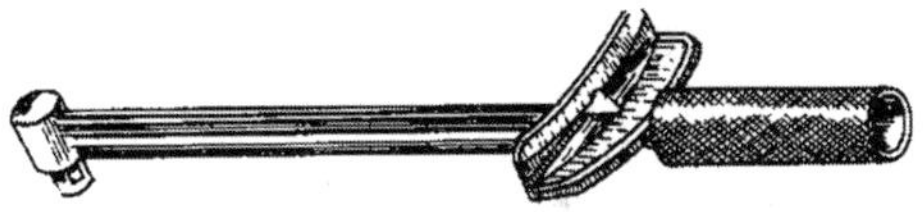

图 1-11　扭力扳手

6. 活塞环拆装钳

活塞环拆装钳是用来拆装活塞环的工具，如图 1-12 所示。使用时，应先将活塞环拆装钳的环口支承面卡入活塞环的开口端面内，并使其与活塞环贴牢，然后缓握手柄，慢慢收缩，将活塞环张开，便可将活塞环自环槽内取出或装入。

7. 气门弹簧装卸钳

气门弹簧装卸钳是用来拆装气门弹簧的专用工具，由固定脚、活动脚和调整手柄等组成，如图 1-13 所示。使用时，先将上下两钳脚收拢，插在气门弹簧下端，然后转动操纵手柄，使两钳脚张开，压缩气门弹簧，取下锁块，再以反向转动操纵手柄，使活动脚回到原位，即可取下气门和弹簧。

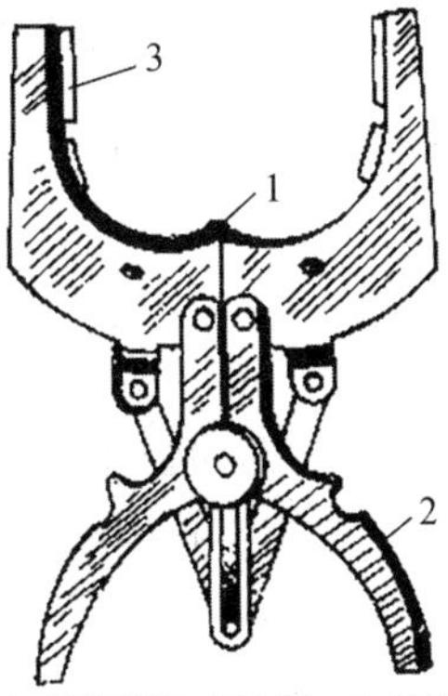

1. 活塞环口支承面　2. 手柄
3. 活塞环外张支承面

图 1-12　活塞环拆装钳

四、常用工具

1. 扳手

扳手是一种用来拆装各种螺母、螺栓的工具，常用的有开口扳手（呆扳手）、梅花扳手（眼镜扳手）、套筒扳手、活动扳手和管钳扳手等。

活动扳手是以其全长(mm)来标定规格的;开口扳手、梅花扳手和套筒扳手则是以被扳动螺母、螺栓的对边距离尺寸(mm)来标定规格的。

(1)开口扳手　开口扳手用来紧固或拆卸标准规格的螺母螺栓。按形状有双头和单头扳手之分,如图 1-14 所示。开口扳手通常是 8、10、12 件为一套,它的适用范围是 6～24 mm 或 6～32 mm,每件上都标有尺寸数据,使用中应根据受力情况选择扳手方向。

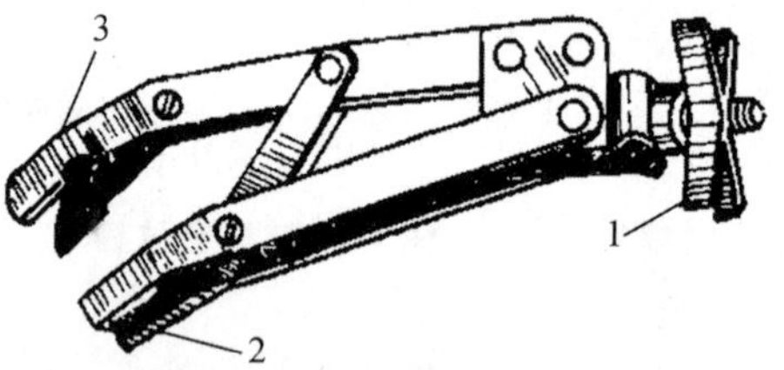

1. 操纵手柄　2. 固定脚　3. 活动脚

图 1-13　气门弹簧装卸钳

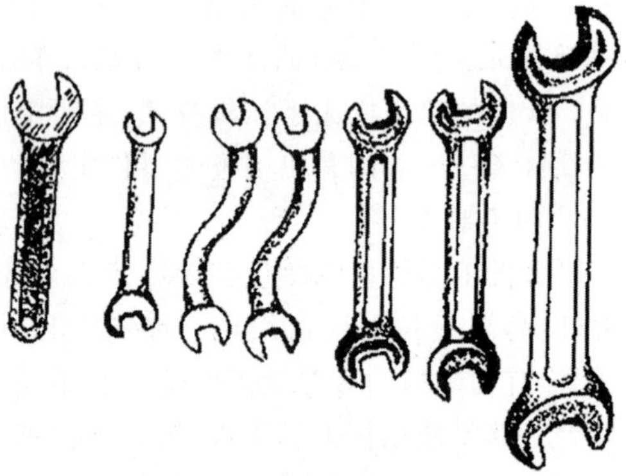

图 1-14　开口扳手

(2)梅花扳手　如图 1-15 所示。梅花扳手(眼镜扳手)的特点是扳转力大、工作可靠、不易滑脱,适用于螺栓或螺母周围空间狭小的场合。它的适用范围是 5.5～27 mm 或 6～32 mm。每件上都标有尺寸数据。

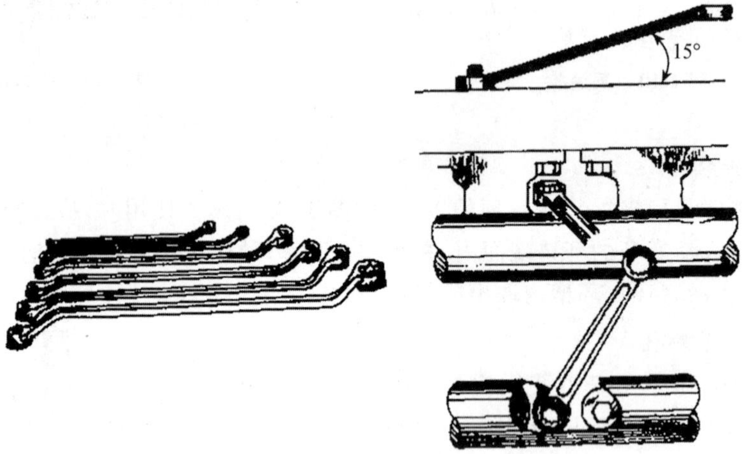

图 1-15　梅花扳手

(3)套筒扳手　是由一套尺寸不同的套筒头和一根弓形的快速手柄以及万向节头、棘轮手柄、长、短连接杆和套筒等组成的,如图 1-16 所示。

套筒扳手用于开口扳手或梅花扳手不便拆装的螺母、螺栓。套筒扳手每套件数不同,用得较多的是 20 件和 32 件为一套的。

(4)内六角扳手　内六角扳手是专门用来拆装内六角螺栓的。它将一段六边形的钢料折弯成直角,再经过热处理,并根据不同规格组合成套。如图 1-17 所示。

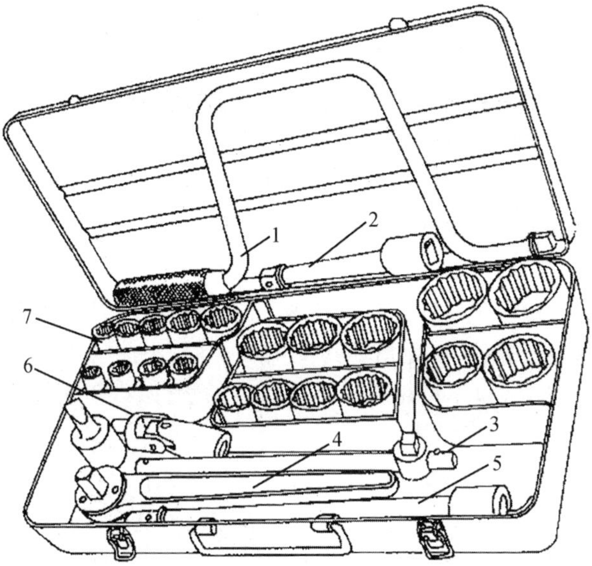

1. 快速手柄 2. 短连接杆 3. 滑动手柄 4. 棘轮手柄 5. 长连接杆 6. 万向节头 7. 套筒

图 1-16 套筒扳手

(5)钩扳手 钩扳手是用来扳转圆周上开有槽口的圆螺母的一种扳手。如图 1-18 所示。

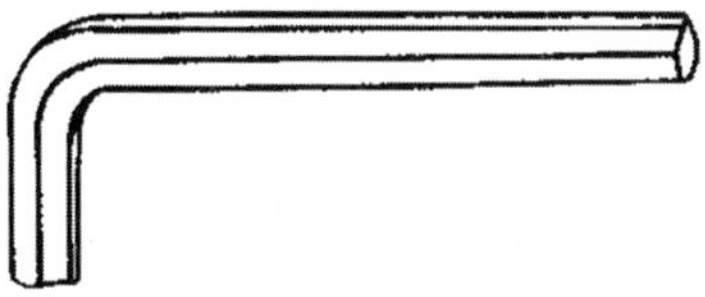

图 1-17 内六角扳手

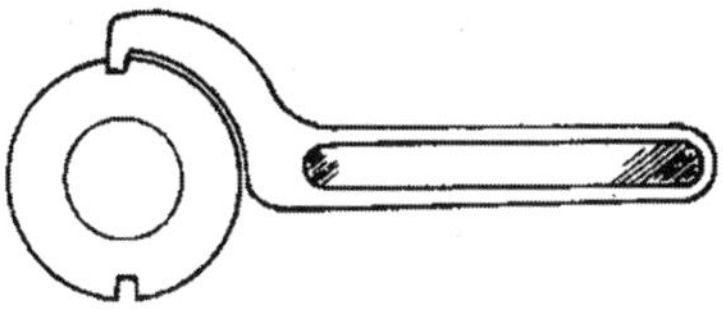

图 1-18 钩扳手

(6)活动扳手 活动扳手如图 1-19 所示。可根据螺母、螺栓的规格调节开口宽度,因此凡在开口宽度尺寸内的螺母、螺栓都适用。

2. 钳子

钳子是用来夹持、扭弯及剪断小工件的工具。它的种类很多,常用的有克丝钳、鱼嘴钳和尖嘴钳等,如图 1-20 所示。

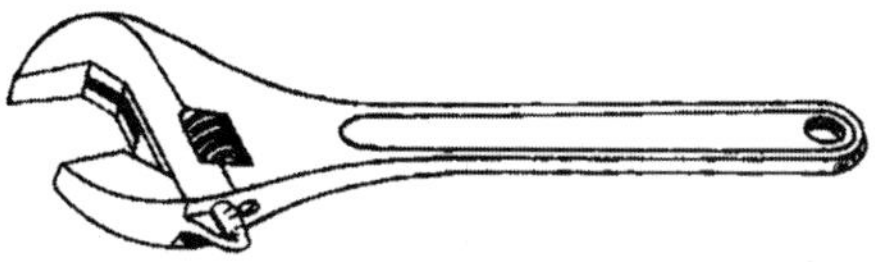

图 1-19 活动扳手

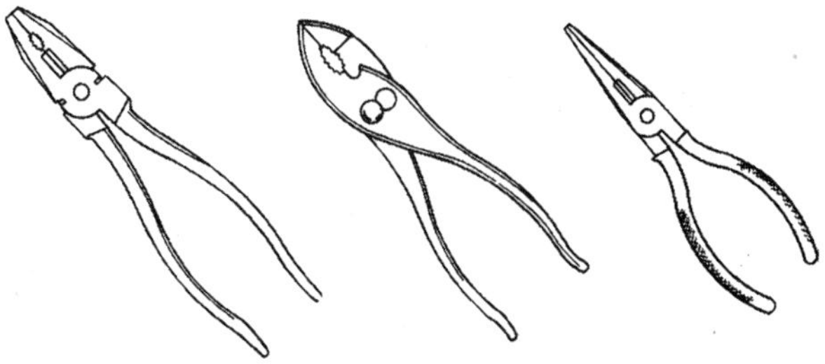

a. 克丝钳 b. 鱼嘴钳 c. 尖嘴钳

图 1-20 钳子

(1)克丝钳　克丝钳用来夹持或折弯金属薄板及剪断金属丝，分为铁柄和绝缘柄两种。克丝钳的规格有 150 mm、175 mm 和 200 mm 三种。

(2)鱼嘴钳　鱼嘴钳是用来夹持扁形或圆柱形工件的，它有两档尺寸，可以放大或缩小使用，其规格有 165 mm 和 200 mm 两种。

(3)尖嘴钳　尖嘴钳用于在狭小的工作环境夹捏细小工件，拔出开口销等。尖嘴钳有铁柄和绝缘柄两种，其规格有 130 mm、160 mm、180 mm 和 200 mm 四种，一般常用 130 mm 和 160 mm 两种。

钳子的使用方法及注意事项：

使用前(后)应擦净油污，以免工作时工件滑脱；弯断或弯折小的工件时，应先将其夹牢；不能用钳子代替扳手松紧螺母、螺栓，以免损坏其棱角和平面；不能用钳子代替锤子或用钳柄代替撬棒，如图 1-21 所示。此外，也不可用钳子夹持过热的物件，以免损坏或退火。

图 1-21　钳子错误操作

3. 旋具

旋具(又称螺丝刀)，是一种用来旋松或紧固带有槽口螺钉的工具，根据用途可分为标准螺丝刀、重级螺丝刀、"十"字形螺丝刀和"一"字形螺丝刀四种，如图 1-22 所示。它们的规格以长度来表示，一般在 50～350 mm 范围内。

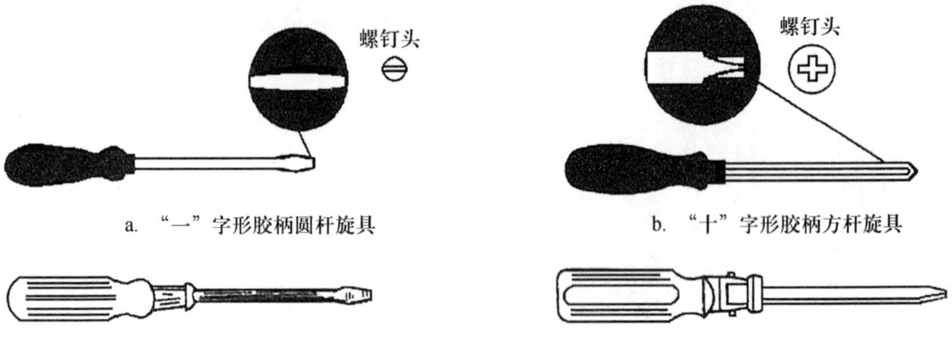

a. "一"字形胶柄圆杆旋具　b. "十"字形胶柄方杆旋具

c. "一"字形木柄圆杆旋具　d. "十"字形木柄方杆旋具

图 1-22　旋具

4. 冲子

冲子用来冲出钻孔时的起始中心或冲出铆钉、销子等；在维修中，常用于打记号及在制作填料时冲出孔眼。如图 1-23 所示。常用的冲子有尖头冲、平头冲和空心冲三种。冲子由中碳钢、高碳钢或工具钢制成。

5. 手锤

如图 1-24 所示，手锤是进行凿切、矫正、铆接和装配等工作时的敲击工具。它由锤头和锤柄两部分组成；手锤的规格是根据锤头的质量(kg)来标定的，锤头规格一般有 0.25 kg、0.50 kg、0.75 kg、1.00 kg、1.25 kg 和 1.50 kg 六种。

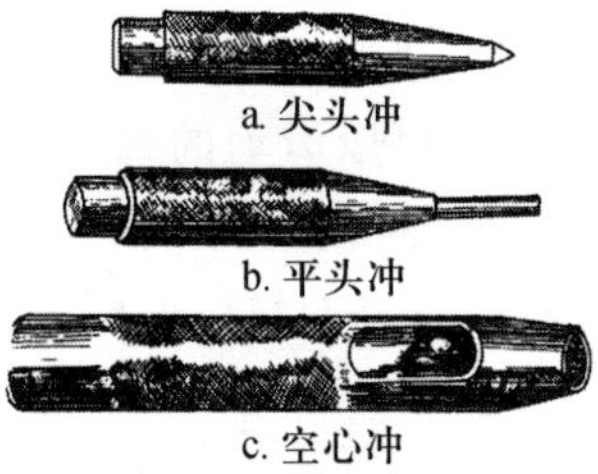

图 1-23　冲子

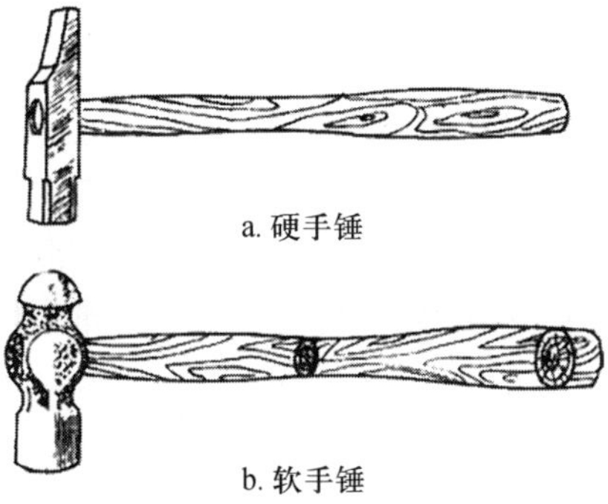

图 1-24　常用手锤

6. 手锯

手锯用来锯断材料或在工件上锯槽。手锯由手柄、弓架和锯条等组成，如图 1-25 所示。

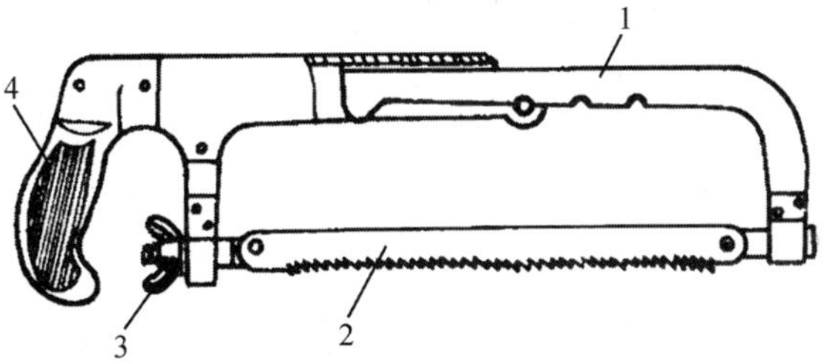

1. 弓架　2. 锯条　3. 张紧螺母　4. 手柄

图 1-25　手锯

7. 锉刀

锉刀的形状如图 1-26 所示。锉刀按齿纹粗细分为粗齿锉刀、中齿锉刀、细齿锉刀和油光锉刀四种。齿纹的粗细是以每 10 mm 内锉纹的条数区分的，锉纹在每 10 mm 长度中条数越多，则齿纹越细。

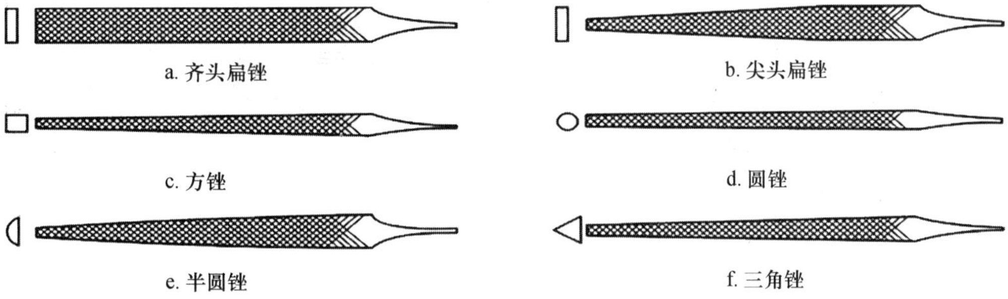

图 1-26　锉刀的形状

五、常用量具

在拖拉机维修中，通常需要用量具对零件的磨损及配合状况进行检查，以确定其可用程度。常用的量具有游标卡尺、外径千分尺、百分表、量缸表、厚薄规。

1. 游标卡尺

游标卡尺是一种精度比较高的常用量具，可用来测量零件的长度、宽度、深度和内外圆直径等。游标卡尺按精度分为 0.10 mm、0.05 mm 和 0.02 mm 等。游标卡尺的规格有 125 mm、200 mm、300 mm、500 mm 和 1 000 mm 等。

游标卡尺的构造如图 1-27 所示。它是由带有刻度的主尺、可以滑动的副尺、固定卡脚、活动卡脚、深度尺和固定螺钉等组成。固定卡脚同主尺是一体的，活动卡脚同副尺是一体的，固定螺钉用来固定副尺。上卡脚测量内表面，下卡脚测量外表面。有的精密游标卡尺，在副尺的后端装有微动游框（矩板），用来做精密调整。

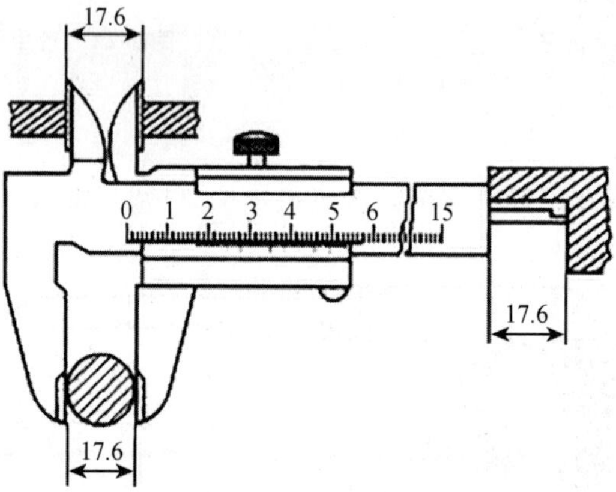

图 1-27 游标卡尺的构造（单位：mm）

2. 外径千分尺

外径千分尺如图 1-28 所示，是一种精密量具，主要用来测零件的外径尺寸，其比游标卡尺精度高，使用方便、准确。

其规格以测量范围划分，有 0～25 mm、25～50 mm、50～75 mm、75～100 mm、100～125 mm、125～150 mm 等。测量精度通常在 0.01 mm，所以实际上是百分尺。

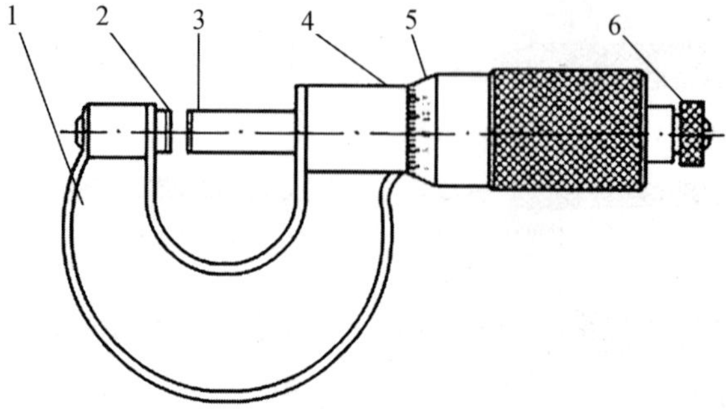

1. 尺架 2. 固定测杆 3. 活动测杆 4. 固定套管 5. 刻度套管 6. 测力装置

图 1-28 外径千分尺构造示意图

3. 百分表

百分表如图 1-29 所示，是一种测量精度较高的量具，常用来测量零件的平面度、圆度、同轴度和平行度等。它的测量精度为 0.01 mm。其规格以测量范围划分，一般有 0～3 mm、0～5 mm、0～10 mm 等。

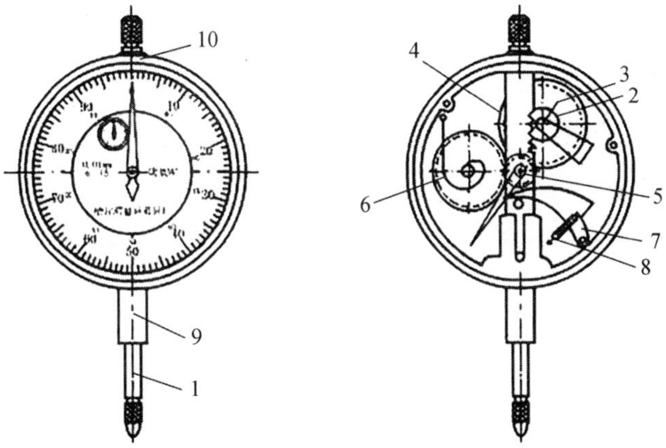

1. 测杆　2. 主动齿轮　3. 主动齿轮固定架　4. 小表针齿轮　5. 大表针齿轮
6. 游丝弹簧　7. 测杆回位块　8. 弹簧　9. 测杆套　10. 旋转表盘

图 1-29　百分表

4. 量缸表

量缸表如图 1-30 所示，是用来测量气缸的圆度、圆柱度和磨损情况的，是维修测量不可缺少的量具。其规格以测量范围划分，一般有 0～10 mm、10～18 mm、18～30 mm、30～50 mm 和 50～160 mm 等。

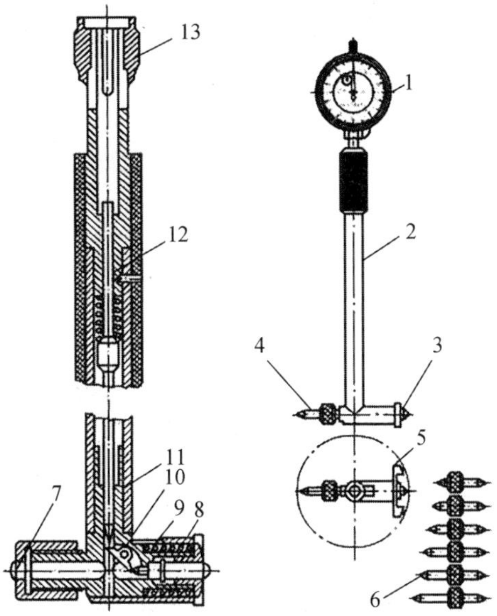

1. 百分表　2、13. 表架　3. 测头　4、6. 可换量杆　5. 定位支架　7. 可换测头伸出孔
8. 活动量杆固定座　9. 弹簧　10. 测头摆块　11. 顶杆导向套　12. 顶杆

图 1-30　量缸表

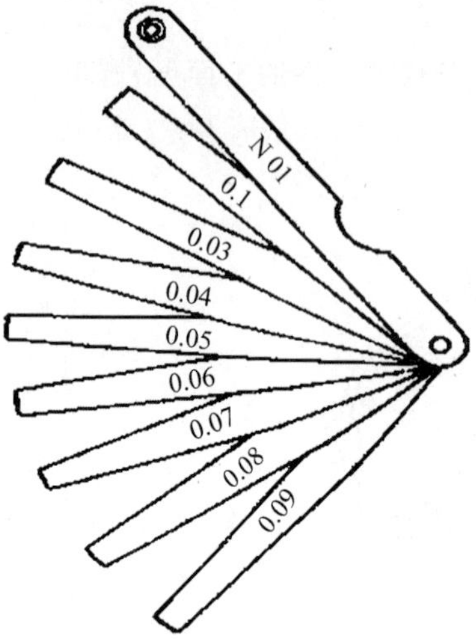

图 1-31　厚薄规

5. 厚薄规

厚薄规(又称塞尺)是用来测量或校验两平行接合面之间的间隙,如通常用于检验气门间隙和活塞环开口间隙等,如图 1-31 所示。它是由一组厚薄不等的薄钢片组成的,每片都有两个平行的测量面。各片上均刻有厚度数字。厚度为 0.03～0.10 mm 的厚薄规,其每片厚度相差 0.01 mm;厚度为 0.1～1.0 mm 的厚薄规,其每片厚度相差 0.05 mm。厚薄规的长度规格有 50 mm、100 mm 和 200 mm 三种。

任务二　发动机的观察

【任务目标】

✓ **知识目标**

1. 了解发动机解体的意义;
2. 掌握发动机的解体方法;
3. 掌握发动机的结构。

✓ **能力目标**

1. 能规范使用设备、工具和材料;
2. 能解体发动机。

✓ **素质目标**

1. 严格执行发动机解体的安全操作规范;
2. 严格执行发动机解体的“6S”管理规范;
3. 培养团队协作意识、责任意识和爱岗敬业精神;
4. 培养学生自主学习、归纳总结、语言表达的能力;
5. 培养学生对“三农”发展的信心。

【任务工单】

任务工单见表 1-6。

表 1-6　发动机的观察任务工单

专业		操作时长	45 分钟
班级		机型	农机 4 缸柴油发动机

续表1-6

学号		时间	年　月　日		
姓名		成绩			
发动机的观察作业表					

序号	作业内容	作业要点	配分	评分标准	得分	备注
1	安全文明生产	(1)做好操作前的准备,包括检查和备齐所需的工具、量具与零件、设备; (2)遵守安全操作规程,正确使用工具,操作现场整洁	10	未达到要求,1次扣2分,扣完为止		
2	曲柄连杆机构的观察	(1)活塞的观察; (2)活塞环的观察; (3)连杆的观察; (4)曲轴的观察; (5)轴瓦的观察; (6)飞轮的观察; (7)扭转减震器的观察	15	操作漏、错1次各扣2分,扣完为止		
3	配气机构的观察	(1)配气机构为顶置式气门; (2)进、排气门的观察; (3)摇臂总成的观察; (4)挺柱的观察; (5)凸轮轴的观察; (6)齿轮的观察	15	操作漏、错1次各扣2分,扣完为止		
4	燃油供给系统的观察	(1)输油泵的观察; (2)燃油滤清器的观察; (3)喷油泵的观察; (4)喷油器的观察; (5)低压油管与高压油管的观察	10	操作漏、错1次各扣2分,扣完为止		
5	润滑系统的观察	(1)集滤器的观察; (2)机油泵的观察; (3)机油粗滤器的观察; (4)机油冷却器的观察	10	操作漏、错1次各扣2分,扣完为止		
6	冷却系统的观察	(1)水泵的观察; (2)风扇总成的观察; (3)散热器的观察; (4)节温器的观察	10	操作漏、错1次各扣2分,扣完为止		
7	缸体与缸套的观察	(1)缸体的观察; (2)缸套的观察; (3)燃烧室的观察	10	操作漏、错1次各扣2分,扣完为止		
8	进、排气系统的观察	(1)进气管的观察; (2)排气管的观察; (3)空气滤清器的观察; (4)空气加热器的观察	10	操作漏、错1次各扣2分,扣完为止		

续表1-6

序号	作业内容	作业要点	配分	评分标准	得分	备注
9	技术要求	(1)进行 4110 型柴油发动机的观察； (2)进行 4110 型柴油发动机的各零部件归类； (3)所有零部件摆放整齐	10	不符合技术要求，每次扣 2 分；允许多次反复观察，但部件摆放不整齐扣 2 分；扣完为止		
评分说明		(1)零部件掉在地上每次扣 1 分； (2)工具掉在地上每次扣 2 分； (3)因操作失误造成零件及工具、量具损坏每次扣 2 分； (4)违反安全操作规程每次扣 1～3 分； (5)因违规操作发生重大人身或设备事故，按零分计				
学生签字			教师签字			

【相关知识点】

知识点 1　发动机的总体结构和性能指标

一、柴油发动机的总体结构

发动机是由许多机构和系统组成的复杂机器。现代柴油发动机的结构形式很多，即使是同一类型的发动机，其具体构造也是有很大差异的，但就其总体功能而言，基本由如下的机构和系统组成：曲柄连杆机构、配气机构、燃料供给系统、冷却系统、润滑系统和启动系统。我们可以通过一些典型的柴油发动机的结构实例来分析发动机的总体构造。

图 1-32 所示是一台四缸四冲程柴油发动机的剖面结构图，下面以它为例介绍柴油发动机的一般构造。

1. 曲柄连杆机构

曲柄连杆机构由气缸体与曲轴箱组、活塞连杆组、曲轴飞轮组三部分组成。其中气缸体与曲轴箱组由气缸体、曲轴箱、气缸盖、气缸套、气缸垫及油底壳等组成；活塞连杆组由活塞、活塞环、活塞销、连杆等组成；曲轴飞轮组由曲轴、飞轮、扭转减震器、平衡重等组成。有的发动机将气缸分铸成上下两部分，上体称为气缸体、下体称为曲轴箱。气缸体是发动机各机构、各系统的装配基体，其本身的许多部分又分别是曲柄连杆机构、配气机构、燃料供给系统、冷却系统和润滑系统的组成部分。气缸盖和气缸体的内壁共同组成燃烧室的一部分，是承受高温、高压的机件。它的功能是将燃料燃烧时产生的热能转变为活塞往复运动的机械能，再通过连杆将活塞的往复运动变为曲轴的旋转运动而对外输出动力。

2. 配气机构

配气机构由进气门、排气门、挺柱、推杆、摇臂、凸轮轴以及凸轮轴正时齿轮（由曲轴正时齿轮驱动）等组成。它的功能是使可燃混合气及时充入气缸并及时从气缸排出废气。

3. 燃料供给系统

燃料供给系统由柴油箱、输油泵、高压油泵、柴油滤清器、空气滤清器、进气管、排气管、排

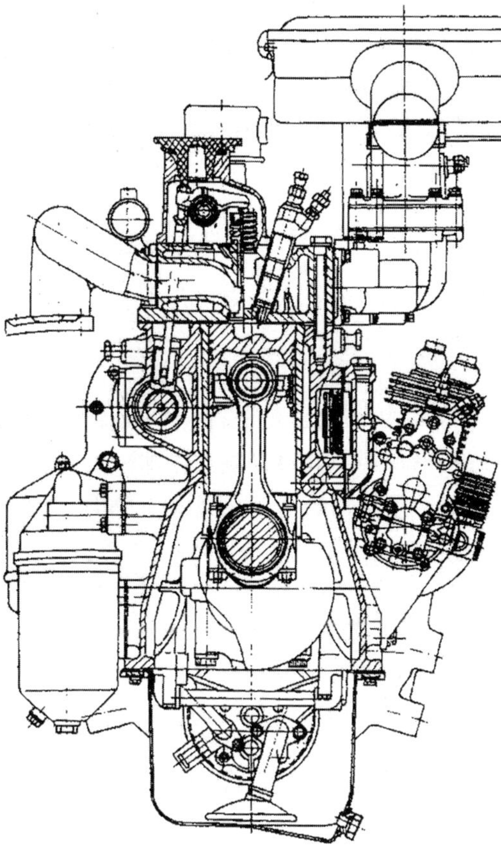

图 1-32　四缸四冲程柴油发动机的剖面结构图

气消声器等组成。它的功能是把柴油压入气缸和空气混合成可燃混合气，以供燃烧，并将燃烧生成的废气排出发动机外。

4. 冷却系统

冷却系统主要由水泵、散热器、风扇、分水管、气缸体放水阀以及气缸体和气缸盖内铸出的空腔（水套）等组成，它的主要功能是把受热机件的热量散到大气中去，以保证发动机的正常工作。

5. 润滑系统

润滑系统主要由机油泵、集滤器、限压阀、润滑油道、机油粗滤器、机油细滤器和机油冷却器等组成。它的功能是将润滑油以一定的压力送到相对运动的零件表面，以减少它们之间的摩擦阻力，减轻机件的磨损，同时起到冷却摩擦零件、清洗零件摩擦表面的作用。

6. 启动系统

启动系统由启动机及其附属装置组成，它的功能是使静止的发动机启动并转入正常运转状态。

微课 1-3　发动机的性能指标

二、发动机的性能指标

1. 有效功率

发动机曲轴所输出的功率称为有效功率。

2. 有效热效率

循环的有效功与所消耗燃料的热量之比称为有效热效率。

3. 有效燃料消耗率

单位有效功所消耗的燃油量称为有效燃油消耗率。通常以每输出 1 kW・h 有效功的耗油量表示，是评定整个发动机经济性能的重要指示。其值越小，说明发动机曲轴端每输出 1 kW・h 的有效功所需消耗的燃料越少。

4. 排气品质

发动机排放的有害气体会形成污染，危害人类健康与动植物生长，受到各国日趋严格的排放法规限制。

5. 噪声

发动机噪声污染对人的生活及环境的影响极大，已成为一种环境的公害，必须严格控制。发动机的噪声主要由气体的噪声、燃烧噪声和机械噪声三部分组成。

为保护人类生存环境，我国出台了防治噪声污染的相关法规。对车辆噪声的限制就相当于对发动机提出了降低噪声级的相应要求。

6. 启动性

发动机的启动性能是其质量的重要考核指标之一，尤其是对柴油发动机。我国有关标准规定，在不采用特殊低温启动措施的条件下，汽油发动机在－10 ℃、柴油发动机在－5 ℃以下的气温环境下，接通启动机 15 s 以内，发动机应能顺利启动，自行运转。

知识点 2　四冲程发动机的工作原理

微课 1-4　发动机的基本名词术语

一、发动机的基本名词术语

(1)上止点　活塞在气缸内运动，活塞顶部达到最高点处的位置，称为上止点，即活塞顶部距离曲轴回转中心最远处(图 1-33)。

(2)下止点　活塞在气缸内运动，活塞顶部达到最低点处的位置，称为下止点，即活塞顶部距离曲轴的回转中心最近处。

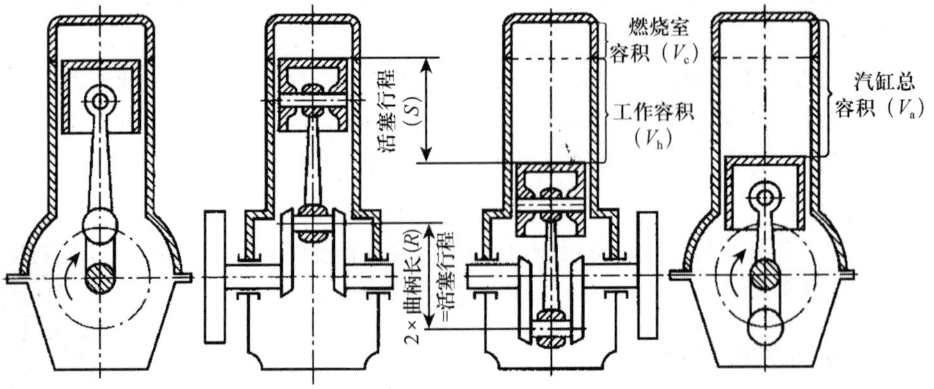

图 1-33　发动机常用术语

(3)活塞冲程　活塞在气缸内运动，其上、下止点间的距离，称为活塞行程，用 S 来表示。

(4)曲柄半径　曲轴连杆轴颈的轴心线到主轴颈轴心线的距离，称为曲柄半径，用 R 来表示。活塞行程的大小取决于曲柄半径，其关系为：活塞行程 S 等于曲柄半径 R 的 2 倍，即 $S=2R$。

(5)燃烧室容积　活塞在上止点时，活塞顶与气缸盖之间的容积，称为燃烧室容积，用 V_c 表示。

(6)气缸总容积　活塞在下止点时，活塞顶上方空间的容积，称为气缸总容积，用 V_a 表示。

(7)气缸工作容积　活塞从上止点移动到下止点或由下止点移动到上止点时活塞所扫过的空间容积，用 V_h 表示。

(8)压缩比　气缸总容积与燃烧室容积的比值，用 ε 表示，$\varepsilon=V_a/V_c$。压缩比是表示气缸内气体被压缩程度的指标。压缩比越大，压缩终了时，气缸内的气体压力越大、温度越高。

(9)发动机排量　多缸机气缸工作容积之和称为排量，用 V_L 表示，$V_L=i\times V_h$，i 为气缸数。

(10)工作循环　发动机每完成一个吸气、压缩、做功和排气工作过程，称为一个工作循环。

(11)二冲程发动机　曲轴每转一圈完成一个工作循环的发动机。

(12)四冲程发动机　曲轴每转两圈完成一个工作循环的发动机。

(13)工况　指发动机在某一时刻所处的工作状况。一般用发动机的转速和负荷来表示。

二、单缸四冲程柴油发动机的工作原理

为使发动机产生动力，必须先将燃料和空气供入气缸，使之燃烧产生热能，以气体为工作介质推动活塞，通过连杆使曲轴旋转，使热能转化为机械能，最后将燃烧后的废气排出气缸。至此，发动机完成一个工作循环。此循环周而复始地进行，发动机便产生连续的动力。

微课 1-5　单缸柴油机的工作原理

四冲程发动机每个工作循环中的活塞行程分别为进气行程、压缩行程、做功行程和排气行程。其示功图如图 1-34 所示。示功图表示活塞在不同位置时气缸内压力的变化情况，示功图上曲线所围成的面积，即为单缸发动机在一个工作循环中所做的功。

1. 进气行程

进气行程如图 1-35a 所示。进气门打开，排气门关闭，通过曲轴旋转带动活塞从上止点向下止点运动，气缸内容积增大，压力降低而形成真空，将过滤后的空气吸入气缸。由于进气系统的阻力，进气终了时气缸内气体的压力略低于大气压，为 0.075～0.09 MPa，温度为 370～400 K。示功图(图 1-34a)上的曲线 ra 表示进气行程，位于大气压力线之下。它与大气压力线纵坐标之差，即为活塞对应于各位置时的真空度。

2. 压缩行程

压缩行程如图 1-35b 所示。此时进、排气门处于关闭状态。为使吸入缸内的空气迅速与柴油混合燃烧，释放出更多的热量，使发动机发出更大的功率，必须在燃烧前对其进行压缩，使其容积变小、温度升高。为此，进气终了前便进入压缩行程。在此行程中，进、排气门均关闭，曲轴推动活塞由下止点向上止点移动完成该行程。示功图上，曲线 ac 表示压缩行程(图 1-34b)。活塞到达上止点时压缩行程结束，空气被压入活塞上方及燃烧室中。此时，压力可达 3～5 MPa，温度可达 800～1 000 K。

发动机的压缩比大，则混合气燃烧迅速、发动机发出的功率大、经济性就好。压缩比过大，

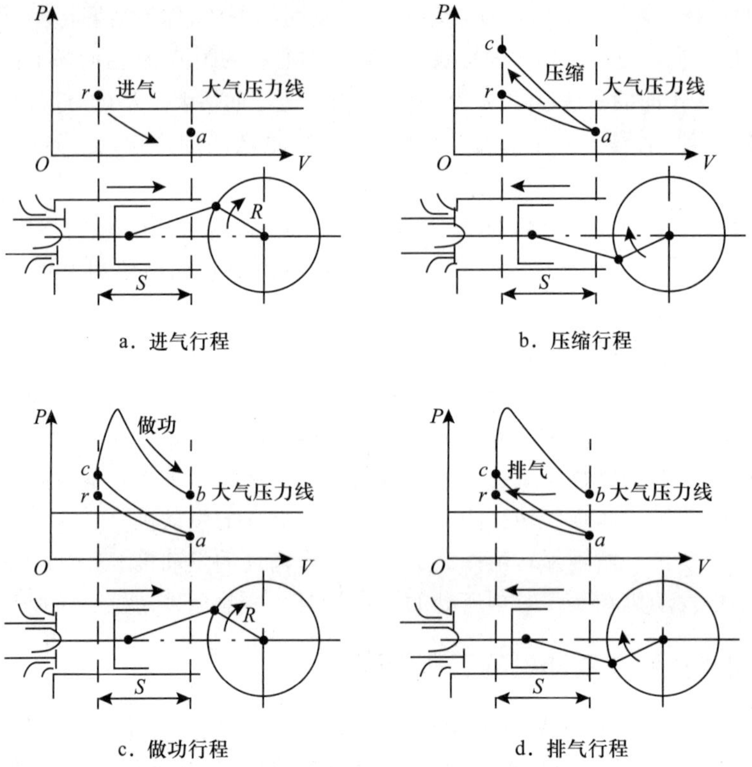

图 1-34　四冲程柴油发动机的示功图

会导致爆燃和表面点火等不正常的燃烧现象，造成发动机过热、功率下降、油耗增大等一系列不良后果。因此在提高柴油发动机压缩比时，必须防止爆燃现象的发生。

3. 做功行程

做功行程如图 1-35c 所示，此时进、排气门仍关闭。混合气的燃烧分为两个阶段：第一阶段，在柴油发动机压缩行程终了前，喷油泵使柴油产生高压，经喷油器呈雾状喷入气缸内，与高温、高压的空气迅速气化形成混合气，此时气缸内的温度远远高于柴油的自燃温度（约 500 K），柴油便立即自行着火燃烧，由于喷油的持续，致使第二阶段边喷油边燃烧，气缸内压力、温度急剧升高，瞬时压力可达 5～10 MPa，瞬时温度可达 1 800～2 200 K；做功终了时压力约为 0.2～0.4 MPa，温度约为 1 200～1 500 K。

活塞向下止点运动，活塞下移通过连杆使曲轴旋转运动，产生转矩而做功。发动机至此完成了一次将热能转变为机械能的过程。示功图上的曲线 *cb* 表示做功过程。在做功终了时的 *b* 点压力下降为 0.3～0.5 MPa，温度降为 1 300～1 600 K。

4. 排气行程

排气行程如图 1-35d 所示。混合气燃烧后成为废气，应从气缸内排出，以便下一个工作循环得以进行。当做功行程接近终了时，排气门打开，进气门仍然关闭，因废气压力高于大气压力而自动排出，此外，当活塞越过下止点上移时，靠活塞的推挤作用强制排气。活塞到上止点附近时，排气行程结束。

示功图上曲线 *br* 表示排气行程（图 1-34d）。排气终了时，0.105～0.125 MPa，温度为

800～1 000 K。至此发动机完成一个工作循环，接着又开始了下一个工作循环。

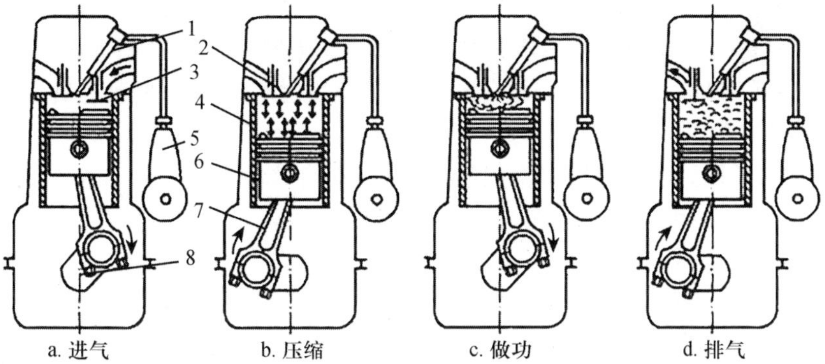

1. 喷油器　2. 排气门　3. 进气门　4. 气缸　5. 喷油泵　6. 活塞　7. 连杆　8. 曲轴

图 1-35　四冲程柴油发动机工作原理

5. 发动机的工作特点

(1)每一个工作循环，曲轴转两圈(720°)，每一个行程曲轴转半圈(180°)，进气行程中进气门开启，排气行程中排气门开启，其余两个行程中进、排气门均关闭。

(2)四个行程中，只有做功行程对曲轴产生旋转动力，其他三个行程是做功行程的辅助行程，没有辅助行程就没有做功行程。

(3)在发动机运转的循环开始时，必须有外力使曲轴旋转完成进气、压缩(火花塞点火)、着火，完成做功行程，发动机依靠曲轴和飞轮贮存的能量便可自行完成以后的行程，以后的工作循环发动机无须外力就可以自行完成。

三、单缸四冲程汽油发动机工作原理

单缸四冲程汽油发动机是按照如图 1-36 所示的进气行程、压缩行程、做功行程和排气行程不断循环往复运转的。

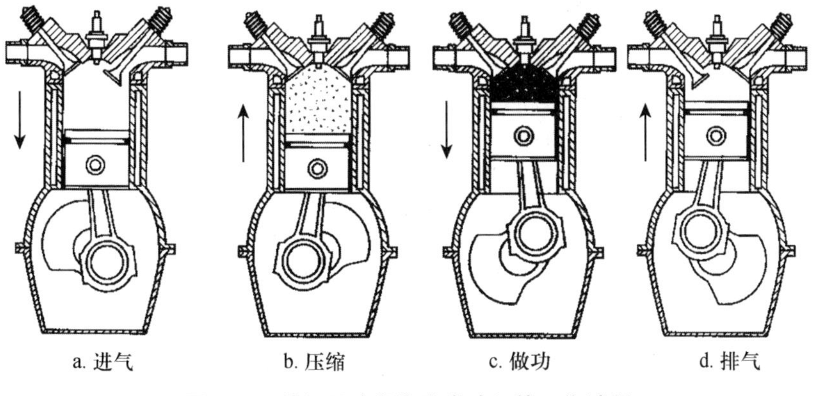

图 1-36　单缸四冲程汽油发动机的工作过程

1. 进气行程

进气门打开，排气门关闭。曲轴带动活塞从上止点向下止点运动，活塞上方的气缸容积增大，气缸内压力降到大气压以下，气缸内造成真空吸力。在真空吸力作用下汽油与空气在化油器或进气管里形成的可燃混合气，经过进气门被吸入气缸，直至活塞向下运动到下止点，此时，曲轴转过了180°。受空气滤清器、进气管、气门等阻力影响，进气终了时气缸内气体压力低于大气压，为0.075～0.09 MPa。同时受到残余废气和高温机件加热的影响，温度升高到370～400 K。实际上进气门是在活塞到达上止点之前打开的，到达下止点之后关闭，以便吸进更多的混合气。

2. 压缩行程

进、排气门都关闭，曲轴继续旋转并通过连杆推动活塞由下止点向上止点运动，气缸内成为封闭的环境，随着活塞的上移，可燃混合气受到压缩，压力和温度不断升高，活塞接近上止点时，火花塞产生高压电火花点燃被压缩到燃烧室中的混合气。压缩终了时，混合气压力可达0.6～1.2 MPa，温度可达600～700 K。

3. 做功行程

进、排气门继续关闭，由于混合气在燃烧前已混合均匀，因此在火花塞点火后，燃烧过程进行得很快，燃烧延续的时间很短，气缸内气体的温度和压力迅速升高，最高膨胀压力可达3～5 MPa，最高温度可达2 200～2 800 K。在高温高压气体的推动下，活塞由上止点向下止点运动，通过连杆使曲轴旋转并输出机械功，除了用于维持发动机本身继续运转外，其余用于对外做功。活塞运行到下至点，做功行程结束，压力降低至0.3～0.5 MPa、温度降至1 300～1 600 K。

4. 排气行程

混合气燃烧后成为废气，必须从气缸内排出，以便进行下一个进气行程。当做功行程接近终了时，排气门打开，进气门仍关闭，废气靠压力自由排出，当活塞越过下止点向上止点运动时，靠活塞的推挤作用强制排气。活塞到上止点附近时，排气行程结束。排气终了时，缸内压力约为0.105～0.115 MPa，温度为900～1 200 K。排气门实际是延迟关闭的，以便排出更多的废气。

排气行程结束后，进气门再次打开，又开始下一个工作循环。可见四冲程汽油发动机经过进气、压缩、做功、排气四个行程完成一个工作循环，这期间活塞在上、下止点间往复运动了四个行程，相应地，曲轴旋转了两圈。

四、柴油发动机与汽油发动机的比较

1. 共同点

(1)每一个工作循环，曲轴转两周，每一个行程曲轴转半周(180°)进气行程时进气门开启，排气行程时排气门开启，其余两个行程时进、排气门均关闭。

(2)4个行程中，只有做功行程对外做功，其他3个行程是为做功行程做准备，都需要外界提供能量。多缸机进气、压缩、排气行程所需要的能量由其他正处在做功行程的气缸提供。单缸发动机，能量由较大的飞轮提供，即在做功行程时，曲轴带动飞轮加速旋转，依靠飞轮的旋转惯性带动发动机完成其他3个行程。

(3)在发动机运转的第一个循环时，必须由外力使曲轴旋转完成进气、压缩行程，着火后，完成做功行程，并依靠曲轴和飞轮贮存的能量完成以后的行程，以后的工作循环发动机无须外力就可自行完成。

2. 主要区别

(1)所用燃料不同。

(2)汽油发动机的混合气是在气缸外部的化油器或进气管中开始形成的，而柴油发动机的混合气是在气缸内部形成的。汽油发动机在进气行程时吸进的是可燃混合气，柴油发动机在进气行程时吸入气缸内的是纯空气。

(3)汽油发动机在压缩终了时靠火花塞强制点火，而柴油发动机则靠压缩自燃。

(4)汽油发动机压缩比小，一般为 7～10；柴油发动机压缩比大，一般为 14～22。

汽油发动机和柴油发动机在结构和工作原理上存在一定差别，因此使用性能、应用场合也有所不同。汽油发动机具有转速高、质量轻、噪声小、易启动等特点，在小轿车和小型货车得到广泛应用。柴油发动机转速低、结构重、噪声大、压缩比大、功率大，一般农业机械、工程机械和大型货车及客车等都使用柴油发动机。

知识点 3　多缸发动机的工作原理

一、四缸四冲程发动机的工作原理

(1)做功间隔角　$\frac{720°}{4}=180°$。

(2)曲轴布置　如图 1-37 所示。

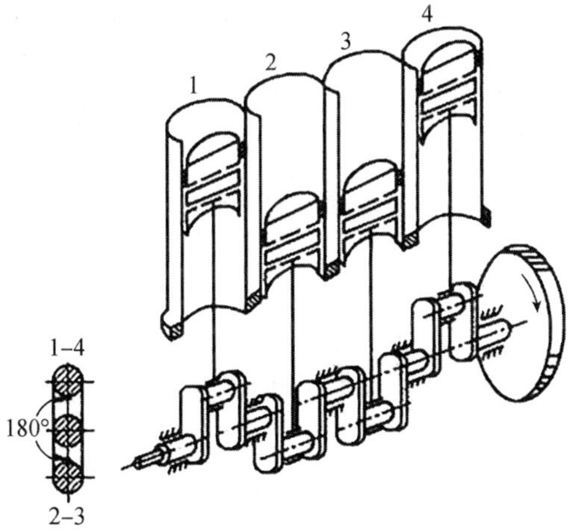

图 1-37　直列式四缸机曲轴布置图

(3)工作顺序　各缸工作顺序有 1-3-4-2 和 1-2-4-3 两种。

(4)工作情况　如表 1-7 所示。

表 1-7　四缸四冲程发动机工作情况

曲轴转角	工作顺序 1-3-4-2			
	1 缸	2 缸	3 缸	4 缸
0°～180°	做功	排气	压缩	吸气
180°～360°	排气	吸气	做功	压缩
360°～540°	吸气	压缩	排气	做功
540°～720°	压缩	做功	吸气	排气

二、六缸机的工作原理

(1)做功间隔角　$\frac{720^\circ}{6}=120^\circ$。

(2)曲轴布置　如图 1-38 所示。

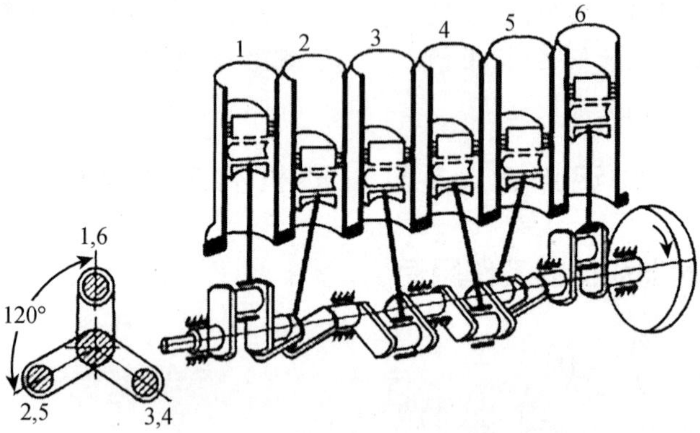

图 1-38　直列式六缸机曲轴布置图

(3)工作顺序　各缸工作顺序有 1-5-3-6-2-4 和 1-4-2-6-3-5 两种。

(4)工作情况　如表 1-8 所示。

表 1-8　六缸四冲程发动机工作情况

<table>
<tr><th rowspan="2">曲轴转角</th><th colspan="6">工作顺序 1-5-3-6-2-4</th></tr>
<tr><th>1 缸</th><th>2 缸</th><th>3 缸</th><th>4 缸</th><th>5 缸</th><th>6 缸</th></tr>
<tr><td>0°～60°</td><td rowspan="3">做功</td><td rowspan="2">排气</td><td>吸气</td><td>做功</td><td rowspan="2">压缩</td><td rowspan="3">吸气</td></tr>
<tr><td>60°～120°</td><td rowspan="3">压缩</td><td rowspan="3">排气</td></tr>
<tr><td>120°～180°</td><td rowspan="3">吸气</td><td rowspan="3">做功</td></tr>
<tr><td>180°～240°</td><td rowspan="3">排气</td><td rowspan="3">压缩</td></tr>
<tr><td>240°～300°</td><td rowspan="3">做功</td><td rowspan="3">吸气</td></tr>
<tr><td>300°～360°</td><td rowspan="3">压缩</td><td rowspan="3">排气</td></tr>
<tr><td>360°～420°</td><td rowspan="3">吸气</td><td rowspan="3">做功</td></tr>
<tr><td>420°～480°</td><td rowspan="3">排气</td><td rowspan="3">压缩</td></tr>
<tr><td>480°～540°</td><td rowspan="3">做功</td><td rowspan="3">吸气</td></tr>
<tr><td>540°～600°</td><td rowspan="3">压缩</td><td rowspan="3">排气</td></tr>
<tr><td>600°～660°</td><td rowspan="2">吸气</td><td rowspan="2">做功</td></tr>
<tr><td>660°～720°</td><td>排气</td><td>压缩</td></tr>
</table>

知识点 4　4110 型柴油发动机的观察

4110 型柴油发动机是该系列中的基本型，为四缸直列、水冷、四冲程直接喷射式柴油发动机。

一、燃烧室与喷油器

燃烧室置于活塞顶部，为“ω”形，喷油器是通过喷油器套管装在气缸盖上的。为了加强对喷油器的冷却散热，喷油器套管选用了导热性能良好的黄铜制成。为了保证清洁防尘，喷油器套管上端采用了“O”形橡胶圈密封。

二、配气机构

配气机构为顶置式气门。

(1)进、排气门采用耐热钢制成，并且进行了热处理，以提高使用寿命。

(2)采用旋向不同的内外气门弹簧。

(3)摇臂采用 45 号钢精密锻造而成，并进行了淬火处理。摇臂轴为圆管形，两端各压入一个堵盖密封。润滑油在轴管内流动以润滑各摩擦副等零件。

(4)挺柱与凸轮接触端为平面，与推杆配合处为球形凹坑。

(5)为了提高配气机构的刚度，凸轮轴的位置较高，推杆较短，保证了高速运转时的可靠性。

(6)凸轮轴下面设置一个高位油室。凸轮轴润滑为油浴式，提高了凸轮轴的使用寿命。

三、缸体与缸套

(1)缸体为整体铸造，呈龙门式结构。

(2)缸套采用硼磷合金铸铁制成。

四、活塞与活塞环

活塞采用共晶硅铝合金铸造，裙部为桶面和变椭圆曲面组成。活塞销采用全浮式结构，其装配位置相对于活塞中心偏移 1.5 mm。

每个活塞装三道活塞环：第一道为单面梯形桶面气环；第二道为内切口扭曲式气环；第三道是带有螺旋弹簧的膨胀式组合油环，如图 1-39 所示。

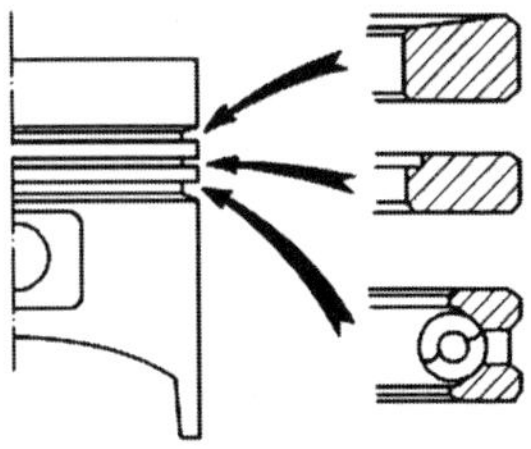

图 1-39　活塞环

五、曲柄连杆机构

1. 连杆与轴瓦

连杆锻造成“工”字形断面。小头活塞销孔内压有铜铝合金衬套；轴瓦为铜铝合金钢背轴瓦，表面镀铅锡合金或铜锡合金，按设计的标准尺寸与曲轴的连杆轴颈配合安装。

2. 曲轴与轴瓦

曲轴为球铁整体铸造或合金钢锻造成型，由七道主轴承支承在缸体上。曲轴后端以过盈配合装有曲轴正时齿轮，用于驱动其他正时齿轮和机油泵，曲轴主轴瓦的材质与连杆轴瓦相同。下瓦设有油孔和油槽。曲轴的最后一道主轴颈装有止推瓦片，用以保证曲轴的轴向间隙。

3. 正时齿轮系统

正时齿轮系统安装在发动机后端。曲轴齿轮由定位销保证其装配位置的准确度，压装在曲轴上。曲轴齿轮通过惰轮驱动空气压缩机（高压油泵）齿轮和凸轮轴齿轮；其下端驱动机油泵齿轮。每个齿轮上都刻有正时装配记号；在拆装齿轮系统时，应检查各齿轮的装配位置，将各齿轮标记对准即可。

六、进、排气系统

进、排气系统主要由进气管、排气管、空气滤清器及空气加热器等组成。

进气管由铝合金铸成箱式敞口形。在进气口处装有进气预热装置，重量轻、结构紧凑、阻力小、充气效率高。

排气歧管为整体式结构，由高强度球墨铸铁铸成。

CA6110 型柴油发动机采用干式纸芯空气滤清器，滤芯型号为 K2712，外径 270 mm，高 120 mm 折宽 50 mm，结构简单，滤清效率高，保养方便。

空气加热器供冬季启动时预热进气用，便于柴油发动机低温启动。空气加热器的结构形式如图 1-40 所示。该加热器为片状电阻，消耗功率 1.8 kW，允许连续加热 40 s（时间太长电阻片易烧损）。

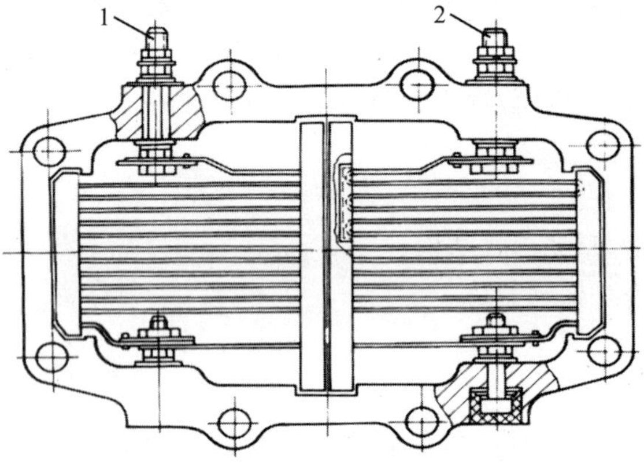

1. 接地线　2. 接预热器线

图 1-40　空气加热器

七、润滑系统

本机采用的是压力、飞溅与重力润滑相结合的复合式润滑系统。

压力润滑系统主要由机油集滤器、机油泵、机油粗滤器、离心式机油滤清器、机油冷却器、主油道限压阀和压力传感器组成。飞溅润滑是通过运动部件溅起的润滑油润滑其他部件。重力润滑是指润滑油流回油底的过程中润滑其他部件。

八、冷却系统

冷却系统是通过发动机的工作带动水泵使冷却液在机体内进行强制性循环。主要由水泵、风扇总成、散热器、节温器等组成。

九、燃油供给系统

燃油供给系统是保证柴油发动机良好工作的重要部分，燃油供给系统的完善程度和技术状况的好坏对柴油发动机的动力性、燃料经济性、使用可靠性和对环境的污染影响极大。

如图 1-41 所示，燃油供给系统一般由燃油箱、粗滤器、细滤器、喷油泵、输油泵、低压油管、高压油管、喷油器、回油管等组成。

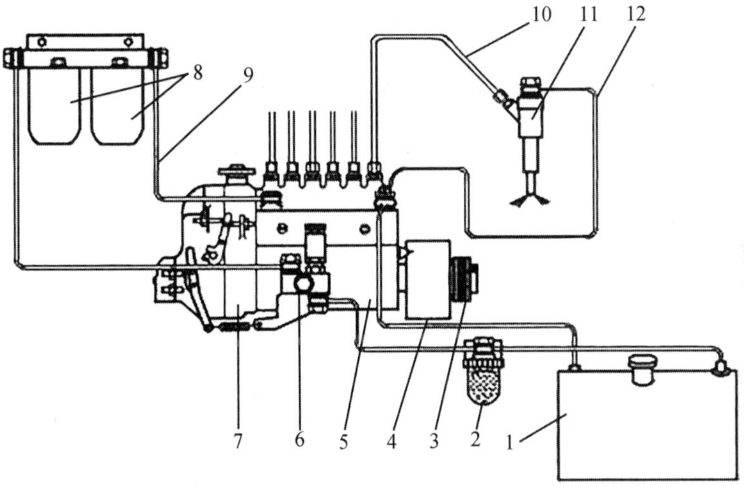

1. 燃油箱 2. 粗滤器 3. 连接器 4. 提前器 5. 喷油泵 6. 输油泵
7. 调速器 8. 细滤器 9. 低压油管 10. 高压油管 11. 喷油器 12. 回油管

图 1-41 柴油发动机燃油供给系统示意图

项目二　曲柄连杆机构

项目目标

1. 能够完成气缸的检修操作；
2. 能够完成活塞连杆组装；
3. 能够对气缸盖、气缸体和曲轴进行检验；
4. 能掌握连杆衬套的铰削、连杆的检验与校正；
5. 能掌握曲柄连杆机构的功能、组成；
6. 能掌握机体零件与曲柄连杆机构故障。

项目任务

1. 气缸的检修；
2. 活塞连杆组装；
3. 气缸盖、气缸体的检验与修理；
4. 连杆的检验与校正；
5. 曲轴的修理；
6. 机体零件与曲柄连杆机构故障。

任务一　气缸的检修

【任务目标】

✓ **知识目标**

1. 掌握曲柄连杆机构的功能；
2. 掌握曲柄连杆机构的组成；
3. 掌握气缸体曲轴箱组的组成和作用。

✓ **能力目标**

1. 能规范使用设备、工具；
2. 能够对气缸进行检修；
3. 能辨认气缸的缺陷。

✓ **素质目标**

1. 严格执行气缸检修的安全操作规范；
2. 严格执行气缸检修的“6S”管理规范；
3. 培养团队协作意识、责任意识和爱岗敬业精神；
4. 培养学生自主学习、归纳总结、语言表达的能力；
5. 培养学生对“三农”发展的信心。

【任务工单】

任务工单见表 2-1。

表 2-1　气缸的检修任务工单

专业			操作时长	40 分钟		
班级			机型	农机 4 缸柴油发动机		
学号			时间	年　月　日		
姓名			成绩			
气缸的检修作业表						
序号	作业内容	作业要点	配分	评分标准	得分	备注
1	安全文明生产	(1)做好操作前的准备,包括检查和备齐所需的工具、量具与零件、设备; (2)遵守安全操作规程,正确使用工具,操作现场整洁	10	未达到要求,1 次扣 2 分,扣完为止		
2	选择量具	(1)根据缸径尺寸选外径百分尺; (2)根据缸径尺寸选量缸表	10	操作漏、错 1 次各扣 2 分,扣完为止		
3	确定缸套被测量的部位	在气缸的轴向上选取三个截面:活塞在上止点时,第一道环所对应的缸壁位置;活塞在上止点时,活塞裙部所对应的缸壁位置,即气缸中部;活塞在下止点时,活塞裙部所对应的缸壁位置,一般距气缸下边缘 10～15 mm 处	10	操作漏、错 1 次各扣 2 分,扣完为止		
4	缸径的测量	(1)根据缸径基本尺寸,选取相应尺寸的可换测量头装在量缸表表架上; (2)将外径百分尺调整到缸径基本尺寸,按此基本尺寸调整好量缸表的零位,并使其有一定压缩量	20	操作漏、错 1 次各扣 2 分,扣完为止		
5	测量数据的读取与记录	(1)为确保测量准确,必须测得垂直于缸套轴心线剖面上的直径,测量时左右摆动量缸表,在摆动过程中,读取百分表上的最小读数; (2)按上述测量位置,测量相互垂直的两个方向上的 6 个缸径尺寸,并做好记录	20	操作漏、错 1 次各扣 2 分,扣完为止		
6	圆度的计算	(1)同截面两个方向测得差值的一半为该截面的圆度; (2)三个横截面上的最大值为该气缸的最大圆度值	10	计算错误 1 次扣 2 分,扣完为止		
7	圆柱度的计算	(1)同一方向三个横截面上的最大与最小差值的一半为该方向的圆柱度; (2)两个方向测得的最大值为该气缸的最大圆柱度值	10	计算错误 1 次扣 2 分,扣完为止		

续表2-1

序号	作业内容	作业要点	配分	评分标准	得分	备注
8	技术要求	(1)按要求进行气缸的检修作业； (2)可以进行重复测量，取平均值减小误差； (3)遵守安全操作规程，正确使用工具、量具，操作现场整洁	10	未达到要求，1 次扣 2 分，扣完为止		
评分说明		(1)工具及零件掉在地上每次扣 1 分； (2)量具掉在地上每次扣 3 分； (3)因操作失误造成零件及工具、量具损坏每次扣 2 分； (4)违反安全操作规程每次扣 1～3 分； (5)因违规操作发生重大人身或设备事故，按零分计				
学生签字			教师签字			

实训测得的数值记录在表 2-2 中。

表 2-2　气缸修理鉴定实训记录

发动机型号：　　　　　　　　　　　　　　　　　　　　　　mm

项目			第一缸		第二缸		第三缸		第四缸		第五缸		第六缸	
			甲	乙	甲	乙	甲	乙	甲	乙	甲	乙	甲	乙
活塞直径														
气缸套	直径	1												
		2												
		3												
	圆度													
	圆柱度													
	最大磨损量													
活塞与缸套间隙														
处理意见														

鉴定人：　　　　　　　　　　　　　　　　　　　　　年　　　月　　　日

【相关知识点】

知识点 1　曲柄连杆机构概述

微课 2-1　曲柄连杆机构概述

一、曲柄连杆机构的功能、组成

曲柄连杆机构的功能是将曲轴的旋转运动转变为活塞的往复运动，或将活塞的往复运动转变为曲轴的旋转运动，把燃气作用在活塞顶上的力转变为曲轴的转矩，以向外输出机械能。该机构是往复活塞式发动机将热能转化为机械能的主要机构。

如图 2-1 所示，曲柄连杆机构由以下三部分组成：

(1)气缸体与曲轴箱组　主要包括气缸体、曲轴箱、气缸套、油底壳等机件。

(2)活塞连杆组　主要包括活塞、活塞环、活塞销和连杆等机件。

(3)曲轴飞轮组　主要包括曲轴、飞轮和扭转减震器等机件。

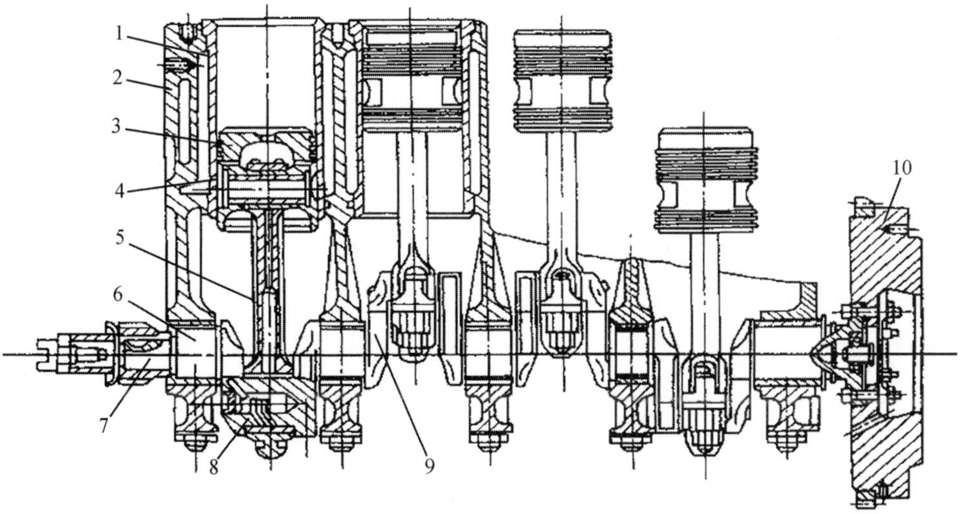

1. 气缸套　2. 气缸体　3. 活塞　4. 活塞销　5. 连杆　6. 曲轴主轴颈　7. 曲轴　8. 连杆轴颈　9. 曲柄　10. 飞轮

图 2-1　活塞连杆组及曲轴飞轮组的组成

二、曲柄连杆机构的受力

由于曲柄连杆机构是在高压下做变速运动的，其在工作时的受力是很复杂的。曲柄连杆机构主要受的力有气体的压力、往复惯性力、旋转运动的离心力以及相对运动时表面的摩擦力。

1. 气体压力

在工作循环的任何行程中，气体作用力的大小都是随活塞和位移而变化的，而连杆在上下运动的同时随曲柄左右摆动，因此作用在活塞销和曲轴轴颈的表面以及二者的支承表面上的压力和作用点是不断变化的，会造成部件磨损的不均匀性。同样，气缸壁沿圆周方向的磨损也是不均匀的。

2. 惯性力和离心力

往复运动的部件，当运动速度变化时，就要产生往复惯性力。部件绕某一中心做旋转运动时，就将产生离心力，惯性力和离心力在曲柄连杆机构的运动中都是存在的。

离心力使连杆大头的轴瓦和活塞销、曲轴主轴颈及其轴承受额外的载荷，加快它们的变形和磨损。

3. 摩擦力

曲柄连杆机构中相互接触的表面做相对运动时存在摩擦力，其大小与正压力和摩擦系数成正比，其方向总是与相对运动的方向相反。摩擦力会造成配合表面磨损。

实际上这些力不是单独存在的，机件所受的力是各种力的综合。

曲柄连杆机构产生的惯性力和摩擦力都是有害的,现代的发动机尽量减小运动件的质量和活塞的行程,以减小惯性力。同时保证运动件有较高的加工精度和装配精度,并采取加强润滑等措施,以减少运动中的摩擦力。

知识点 2　气缸体曲轴箱组

气缸体曲轴箱组包括气缸体、气缸盖、气缸垫、气缸套和油底壳等主要零件,将这些零件用螺栓、螺母连接成一整体,构成发动机的总成基础部分,其他的机构和系统装在其内部或外部构成发动机总成。

一、气缸体

气缸体与曲轴箱制成一体,统称为机体,机体内根据缸数加工有垂直孔,用于安装气缸套。气缸体与气缸套形成冷却发动机的冷却水套并铸有冷却水孔,为增强机体的刚度铸有加强筋。在曲轴箱内还加工有主轴承座孔,在气缸体内加工有凸轮轴套安装孔、挺柱孔、油道孔和水道孔等。为满足各部件的安装需要,机体加工有安装平面,上平面装缸垫和缸盖,下平面装油底壳,前后平面分别安装正时齿轮或飞轮壳,左、右平面分别装有机油粗滤器和机油细滤器等。

发动机的曲轴轴线与气缸体下平面在同一平面上的称为一般式气缸体,如图 2-2a 所示。这种气缸体的特点是便于机械加工,但刚度较差,曲轴前后端的密封性较差,多用于中小型发动机。若发动机的曲轴轴线高于曲轴箱下平面则称为龙门式气缸体,如图 2-2b 所示。龙门式气缸体的特点是结构刚度和强度较好,密封简单可靠,维修方便,但工艺较前者复杂。CA6110 系列柴油发动机均属于这种结构。

隧道式气缸体的主轴承承孔不分开,如图 2-2c 所示。隧道式气缸体的结构强度比龙门式的更高,主轴承的同轴度易保证,但不便于拆装,如 S195 型柴油机、135 系列发动机。

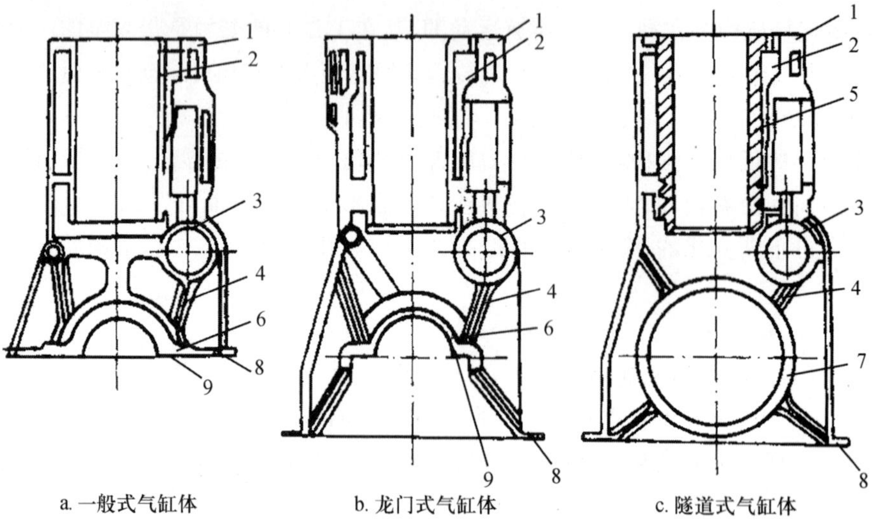

a. 一般式气缸体　　b. 龙门式气缸体　　c. 隧道式气缸体

1. 气缸体　2. 气缸套安装孔　3. 凸轮轴承孔　4. 加强筋　5. 气缸套　6. 主轴承上座　7. 主轴承孔　8. 气缸体下平面　9. 曲轴轴线

图 2-2　机体的三种形式

二、气缸盖与气缸垫

1. 气缸盖

气缸盖的主要功能是封闭气缸上部，并与活塞顶部和气缸壁一起形成燃烧室。

气缸盖内部有与气缸体相通的冷却水道，并有进、排气门座及气门导管孔和进、排气通道，还有燃烧室、火花塞座孔（汽油机）或喷油器安装孔（柴油机），上置凸轮轴式发动机的气缸盖上还制有安装凸轮轴的轴承座等。

微课 2-2　气缸盖与气缸衬垫

CA6110 发动机的气缸盖分解如图 2-3 所示。

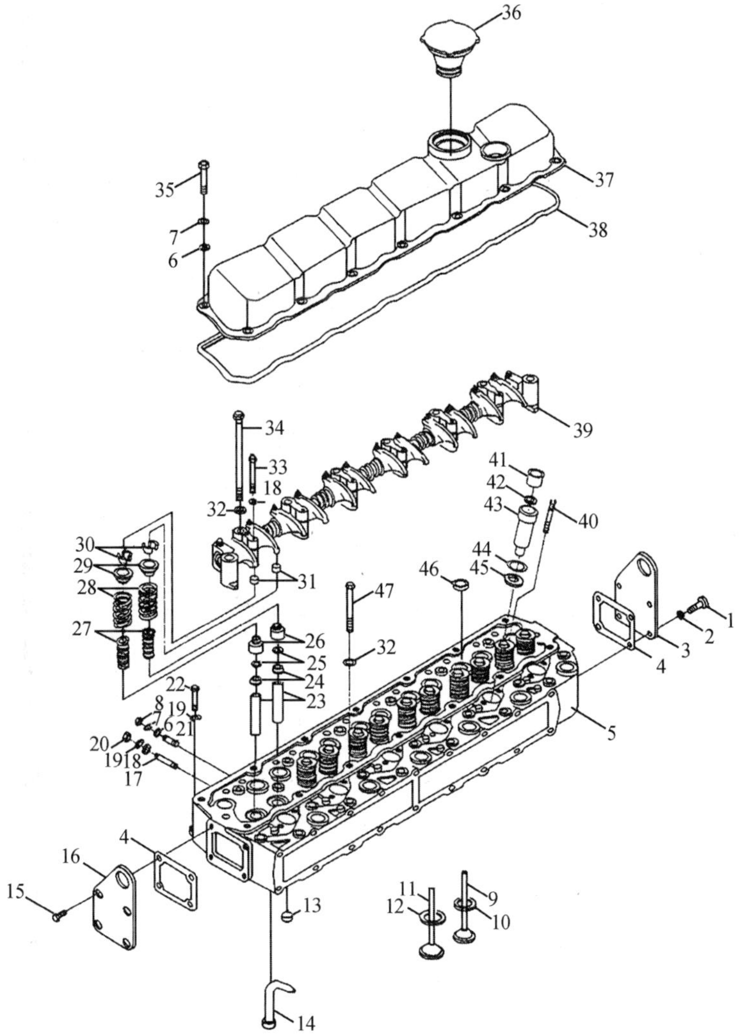

1. 螺栓　2. 垫圈　3. 气缸盖后吊耳　4. 衬垫　5. 气缸盖　6. 弹簧垫圈　7. 垫圈　8. 螺母　9. 排气门　10. 排气门座　11. 进气门　12. 进气门座　13. 碗形塞片　14. 喷水管总成　15. 前吊耳螺塞　16. 气缸盖前吊耳　17. 双头螺栓　18. 垫圈　19. 弹簧垫圈　20. 螺母　21. 双头螺栓　22. 缸盖紧固螺栓　23. 气门导管　24. 气门弹簧下座　25. 气门导管密封圈弹簧　26. 气门导管挡油罩　27. 气门内弹簧　28. 气门外弹簧　29. 气门弹簧座　30. 气门锁块　31. 气门杆盖　32. 气缸盖螺栓垫圈　33. 摇臂轴支架螺栓　34. 气缸盖螺栓　35. 螺栓　36. 气缸盖罩盖加机油口塞　37. 气缸盖罩盖　38. 气缸盖罩盖密封垫　39. 摇臂轴总成　40. 喷油器紧固双头螺栓　41. 防尘套　42. 喷油器密封垫　43. 喷油器套　44. "O" 形密封圈　45. 垫片　46. 碗形塞片　47. 气缸盖螺栓

图 2-3　气缸盖结合组的解体

在多缸发动机中，气缸盖的布置形式有各自独立的，即每个气缸盖只覆盖一个气缸，称为单体气缸盖；能覆盖部分（两个以上）气缸的称为块状气缸盖；能覆盖全部气缸的则称为整体气缸盖。采用整体气缸盖可以缩短气缸中心距和发动机的总长度，其缺点是刚度较差，在受热和受力后容易变形而影响密封；损坏时需整体更换。整体式气缸盖多用于缸径小于 113 mm 的发动机。缸径较大的发动机常采用单体气缸盖或块状气缸盖。

气缸盖由于结构复杂，一般采用合金铸铁或铝合金铸成，CA6110 型发动机采用铜钼低合金铸铁铸造的整体式气缸盖；轿车发动机均采用铝合金的气缸盖，因铝合金的导热性优于铸铁，有利于提高压缩比，以适应高速高负荷强化散热及提高压缩比的需要。铝合金气缸盖的缺点是刚度低、使用中易变形等。

2. 气缸垫

气缸垫的作用是保证燃烧室及气缸的密封。气缸垫应满足如下要求：

(1)在高温高压燃气作用下有足够的强度，不易损坏。

(2)耐热和耐腐蚀，即在高温、高压燃气或有压力的机油和冷却液的作用下不烧损或变质。

(3)具有一定的弹性，能补偿接合面的不平度，以保证密封。

(4)拆装方便，耐高温高压，使用寿命长等。

目前农机发动机常采用的气缸垫的结构如图 2-4 所示。

应用最多的是金属-石棉板气缸垫。如图 2-4a、图 2-4b 所示，石棉中间夹有金属丝或金属屑，且内夹铁皮或外包铜皮。水孔和燃烧室周围另用镶边增强，以防被高温燃气损坏。这种衬垫压紧厚度为 1.2～2 mm，有很好的弹性和耐热性，但其厚度和质量的均匀性较差。

如图 2-4c、图 2-4d 所示，有的发动机采用在石棉中心用编织的钢丝网或有孔钢板为骨架，两面用石棉胶粘剂压成气缸盖衬垫。近年来，国内正在试验采用膨胀石墨作为衬垫的材料。

发动机有采用金属片叠加作为气缸盖衬垫的。如红旗轿车发动机即采用如图 2-4e 所示的钢板衬垫。这种衬垫在需要密封的气缸孔和水孔、油孔周围冲压出一定高度的凸棱，利用凸棱的弹性变形实现密封。

如图 2-4f 所示，有的发动机采用了较先进的加强型无石棉气缸垫结构，在气缸口密封部位采用五层薄钢片，并设计成正圆形，没有石棉夹层，从而避免了气囊的产生，在油孔和水孔处均包有钢片护圈以提高密封性。安装气缸盖衬垫时应注意安装方向。一般是衬垫卷边的一面朝向气缸盖，光滑面朝向气缸体安装。也可根据标记或文字要求进行安装，如衬垫上的文字标记“TOP”“OPEN”表示朝上、“FRONT”表示朝前。

气缸盖用螺栓紧固在气缸体上，在拧紧螺栓时必须按由中央对称地向四周扩展的顺序分几次进行，并用扭力扳手按出厂规定的拧紧力矩值拧紧，以免损坏气缸衬垫而发生泄漏。如果气缸盖由铝合金制成，则最后必须在发动机冷态下进行，这样发动机在工作的热机状态时能增加密封的可靠性。铸铁气缸盖应在发动机工作一段时间且有一定温度时进行一次重新拧紧，以保证发动机工作的可靠性。

三、气缸套

气缸是燃料燃烧实现能量转换的场所，也是活塞运动的场所。工作时气缸要承受高温、高压气体的作用力和热负荷，且润滑条件差，因此一般采用优质合金铸铁制造。

按气缸套与气缸体的结合方式不同，气缸可分为整体式和单铸式。

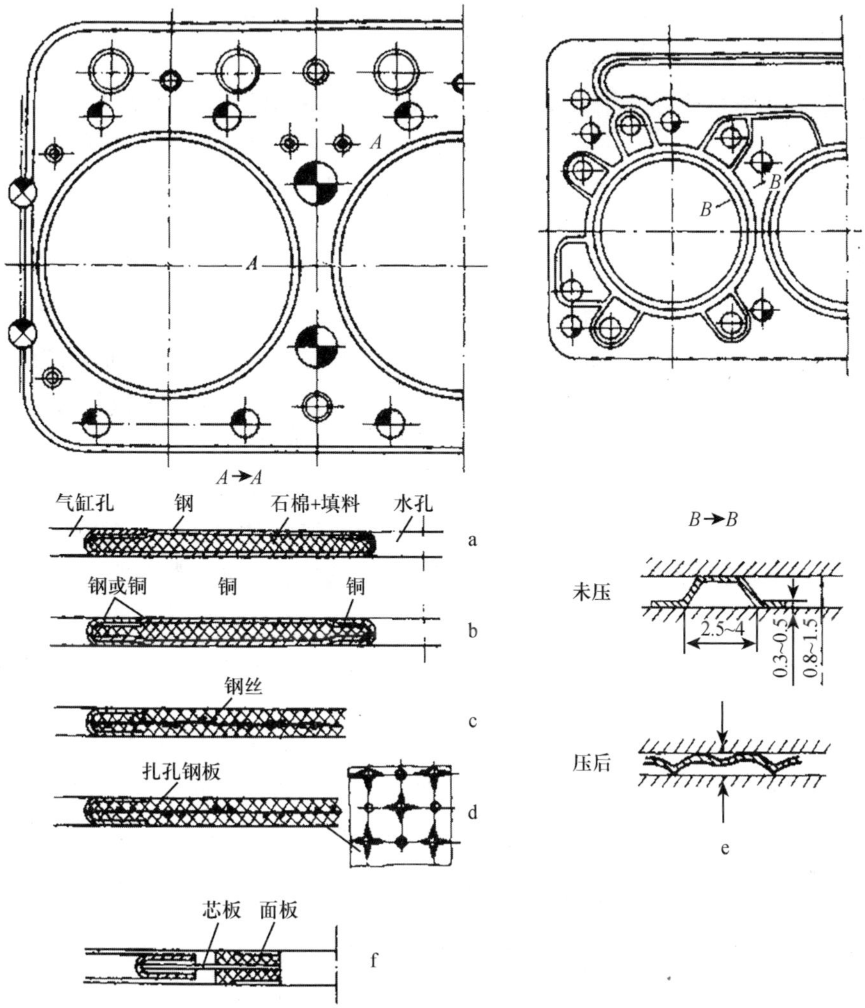

a~d. 金属-石棉板　e. 冲压钢板　f. 无石棉气缸垫

图 2-4　气缸垫结构

整体式气缸是在气缸体上直接镗孔，内孔表面再经特殊的热处理或激光处理而成。整体式气缸强度和刚度好，能承受较大的载荷，但这种气缸对材料要求高、成本高。

单铸式气缸是将气缸制造成单独的圆筒形零件（即气缸套），然后装到气缸体内。气缸套采用耐磨的优质材料制成，气缸体则用价格较低的一般材料，从而降低制造成本。同时，气缸套可以从气缸体中取出，便于修理并延长气缸体的使用寿命。

水冷发动机的气缸套可分为干式气缸套和湿式气缸套，如图 2-5 所示。

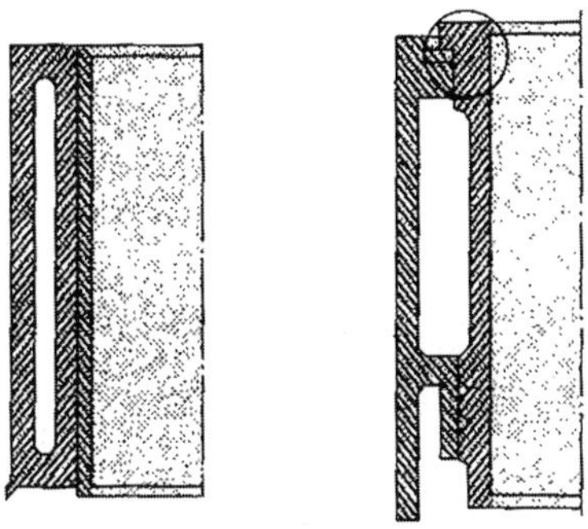

a. 干式气缸套　　b. 湿式气缸套

图 2-5　水冷发动机气缸套类型

干式气缸套特点是气缸套装入气缸体后缸套外壁不直接与冷却水接触，而是和气缸体的壁面直接接触。干式气缸套壁厚一般为 1～3 mm。它具有整体式气缸体的优点，不易漏水、漏气，强度和刚度都较好，不存在穴蚀，但加工比较复杂，内、外表面要求质量高，都需要进行精加工，修理更换不方便，散热效果差。

湿式气缸套外壁直接与冷却水接触，壁厚一般为 5～9 mm。它散热良好，冷却均匀，加工容易，一般只需要精加工内表面，而与水接触的外表面不需要加工，拆装方便；缺点是强度、刚度都不如干式气缸套好，而且容易产生漏水现象，故采用阻水圈作为防漏措施。

四、油底壳

油底壳的主要作用是贮存机油并封闭曲轴箱。油底壳受力很小，一般采用薄钢板冲压而成。油底壳的形状决定于发动机的总体布置和机油的容量。在有些发动机上，为了加强油底壳内机油的散热，采用了铝合金铸造的油底壳，在壳的底部还铸有相应的散热肋片。有些发动机的油底壳被用来代替车辆的纵梁，以实现与前桥和后桥连接。

为了保证在发动机纵向倾斜的同时确保机油泵吸到润滑油，对应机油泵的油底壳部位一般做得较深。油底壳内还设有挡油板，防止震动时油面波动过大。油底壳底部装有放油塞。一般放油塞中镶有磁铁，能吸集机油中的金属粉屑，以减少发动机运动零件的磨损及避免堵塞油路。

五、发动机的支承

发动机一般通过气缸体和飞轮壳或变速器壳支承在车架上，发动机的支承方法一般有三点支承和四点支承两种。三点支承为前端两点通过曲轴箱支承在车架上，后端一点通过变速器壳支承在车架上或前端一点通过前油封壳连接与车架固定，后端两点通过飞轮壳支承在车架上。四点支承为前端两点通过曲轴箱支承在车架上，后端两点通过飞轮壳支承在车架上。

发动机的支承属于弹性连接，这是为了消除在行驶中车架的扭转变形对发动机的影响，以及减少传给底盘和乘员的震动和噪声。为了防止制动或加速时由于弹性元件的变形而产生的发动机纵向位移，通过橡胶垫块使发动机与车架纵梁相连。

知识点 3　气缸的检修技术

气缸的检查一般包括两项内容：一项是外观检查，检查气缸的机械损伤、表面质量和化学腐蚀程度等；另一项是用内径量缸表检测气缸的磨损量、间隙、圆度和圆柱度。

一、测量方法

1. 安装百分表

将百分表安装在表杆的上端，使百分表的测杆触头与表杆上端接触，并使百分表有一定的压缩量，使小表针指向 0.5 左右，并将百分表固定在表杆上。

2. 选择千分尺

根据所测量气缸套的公称尺寸选择合适的千分尺，将千分尺校正好并调至与气缸套的公称尺寸相同，锁定千分尺。

3. 选择量杆

根据所测量的数值选择合适的量杆。

4. 校表

用调整好的千分尺量取测杆与接杆端的尺寸，并使测杆有 1 mm 左右的压缩量，即小表针指向“1”，可通过改变量杆的接杆长度予以调整。

5. 测量部位

一般在气缸的轴向上选取三个截面，如图 2-6 所示，即 S_1—S_1（活塞在上止点时，第一道环所对应的缸壁位置），S_2—S_2（活塞在上止点时，活塞裙部所对应的缸壁位置，即气缸中部），S_3—S_3（活塞在下止点时，活塞裙部所对应的缸壁位置，一般距气缸下边缘 10～15 mm）。

6. 测量读数

如图 2-7 所示，测量时手应握住绝热套，把量缸表整体倾斜放入气缸被测处，使量缸表整体向直立方向摆动，表针摆动停止即读数。如果指针正好对“0”处，则与被测缸径相等，当指针顺时针方向离开“0”，则缸径小于公称尺寸，如逆时针方向离开“0”位，则缸径大于公称尺寸，记录所测得的三个截面不同方向上的数值。

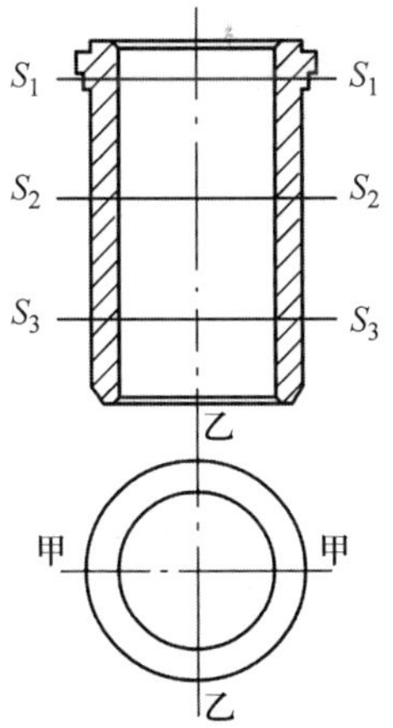

图 2-6　气缸的测量部位

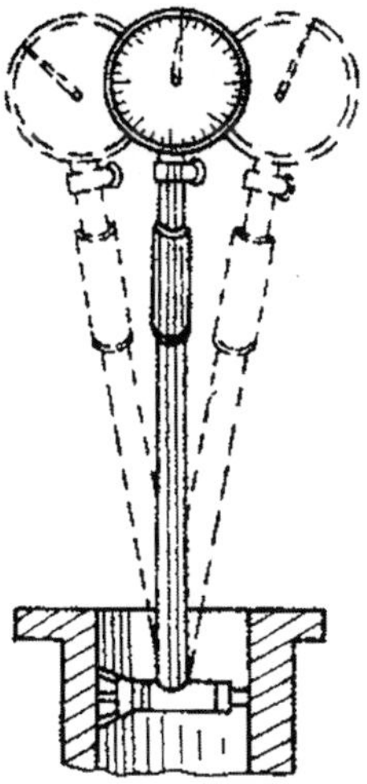

图 2-7　量缸表测量法

二、最大磨损量与配合间隙的计算

在所测得数值中（一般取 S_1—S_1 位置）最大的直径与公称尺寸之差（或三个截面不同方向上的最大直径与公称尺寸之差）为气缸套的最大磨损量。

在剖面 S_2—S_2 侧压方向所测取的直径值与活塞裙部所测得的直径值之差为缸套与活塞的配合间隙。

三、圆度与圆柱度的计算

被测气缸同截面两个方向测得差值的一半为该截面的圆度。取其三个横截面上的最大值为该气缸的最大圆度值。

气缸同一方向三个横截面上的最大值与最小值的差值的一半为该方向的圆柱度。取其两个方向测得的最大值为该气缸的最大圆柱度值。

四、气缸修理尺寸的确定

当气缸磨损超过允许的极限值时，应确定气缸的修理尺寸以进行修理，并选配与气缸修理尺寸相适应的活塞、活塞环，以恢复气缸的正确几何形状和正常的配合间隙。

修理尺寸是指零件表面通过修理形成符合技术要求的大于原始设计公称尺寸的新尺寸。气缸的修理尺寸通常通过计算确定。修理尺寸等于气缸最大磨损直径与加工余量之和。其数值再与标准修理尺寸对照，以选出合理的修理级别。

五、气缸的加工

1. 计算气缸直径

按下式计算得到加工后气缸直径的计算值，单位均为 mm。

$$D_r = D_m + 2(\rho\delta + C)$$

式中，D_r——气缸修理尺寸计算值；

D_m——气缸的基准尺寸（标准尺寸或上次修理后的修理尺寸）；

ρ——磨损不均匀系数（范围为 0.5～1，根据气缸偏磨程度确定）；

δ——气缸磨损量；

C——单侧加工余量（包括镗削和磨削余量）。

2. 确定修理尺寸

将上述计算值与汽车制造厂规定的气缸修理尺寸比较，选择大于计算值的最小修理尺寸作为该缸的修理尺寸。

注意：同一缸体同一次修理时，各气缸修理尺寸应统一，即选用各缸中的最大一级修理尺寸作为该缸体的修理尺寸，以保证各缸工作性能的一致性。

3. 气缸的加工

（1）气缸的镗削　活塞和气缸的配合要求较高，所以都采用修配法加工，即按活塞的实际尺寸进行气缸的镗削加工。气缸镗削加工质量要求：缸壁表面粗糙度应不大于 Ra0.05 μm；干式缸套圆度应不大于 0.005 mm，圆柱度应不大于 0.007 mm；湿式缸套圆柱度一般应不大于 0.012 mm；气缸轴线对两端支承孔轴线的垂直度不大于 0.05 mm；气缸上口应留有倒角；有 0.03～0.05 mm 的磨缸余量。

（2）气缸的珩磨　气缸镗削加工后，表面存在螺旋形的细微刀痕，必须进行珩磨加工。通过珩磨，使气缸具有合理的表面粗糙度和配合特性，并具有良好的磨合性能。气缸珩磨后的技术要求：表面粗糙度不大于 Ra0.63 μm；干式缸套圆度不大于 0.005 mm，圆柱度不大于 0.007 mm；湿式缸套圆柱度一般应不大于 0.012 mm；如有锥度，应上小下大；与活塞的配合间隙应符合出厂要求。

（3）气缸的镶套　在气缸套磨损超过最大修理尺寸或薄壁气缸套磨损极限、气缸套裂纹以及气缸套与承孔配合松旷、漏水等情况下，都必须更换气缸套。更换气缸套应先检修承孔，然后镶装新气缸套。

六、气缸套的拆装

1. 气缸套的拆卸

用气缸套拆装工具拉出旧气缸套。

2. 新气缸套的检修

新的干式气缸套外径尺寸较大，镶装须精车气缸套外圆柱面至标准配合过盈量。在车削时，气缸套应安装在内涨式芯轴上，以防在车削过程中变形。

干式气缸套镶装后，上端面应与缸体上平面等高，不低于缸体上平面，湿式气缸套安装后一般应高于缸体平面 0.13～0.18 mm。因此，安装前应检查或修整气缸套上端面止口的高度。若规定安装金属密封圈，计算止口高度时还应考虑密封垫的厚度，止口和密封垫应平整无曲折、无毛刺。

湿式气缸套阻水圈装入阻水槽之后，阻水圈应高出缸套外圆柱面 0.5～1 mm，阻水圈侧面应有 0.5 mm 余隙。

3. 镶配工艺及技术要求

干式气缸套镶配工艺要点与技术要求：缸套的支承孔内径应为原始设计尺寸或同一级修理尺寸，孔表面粗糙度应不超过 $Ra3.2\ \mu m$；配合过盈量应符合规定，一般为 0.05～0.10 mm。镶配时应在配合表面涂机油；压入时应放正，防止压偏；压入过程中若阻力突然增加，应查明原因，以防压坏缸体或缸套；气缸套上平面应不低于气缸体上平面，也不得高出 0.10 mm 以上；压入气缸套前后应对气缸体进行水压试验。

湿式气缸套镶配工艺要点与技术要求：必须清除支承孔与缸套各配合处表面的铁锈、积垢，直至露出光洁表面；检查定位台肩状况，腐蚀严重时应锪平加垫，对铝合金缸体应加软铝垫，勿用铜垫；检查缸套上平面应高出气缸体上平面，规定一般高出量为 0.13～0.18 mm。不符合规定时可视情况在定位台阶处用垫片调整或车削缸套上平面；缸套与支承孔配合间隙应符合规定，一般为 0.05～0.1 5mm；防水圈装入缸套槽中应无扭曲，出槽量应小于 1.0 mm，推入气缸时应在其表面涂肥皂水润滑，缸套应用手压入；装入后应进行水压试验。

任务二 活塞连杆组装

【任务目标】

✓ 知识目标

1. 掌握活塞连杆组的功用；
2. 掌握活塞连杆组的组成；
3. 掌握活塞连杆的组装要求。

✓ 能力目标

1. 能规范使用设备、工具和材料；
2. 能够完成活塞连杆的组装；
3. 能够进行组装后质量检查。

✓ 素质目标

1. 严格执行发动机解体的安全操作规范；
2. 严格执行发动机解体的“6S”管理规范；
3. 培养团队协作意识、责任意识和爱岗敬业精神；
4. 培养学生自主学习、归纳总结、语言表达的能力；
5. 培养学生对“三农”发展的信心。

【任务工单】

任务工单见表 2-3。

表 2-3　活塞连杆组装任务工单

<table>
<tr><td colspan="2">专业</td><td></td><td>操作时长</td><td colspan="3">40 分钟</td></tr>
<tr><td colspan="2">班级</td><td></td><td>机型</td><td colspan="3">农机 4 缸柴油发动机</td></tr>
<tr><td colspan="2">学号</td><td></td><td>时间</td><td colspan="3">年　　月　　日</td></tr>
<tr><td colspan="2">姓名</td><td></td><td>成绩</td><td colspan="3"></td></tr>
<tr><td colspan="7">活塞连杆组装作业表</td></tr>
<tr><td>序号</td><td>作业内容</td><td>作业要点</td><td>配分</td><td>评分标准</td><td>得分</td><td>备注</td></tr>
<tr><td>1</td><td>安全文明生产</td><td>(1)做好操作前的准备，包括检查和备齐所需的工具、量具与零件、设备；
(2)遵守安全操作规程，正确使用工具，操作现场整洁</td><td>10</td><td>未达到要求，1 次扣 2 分，扣完为止</td><td></td><td></td></tr>
<tr><td>2</td><td>选择活塞和连杆</td><td>(1)同一台发动机要选同一厂家的活塞；
(2)同一台发动机要选同一厂家的连杆，同组连杆的重量差应符合规定</td><td>30</td><td>操作漏、错 1 次各扣 2 分，扣完为止</td><td></td><td></td></tr>
<tr><td>3</td><td>清洗</td><td>(1)将活塞连杆彻底清洗干净；
(2)用压缩空气吹净</td><td>20</td><td>操作漏、错 1 次各扣 2 分，扣完为止</td><td></td><td></td></tr>
<tr><td>4</td><td>组装</td><td>(1)将活塞销及衬套均匀涂上机油；
(2)用拇指将活塞销推入销孔及连杆衬套中；
(3)锁环嵌入环槽中，深度相当于锁环钢丝直径的 2/3</td><td>30</td><td>操作漏、错 1 次各扣 2 分，扣完为止</td><td></td><td></td></tr>
<tr><td>5</td><td>技术要求</td><td>(1)活塞连杆组装时应注意安装方向；
(2)连杆瓦与连杆轴颈的配合间隙应符合要求；
(3)遵守安全操作规程，正确使用工具、量具，操作现场整洁</td><td>10</td><td>未达到要求，1 次扣 2 分，扣完为止</td><td></td><td></td></tr>
<tr><td colspan="2">评分说明</td><td colspan="5">(1)工具及零件掉在地上每次扣 1 分；
(2)量具掉在地上每次扣 3 分；
(3)因操作失误造成零件及工具、量具损坏每次扣 2 分；
(4)违反安全操作规程每次扣 1～3 分；
(5)因违规操作发生重大人身或设备事故，按零分计</td></tr>
<tr><td colspan="2">学生签字</td><td></td><td>教师签字</td><td colspan="3"></td></tr>
</table>

【相关知识点】

知识点 1　活塞连杆组

如图 2-8 所示，活塞连杆组由活塞、活塞环、活塞销、连杆等机件组成。

微课 2-3
活塞连杆组

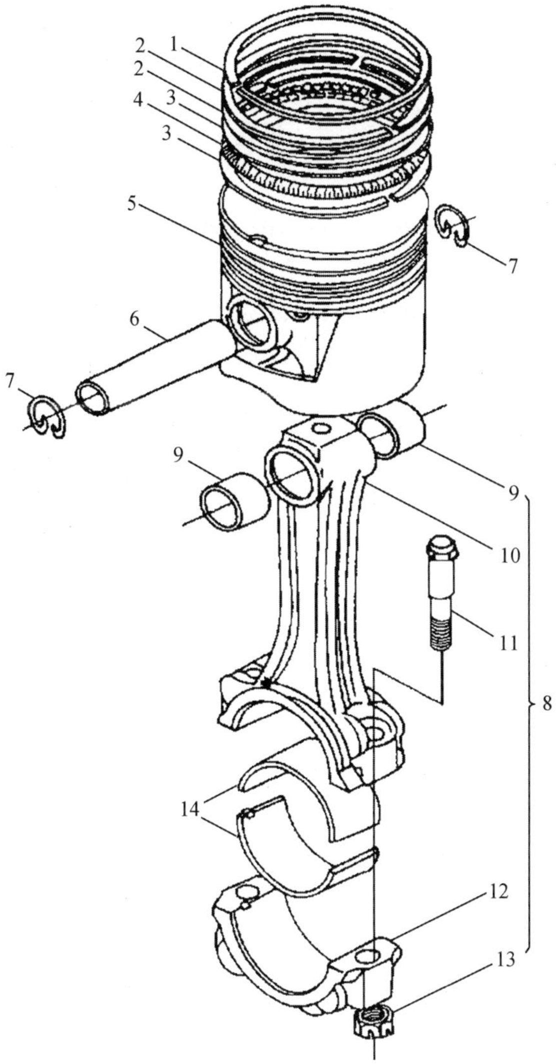

1、2. 活塞环　3. 油环刮片　4. 油环衬套　5. 活塞　6. 活塞销　7. 活塞销卡环　8. 连杆组
9. 连杆衬套　10. 连杆　11. 连杆螺栓　12. 连杆盖　13. 连杆螺母　14. 连杆轴承

图 2-8　活塞连杆组

一、活塞

活塞的功能是承受燃气压力，并将此压力通过活塞销、连杆、曲轴和飞轮对外做功；活塞同气缸与气缸盖形成燃烧室；吸入、压缩和排出气体，传出部分热量，以及将燃烧产生的热通过活

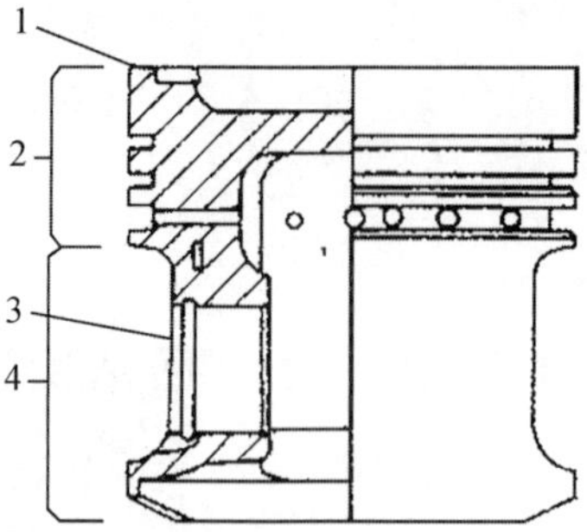

1. 活塞顶 2. 活塞头 3. 活塞销座 4. 活塞裙部

图 2-9 活塞结构

塞及活塞环传给气缸壁,起到散热的作用。活塞的结构如图 2-9 所示。

1. 头部

头部的形状与燃烧室有直接关系,随燃烧室不同形状各异,可分为四大类:平顶活塞、凸顶活塞、凹顶活塞和成型顶活塞,如图 2-10 所示。活塞顶部会刻有各种标记,用以表示活塞及气缸的安装和选配要求。

汽油机活塞头部多采用平顶,如图 2-10a 所示。其优点是结构简单、制造容易、受热面积小,头部应力分布较为均匀。有些汽油机为改善混合气形成和燃烧而采用凹顶。

柴油机活塞头部多采用凹顶,如图 2-10b 所示,凹坑的形状和位置必须有利于可燃混合气的燃烧,有双涡流凹坑、球形凹坑、"U"形凹坑等。

二冲程发动机常采用凸顶,如图 2-10c 所示,其优点是头部强度高,起导向作用,有利于改善换气过程。

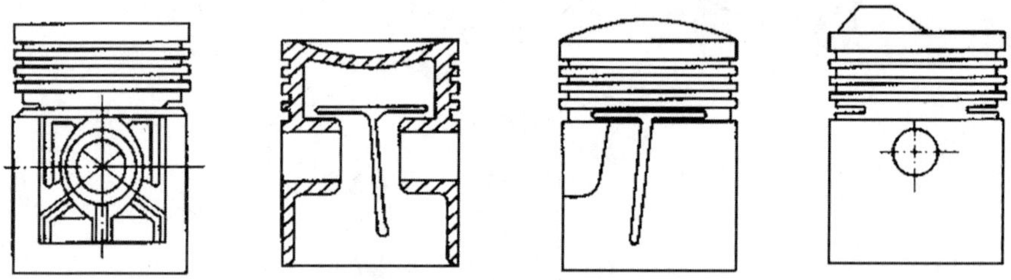

a. 平顶活塞　b. 凹顶活塞　c. 凸顶活塞　d. 成型顶活塞

图 2-10 活塞顶部的形状

2. 防漏部

防漏部制有环槽用以安装气环和油环,气环多为 2～3 道,油环多为 1 道。环槽内装有气环与油环,气环装在上部,油环装在下部。气环数减少,可降低活塞高度和减小活塞质量,有利于发动机转速的提高,以改善其动力性和经济性。活塞顶至第一环槽之间的环岸,称为火力岸。在此岸上一般制有隔热环槽,用以减小此部与缸壁间隙,节流以减轻第一道环的热负荷和机械负荷,在增压柴油机的活塞第一环槽中铸有高镍铸铁环架,以提高活塞的使用寿命。

3. 销座部

销座部用以装配活塞销,将活塞受力传给连杆。为降低活塞销与座孔的压力、减轻磨损,支承面应尽可能大些,也就是孔径与支承长度要大些,销座与顶部增设加强筋相连。

4. 裙部

裙部也叫导向部,在活塞往复运动中起导向作用,并承受侧压力。目前,一些发动机为防止活塞换向时产生拍击和磨损,活塞销孔中心线与活塞轴线不相交,向侧压力方向偏移 1～2 mm。因此,安装该活塞时要特别注意朝前标记的方向。

活塞在工作中裙部受侧压力及销座承受活塞方向上的轴向力,使销座部位增强变厚,导致受热后变形量大等，且沿销轴方向直径增大，侧压力方向直径变小。如不采取措施，活塞在工作时将拉伤缸壁，甚至卡缸。所以，一般将活塞销座孔周围制成凹陷部，作为膨胀余地，也有将活塞制成椭圆的，其长轴为侧压力方向，短轴为销轴方向，这种活塞也称椭圆活塞。为减轻活塞重量，缩短活塞长度，防止活塞裙部与曲轴平衡块相碰，沿活塞销方向将销座以下裙部切除。同时，可降低摩擦阻力。

活塞由于沿高度方向受热不同，膨胀量也不同。因此，活塞均制成上、下直径不一的锥形，即活塞顶部直径小于活塞裙部的直径。

二、活塞环

活塞环是具有开口的弹性圆环，一般用优质灰铸铁或合金铸铁制成。活塞环有气环和油环两种，如图 2-11 所示。气环的作用是密封和导热；油环的作用是刮油和布油。

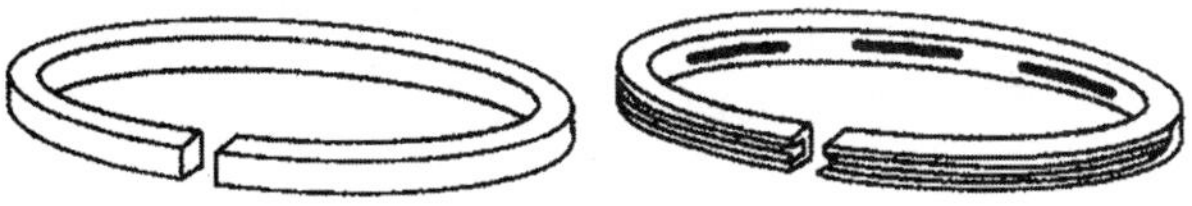

a. 气环　　b. 油环

图 2-11　活塞环

微课 2-4　活塞环

1. 气环

气环根据截面形状不同有多种类型，如图 2-12 所示。

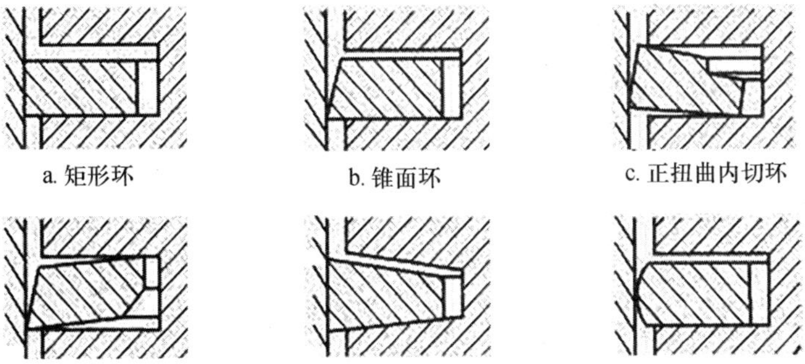

a. 矩形环　　b. 锥面环　　c. 正扭曲内切环

d. 反扭曲内切环　　e. 梯形环　　f. 桶面环

图 2-12　气环的截面形状

（1）矩形环　也称平环，多用作发动机第一道环，为使各道环的使用寿命趋于相同，其表面多采用多孔镀铬，多孔可贮油改善润滑条件，镀铬可增加硬度以更耐磨。

（2）锥面环　其断面为直角梯形，此环装入气缸后与缸壁呈线接触，比压大，易磨合，具有刮油作用，并防止润滑油串入气缸，安装时必须注意方向。

（3）扭曲环　在矩形断面的内侧或外侧去除部分金属，也称内切口和外切口。此环装入气缸后随活塞的运动产生扭转，具有锥面环一样的作用，广泛用作第二、第三道环，安装时要注意方向，内切口朝上，外切口朝下。

（4）梯形环　其断面呈梯形。环槽也制成梯形断面，环在环槽中内外移动时，与环槽的间隙发生变化，将槽中的焦状油挤出，防止焦环故障。

（5）桶面环　其表面呈桶形。装入气缸壁呈线接触，活塞在上、下止点换向运动时产生倾斜，桶面环将沿缸壁微量移动，且活塞上、下运动时均有油楔作用，所以，此种环易磨合、磨损小，广泛用作发动机的第一道气环。

活塞环装入气缸后两端面的距离称为端隙(开口间隙)，其作用是防止环受热膨胀后卡缸造成断环。但端隙也不能过大，过大会导致弹力下降，密封不良。端隙第一道环最大，依次减小，这是气缸工作温度决定的。

活塞环装入环槽中，活塞环的一面贴紧环槽一侧，另一面留有的间隙称为边隙。其作用是防止活塞和活塞环受热后活塞环被活塞环槽夹住而失去弹力。一般第一、第二道环边隙是0.18～0.22 mm，最大不能超过 0.6 mm；第三道环为 0.08～0.13 mm，最大不能超过0.5 mm。边隙过大会使活塞环泵油增加，导致烧机油。

气环的泵油作用如图 2-13 所示。随着活塞在气缸内上下往复运动，气环第二密封面(边间隙)经常变化，进入活塞环与活塞环槽间隙的机油不断地被挤入气缸，这种现象称为气环的泵油作用，是不利的。减小环的边间隙能减少泵油量，但不能完全消除。为此，用油环将气缸壁的机油刮掉，尽量使气环得不到可泵机油。

2. 油环

油环又称刮油环，其作用是刮下气缸壁上多余的机油，避免过多的机油进入气缸被烧掉而造成浪费、污染环境和使气缸内积炭增加；同时还能使气缸壁上的机油均布，改善气缸壁的润滑条件。

油环的外圆表面切有环槽，目的是增加油环对气缸壁的比压，如图 2-14 所示。油环铣有回油孔，目的是防止刮油时活塞环与壁面间的油压升高，将活塞环推离气缸壁面破坏刮油作用。为确保油环的刮油作用，在活塞的油环槽内部和油环槽下部均制有通道，且布置合理的回油孔。

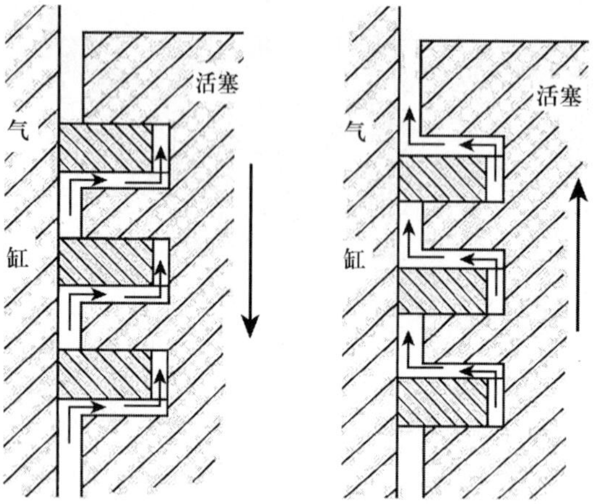

a. 活塞下行　　b. 活塞上行

图 2-13　气环的泵油作用

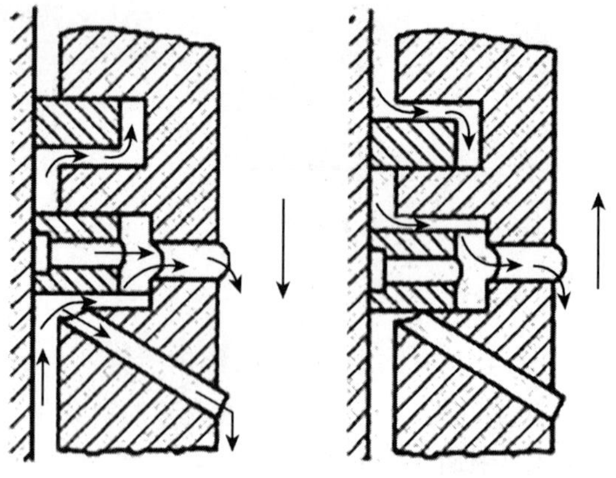

a. 活塞下行　　b. 活塞上行

图 2-14　油环的布油和刮油

油环有两种：一是整体式油环，二是组合式油环。目前，中小型汽油机用组合式油环，如图 2-15 所示。图 2-15a 所示为普通的油环。图 2-15b 所示为两片一簧式组合油环，弹簧既是径向弹簧又是轴向弹簧，其轴向弹力将上、下刮片压向环槽，径向弹力增强刮片对缸壁的压力。此环安装时，应先安撑簧片，立面朝外，对接的上、下切口在内，然后装上、下两片刮片环，且三者的开口互相错开。图中 2-14c 所示为近似整体式与衬簧式组合油环，由油环体和衬簧组成，多用于柴油机。

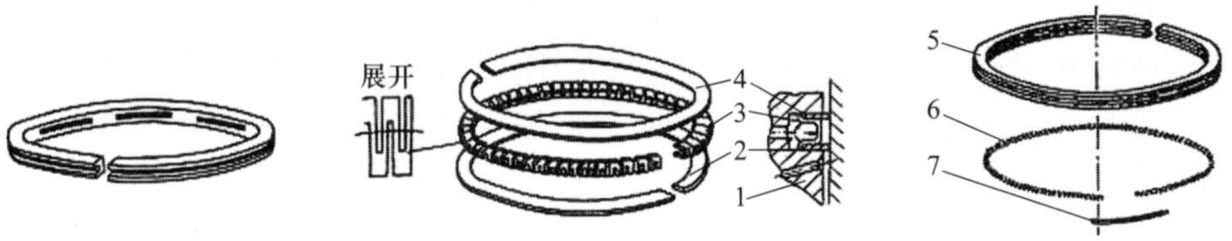

a. 普通油环（整体式）　b. 组合油环　c. 近似整体式与衬簧式组合油环

1. 活塞　2. 下刮片　3、6. 衬簧　4. 上刮片　5. 油环体　7. 锁口钢丝

图 2-15　油环

三片双簧式组合油环由两片上刮片环、一片下刮片环、轴向强力环和径向强力环组成(图 2-16)。轴向强力环将上、下刮片环压向环槽，径向强力环将刮片环压向气缸壁。这种环的弹力大且不易下降，因此性能佳、寿命长。

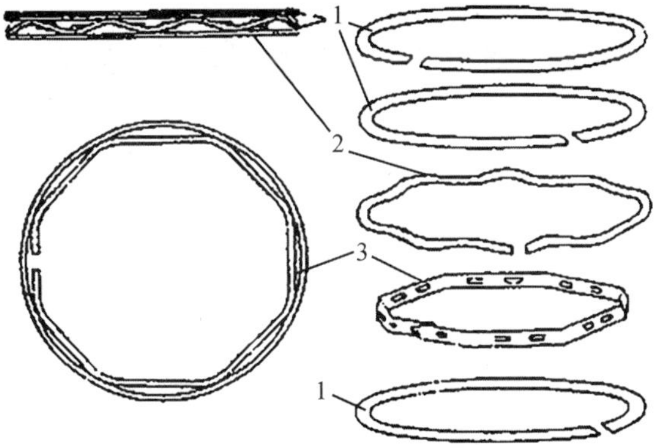

1. 扁平环　2. 波形环　3. 衬环

图 2-16　三片双簧式组合油环

三、活塞销

活塞销的功能是把活塞与连杆小端铰链连接在一起，并把活塞的受力传给连杆或将连杆的受力传给活塞。

活塞销的材料一般用低碳优质钢或低碳合金钢，牌号如 20、20Mn、15Cr、20Cr 或 20MnV 等。表面经渗碳淬火处理后，进行精加工，使其具有较高的强度、刚度和耐磨性。

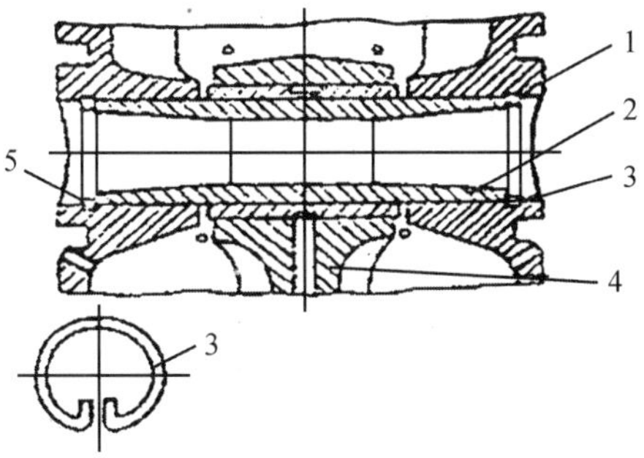

1. 活塞　2. 活塞销　3. 卡簧　4. 连杆　5. 铜套

图 2-17　活塞销

图 2-17 为活塞销的一般构造和安装定位方式。为减轻重量、增加抗弯强度，活塞销制成空心的短管。

直通圆柱孔或圆锥形孔的活塞销质量较小，中间或单侧封闭的活塞销适用于二行程的发动机，以免影响扫气；用于增压发动机活塞销空心的内径小，增加了壁厚，因增压后要求强度、刚度均比普通发动机大得多。如图 2-18 所示，活塞销与活塞、连杆的连接一般采用全浮式，使活塞销的磨损均匀。为防止活塞销轴向窜动，在活塞销的座孔两端卡簧槽中装有弹性卡簧。由于活塞销和销孔是摆动摩擦的，油膜不易形成，所以其配合间隙较小，活塞销与铜套间隙一般是 0.025～0.048 mm，活塞销与座孔的配合早期采用过渡配合，装配时应把活塞放在油或水中加热到 100 ℃左右，将活塞销推入孔中。目前由于材料品质的提高，活塞销与座孔大多采用间隙配合，给维修、安装工作带来了极大的方便。

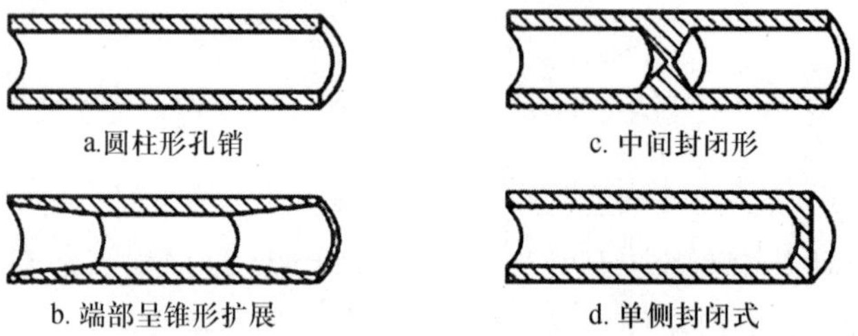

图 2-18 活塞销形状

知识点 2 活塞连杆组装技术

一、活塞的选配

当气缸的磨损超过规定值及活塞发生异常损坏时，必须对气缸进行修复，并且要根据气缸的修理尺寸选配活塞。选配活塞时要注意以下几点。

(1)选用同一修理尺寸和同一分组尺寸的活塞。

(2)同一发动机必须选用同一厂牌的活塞。活塞应成套选配，以保证其材料和性能的一致性。

(3)在选配的成套活塞中，尺寸差和质量差应符合要求。成套活塞中，其尺寸差一般为 0.02～0.05 mm，质量差一般为 4～8 g，销座孔的涂色标记应相同。

活塞与气缸的配合都采用选配法，在气缸的技术要求确定的前提下，重点是选配相应的活塞。活塞的修理尺寸级别一般分为＋0.25 mm、＋0.50 mm、＋0.75 mm 和＋1.00 mm 四级，有的只有前两级。在每一个修理尺寸级别中又分为若干组，通常分为 3～6 组，相邻两组的直径差为 0.010～0.015 mm。选配时，要注意活塞的分组标记和涂色标记。

有的发动机为薄型气缸套，活塞不设置修理尺寸，只区分标准系列活塞和维修系列活塞，每一系列活塞中也有若干组供选配。活塞的修理尺寸级别代号常印在活塞顶部。活塞的分组适用于标准直径的活塞，也适用于修理尺寸活塞。在维修过程中，若活塞与气缸套都更换新的，必须实行分组；若气缸的磨损较小、只需更换活塞，则应选用同一级别中活塞直径最大的一组。

二、活塞环的选配

在发动机大修和小修时，活塞环是被当作易损件更换的。活塞环没有修理尺寸，不因缸和活塞的分组而分组。

活塞环选配时，以气缸的修理尺寸为依据，同一台发动机应选用与气缸和活塞修理尺寸等级相同的活塞环。发动机气缸磨损不大时，就选配与气缸同一级别的活塞环。气缸磨损较大尚未达到大修标准时，严禁选择加大一级修理尺寸的活塞环锉端使用。进口发动机活塞环的更换，按原厂规定进行。

对活塞环的要求：与气缸、活塞的修理尺寸一致；具有规定的弹力以保证气缸的密封性；环的漏光度、端隙、侧隙、背隙应符合原厂设计规定。

三、活塞环的检验

1. 活塞环的弹力检验

活塞环的弹力是指使活塞环端隙达到规定值时作用在活塞环上的径向力。活塞环弹力检验如图 2-19 所示。将活塞环置于滚动轮和底座之间，沿秤杆移动活动量块使环的端隙达到规定值。此时可根据活动量块在秤杆上的位置读出作用于活塞环上的力，即为活塞环的弹力。

例如，奥迪轿车发动机第一道气环弹力为 8.5～12.8 N，第二道气环弹力为 7.5～11.3 N，油环弹力为 35～52.5 N。

2. 活塞环的漏光度检验

活塞环的漏光度检验指检测环的外圆表面与缸壁的接触和密封程度，其目的是避免漏光度过大使活塞环与气缸的接触面积减小，造成漏气和窜机油的隐患。

活塞环漏光度检验仪如图 2-20 所示。将被检验的活塞环套入以三组滚轮支承并能自由转动的环规中，挡盘、灯泡等固定在底座上，套筒内的灯光透过活塞环与气缸壁的缝隙，将环规转动一圈，便可从上面观察到活塞环的漏光程度。

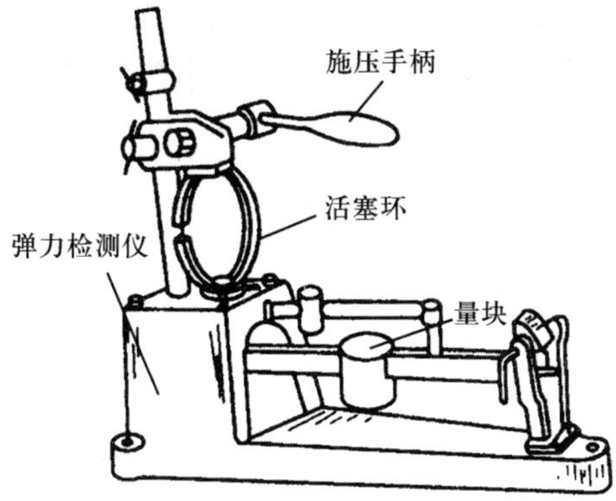

图 2-19　活塞环的弹力检验

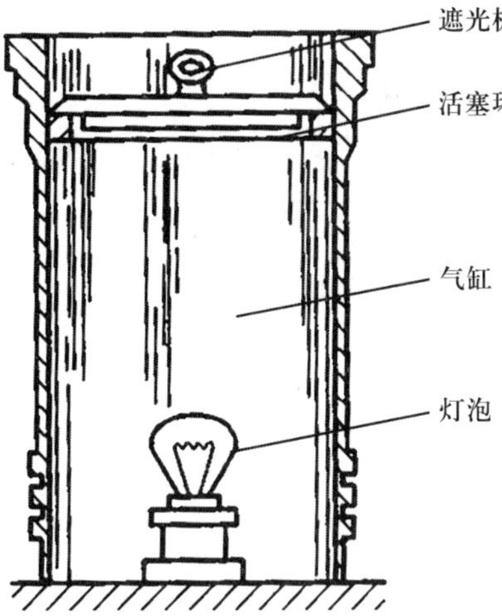

图 2-20　活塞环的漏光度检验仪

活塞环漏光度的技术要求：在活塞环端口左右 30°范围内不应有漏光点；同一活塞环的漏光处不得多于三处，每处漏光弧长所对应的圆心角不得超过 25°，同一环上漏光弧长所对应的圆心角之和不得超过 60°；漏光缝隙应不大于 0.03 mm，当漏光缝隙小于 0.015 mm 时，其弧长所对应的圆心角之和可放宽至 120°。

3. 活塞环三隙的检验

活塞环的三隙指端隙、侧隙、背隙。一般来说，活塞环的三隙是上环大于下环，气缸直径大的环大于直径小的环、发动机压缩比大的环大于压缩比小的环。

(1)端隙　又称开口间隙，是活塞环装入气缸后开口处的间隙，是为了防止活塞环受热膨胀卡死在气缸内而设置的。检验端隙时，将活塞环置入气缸套内，并用倒置活塞的顶部将活塞环推入气缸内相应的上止点位置，然后用厚薄规测量，如图 2-21 所示，一般为 0.25～0.50 mm。如端隙过大，则应重新选配活塞环；如端隙过小，可以端面锉削，但不可用不同尺寸的活塞环。

(2)侧隙　又称边隙，是环高方向上与环槽之间的间隙。因第一道环温度高，侧隙一般为 0.04～0.10 mm；其他气环一般为 0.03～0.07 mm。油环一般侧隙较小，为 0.025～0.07 mm。

侧隙过小，会使环卡死在槽内，过大则会影响密封性。检查时，如图 2-22 所示，将环放入环槽内用厚薄规测量，或将环放入环槽中，其能运动自如、无松旷即可。

(3)背隙　活塞环装入气缸后，活塞环背面与环槽底部的间隙称为背隙，一般为 0.5～1 mm。背隙过大影响密封性，过小则环易卡死。检查时以环槽深度与环的径向厚度差来计算，也可直接将环装入环槽，以活塞环低于环槽岸为合适。

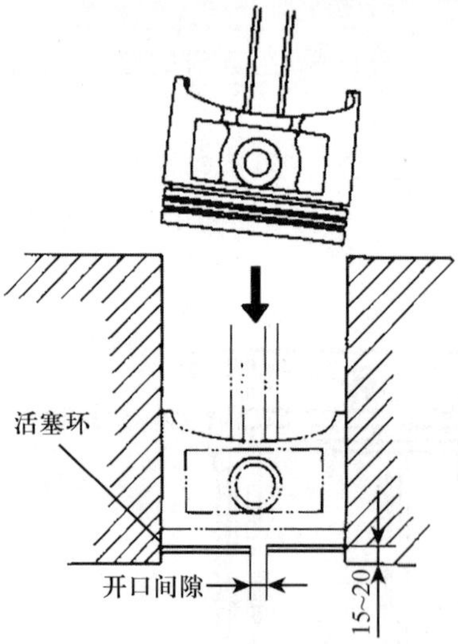

图 2-21　检查活塞环端隙(单位:mm)

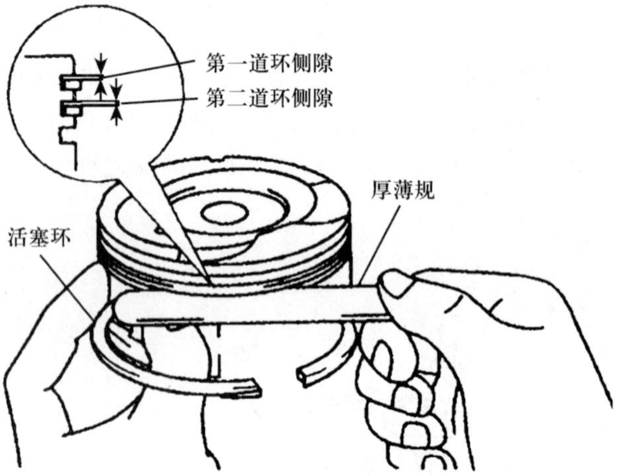

图 2-22　活塞环侧隙的检查

4. 活塞环的装配角度

为防止气体窜入曲轴箱，应将活塞环开口错开安装。三道环应每道环错开 120°；四道环的第一、第二道环错开 180°，第二、第三道环错开 90°，第三、第四道环错开 180°。这样可增加漏气阻力，减小漏气量。

四、活塞销的选配

1. 活塞销的损伤

发动机工作时，活塞销要承受高温气体的压力和活塞连杆组惯性力的作用，其负荷的大小和方向是周期性变化的，会对活塞销产生很大的冲击。活塞销多用全浮式连接，与活塞销座的配合精度很高，常温下有微量过盈。在发动机正常工作时，活塞销与活塞座和连杆衬套间有微小的间隙，因此活塞销可以在销座和连杆衬套内自由转动，使活塞销的径向磨损比较均匀，磨损速率也较低。

活塞销在工作时承受较大的冲击载荷，当活塞销与活塞销座和连杆衬套的配合间隙超过一定数值时，就会由于配合松旷而发出异响。

2. 活塞销的选择

发动机大修时，一般应更换活塞销，选配标准尺寸的活塞销，为小修留有余地。选配活塞销的原则：同一台发动机应选用同一厂牌、同一修理尺寸的成组活塞销，活塞销表面应无任何锈蚀和斑点；表面粗糙度 $Ra \leqslant 0.20\ \mu m$，圆柱度误差 $\leqslant 0.0025$ mm，质量差在 ± 10 g 范围内。

为了适应修理的需要，活塞销设有四级修理尺寸，可以根据活塞销座和连杆衬套的磨损程度来选择相应修理尺寸的活塞销。

3. 活塞销的装配

活塞销与活塞销座和连杆衬套的配合一般是通过绞削、镗削或滚压来实现的。其配合要求：在常温下，活塞销与活塞销座配合间隙为 0.002 5～0.007 5 mm，与连杆衬套的配合间隙为 0.005～0.010 mm，且要求活塞销与连杆衬套的接触面积在 75%以上。

应根据不同机型的结构特点，确定活塞与连杆安装的相对位置。安装活塞时应注意其顶部燃烧室的不对称性和相对记号(箭头等)；安装连杆时应注意连杆大端切口方向、杆身朝前记号、大端钢印号码等。

五、组装后的质量检查

通过试配找出活塞销与销孔间容易套进的方向，并在另一侧销孔内装上活塞销挡圈，按装配方向排列活塞销，并在活塞销外圆及连杆衬套内圆表面涂上适当的机油。

将活塞放入机油中加热至 90～100 ℃后取出，把连杆小端放在两销孔间适当位置，将活塞销装入。组装时，由两人操作，一人双手托起活塞，另一人一手拿连杆、一手拿锤子，轻轻敲击活塞销，并经常转动连杆。如装配困难，应查明原因后再装配。

(1)装好的活塞销，其两个端面与挡圈槽的距离应相等。

(2)组装后进行质量检查。

(3)活塞与连杆之间应转动灵活，轴向移动量符合技术要求，如 4125A 柴油机规定不小于 2.5 mm。

(4)检查活塞裙部的圆度，如果圆度比装配前大，应查明原因并设法消除。

(5)将活塞连杆组置于连杆校验仪上，检查活塞裙部母线与连杆大端中心线的垂直度。也可在活塞连杆组装入气缸后，检查是否漏缸。

(6)同一台发动机各缸活塞连杆组的质量差一般不大于 40 g。

六、安装时的注意事项

(1)连杆和连杆轴承盖不具有互换性，不得互换且装配时注意不要装错位置。

(2)活塞顶部、连杆前部和连杆轴承前部均有标记，装配时注意不要装错方向。

(3)装配前再次清洁所有零部件并在气缸内壁上薄薄地抹一层机油。

(4)活塞连杆组组装好后，从气缸体上部，将连杆和活塞装入，活塞环用活塞环钳夹紧，使其顺利进入气缸，用手锤把推活塞项，使活塞连杆组完全到位。

(5)安装活塞环时，应采用专用工具，以免将环折断。由于各活塞环的结构差异，在安装活塞环时要特别注意各活塞环的类型和安装规程、顺序及方向。

(6)国产轻型汽车同组活塞质量差不得大于 3 g,同台发动机各缸活塞连杆组质量差不得大于 40 g。

(7)按安装主轴承的方式,将连杆轴承放入座槽,扣好所有的轴承盖,从中间向两边逐一按规定扭矩拧紧全部连杆轴承盖螺母(螺栓)。

任务三　气缸盖、气缸体的检验与修理

【任务目标】

✓ **知识目标**

1. 掌握发动机气缸盖的常见损伤;
2. 掌握发动机气缸体的常见损伤;
3. 掌握气缸体变形检验的理论知识。

✓ **能力目标**

1. 能够规范使用设备、工具;
2. 能够进行气缸盖的检验;
3. 能够进行气缸体的检验。

✓ **素质目标**

1. 严格执行气缸盖、气缸体检验的安全操作规范;
2. 严格执行气缸盖、气缸体检验的"6S"管理规范;
3. 培养团队协作意识、责任意识和爱岗敬业精神;
4. 培养学生自主学习、归纳总结、语言表达的能力;
5. 培养学生对"三农"发展的信心。

【任务工单】

任务工单见表 2-4。

表 2-4　气缸盖、气缸体的检验与修理任务工单

<table>
<tr><td colspan="2">专业</td><td></td><td>操作时长</td><td colspan="3">40 分钟</td></tr>
<tr><td colspan="2">班级</td><td></td><td>机型</td><td colspan="3">农机 4 缸柴油发动机</td></tr>
<tr><td colspan="2">学号</td><td></td><td>时间</td><td colspan="3">年　　月　　日</td></tr>
<tr><td colspan="2">姓名</td><td></td><td>成绩</td><td colspan="3"></td></tr>
<tr><td colspan="7">气缸盖、气缸体的检验与修理作业表</td></tr>
<tr><td>序号</td><td>作业内容</td><td>作业要点</td><td>配分</td><td>评分标准</td><td>得分</td><td>备注</td></tr>
<tr><td>1</td><td>安全文明生产</td><td>(1)做好操作前的准备,包括检查和备齐所需的工具、量具与零件、设备;
(2)遵守安全操作规程,正确使用工具,操作现场整洁</td><td>10</td><td>未达到要求,1 次扣 2 分,扣完为止</td><td></td><td></td></tr>
</table>

续表2-4

序号	作业内容	作业要点	配分	评分标准	得分	备注
2	气缸盖、气缸体变形的检验	(1)将气缸体放在检验平板上,用厚薄规沿缸盖四周测量气缸盖与平板之间的缝隙大小; (2)也可以用直尺或平尺直接靠在气缸盖的平面上,用厚薄规测量直尺与缸盖平面间的缝隙大小	30	操作漏、错 1 次各扣 2 分,扣完为止		
3	裂纹检验	(1)外表观察; (2)水压试验法	30	操作漏、错 1 次各扣 2 分,扣完为止		
4	气缸盖、气缸体平面变形的修理	(1)翘曲变形偏差在 0.3 mm 范围内或局部不平、有凸起,可采用刮、铲和研磨的方法修平; (2)如果翘曲变形量较大,用铣削或磨削的方法修复	20	操作漏、错 1 次各扣 2 分,扣完为止		
5	技术要求	(1)按要求进行气缸盖、气缸体平面变形的检修作业; (2)遵守安全操作规程,正确使用工具、量具,操作现场整洁	10	未达到要求,1 次扣 2 分,扣完为止		
评分说明		(1)工具及零件掉在地上每次扣 1 分; (2)量具掉在地上每次扣 3 分; (3)因操作失误造成零件及工具、量具损坏每次扣 2 分; (4)违反安全操作规程每次扣 1～3 分; (5)因违规操作发生重大人身或设备事故,按零分计				
学生签字			教师签字			

【相关知识点】

知识点 1　气缸盖、气缸体的常见损伤

气缸体零件是发动机的基础零件,在使用中会受到不同程度的损伤,直接影响到发动机的正常工作和使用寿命。因此,对发动机气缸体零件的修理是发动机修理作业的主要组成部分,其修理质量是提高发动机修理质量的基础和保障。

气缸盖、气缸体的常见损伤形式有翘曲变形、裂纹、水道孔边缘腐蚀等,尤其以气缸盖、气缸体变形和局部裂纹最为普遍。

一、变形

气缸盖和气缸体在使用过程中变形是不可避免的。气缸体的变形破坏了零件的正确几何形状、影响发动机的装配质量和工作能力。气缸体、气缸盖变形的主要原因:拆装螺栓时力矩过大或不均,或者不按顺序拧紧,以及在高温下拆卸气缸盖引起气缸体与气缸盖的结合平面翘

曲变形；装配式螺纹孔中未清理干净，造成气缸体上、下平面在螺纹孔口周围凸起变形；或者是曲轴轴承座孔处厚薄不均，铸造后残余应力不均衡引起变形。

气缸体变形会导致发动机漏气、漏水、漏油，甚至冲坏气缸垫，使发动机无法正常工作。

二、裂纹

引起气缸盖和气缸体裂纹的主要原因：曲轴在高速转动时产生振动，在气缸薄弱部位产生裂纹；严寒季节冻裂；在发动机高温时突然加冷水，或因水垢集聚过多造成散热不良；铸造时残余应力未消除；气缸体承受动负荷冲击及超负荷工作形成的交变应力过载；镶换气缸套时，过盈量过大或压装工艺不当造成气缸局部裂纹；装配螺栓时扭矩过大；镶套修复螺纹孔时，其过盈量过大使原螺纹孔裂损等。

气缸体裂纹会导致发动机漏水、漏气、漏油，影响发动机正常工作，严重时将造成损坏。

气缸盖的裂纹多发生在进、排气门座之间的过梁处，这是由于气门座或气门导管配合过盈量过大或镶换工艺不当所引起的。

三、气缸体的磨损

气缸体的主要磨损发生在气缸、曲轴主轴承孔和后端面等部位。

发动机长期使用后，气缸会发生磨损，磨损到一定程度，将使发动机的动力性和经济性严重下降，排气净化恶化。发动机是否需要大修，主要取决于气缸的磨损程度。因此，了解气缸的磨损规律和原因，便于正确合理地使用发动机，以减缓气缸的磨损，延长发动机的使用寿命。

四、气缸磨损的规律和原因

1. 轴向磨损

如图 2-23 所示，气缸工作表面沿轴向的磨损呈上大下小的不规则锥形，其中，由于温度差的关系，第一缸与最后一缸的磨损最大。其主要原因如下。

(1)正常磨损　燃料燃烧后，在气缸内产生高温、高压的气体，在高温气体的作用下部分润滑油燃烧，未燃烧的润滑油黏度下降，因而气缸上部在半干摩擦和边界摩擦的条件下工作，润滑条件变差。同时，在高压气体的作用下，活塞环对气缸壁的压力增大，摩擦力也增大，气缸磨损增加。

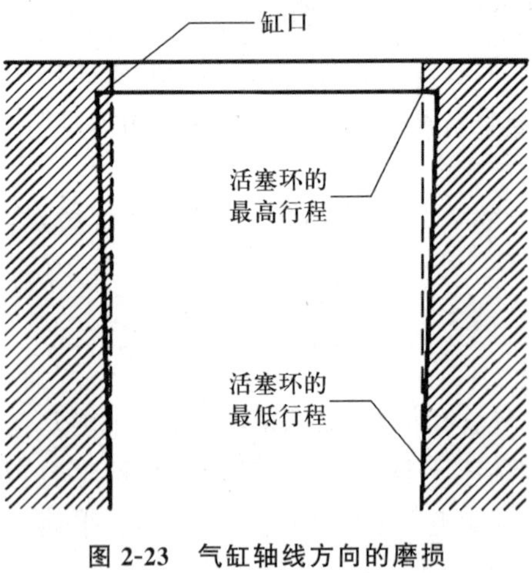

图 2-23　气缸轴线方向的磨损

另外，由于高压的作用，气缸壁与活塞环之间的润滑油膜被破坏，润滑油被挤出，易形成干摩擦和半干摩擦。

(2)不正常磨损　主要由于装配不当或发动机在使用过程中连杆的弯曲、扭曲等变形而导致气缸不正常的轴向锥形磨损。

由于上述原因，再加上气缸内的压力和温度分布上高下低，所以，越靠近气缸上部，磨损越严重。

(3)磨料磨损　机油中含金属杂质(特别是在磨合期)、空气中含细沙粒等，由于杂质和沙粒随活塞环在气缸中往复运动，造成第一道气环上止点以下部位磨损最大，使气缸横断面被磨成椭圆形。

(4)酸性腐蚀磨损　酸性物质造成腐蚀磨损，一般汽油中硫的含量为 0.15%，由于燃烧生成二氧化硫，其中一部分变成三氧化硫。三氧化硫同气缸中气体燃烧物中的水结合形成硫酸蒸气，并存在于燃气中。冷却水温度低于 70 ℃时，凝结在缸壁上，破坏了润滑油膜，并对气缸壁产生腐蚀作用。气缸温度越低，酸性物质越易形成。

2. 径向磨损

气缸工作表面因沿径向的磨损形成不规则的椭圆形，其中，进气门对面及气缸侧压力最大。如图 2-24 所示，其主要与发动机的工作条件、装配质量和动力输出等因素有关。

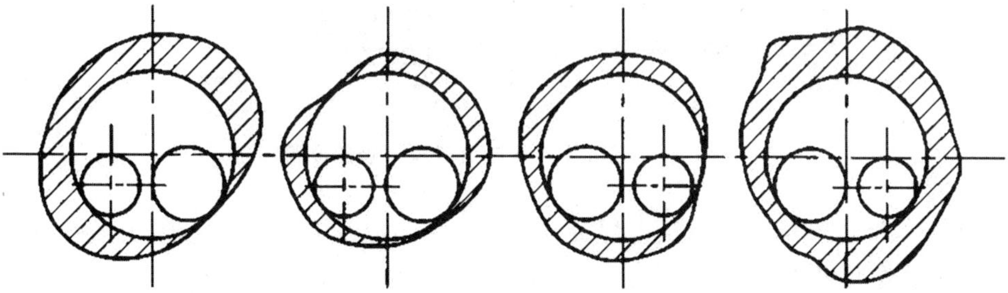

图 2-24　气缸断面上的磨损

知识点 2　气缸体变形的检修

一、气缸盖、气缸体平面度的检修

气缸盖、气缸体平面度多用直尺和厚薄规进行检验或用平板做接触检验，如图 2-25 所示。在捷达、桑塔纳等发动机缸盖上进行检查时，沿两条对角线和纵轴线将直尺放在气缸盖平面上，移动厚薄规测量直尺与平面的间隙，平面全长最大偏差为 0.05 mm。也可以用平面度检测仪进行测量。

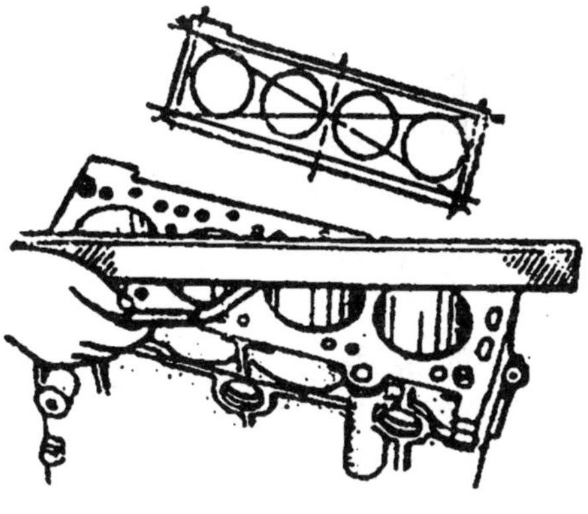

图 2-25　气缸体和气缸盖平面度的检测

气缸体变形后，可根据变形程度采取不同的修理方法。缸体平面的平面度误差在整个平面上不大于 0.05 mm 或仅有局部不平时，可用刮研法修理；平面度误差较大时可施行磨修，但加工量不能超过规定值，否则会使发动机燃烧室容积过小，气缸体和气缸盖修磨后，要求燃烧室容积的变化值不大于同一发动机各燃烧室平均值的 2%，减少后的燃烧室容积不小于原厂规定的 95%，否则会出现怠速不稳和增加爆燃的倾向，所以气缸盖修磨后，应对燃烧室容积加以测量和调整。

二、气缸盖和气缸体裂纹的检修

气缸体裂纹大多出现在水套的薄壁处。对于明显的裂纹，可直接观察出来；对于细微裂纹和内裂纹。一般是将气缸体和气缸盖装合后用水压试验法进行检查。如图 2-26 所示，将气缸盖和衬垫装在气缸体上，将专用的盖板装在缸体进水口，并用水管与水压机相连，用水压机加压。在 0.3～0.4 MPa 的压力下保持约 5 min，观察有无渗漏现象，有渗漏即存在裂纹。在没有水压机的情况下，可在水套内加入水后，用压缩空气加压。经过修补及镶配了缸套后的气缸体应再进行一次水压试验。

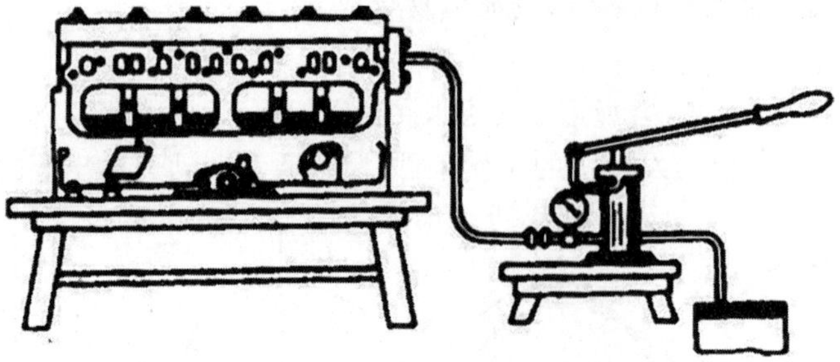

图 2-26　气缸体与气缸盖裂纹的水压试验

气缸体裂纹和破裂的修理方法有焊接、黏接、堵漏和螺钉填补等。应根据破裂的程度及损伤的部位，选择适当的修理方法。通常，受力较大、工作温度较高的燃烧室附近等部位采用焊接法；对受力和受热不大的缸体外部薄壁等部位采用环氧树脂黏结法，这种方法黏结力很强、收缩小、耐疲劳，而且工艺简单、操作方便、成本低，但缺点是不够耐高温、不耐冲击等，而且在下一次修理时经碱水煮洗后会脱落，需重新黏结。

任务四　连杆的检验与校正

【任务目标】

✓ **知识目标**

1. 掌握连杆的功用；
2. 掌握连杆的结构特点；
3. 掌握连杆的检验与校正的理论知识。

✓ **能力目标**

1. 能规范使用设备、工具；
2. 能够进行连杆的检验；
3. 能够进行连杆的校正。

✓ **素质目标**

1. 严格执行连杆的检验与校正的安全操作规范；
2. 严格执行连杆的检验与校正的“6S”管理规范；
3. 培养团队协作意识、责任意识和爱岗敬业精神；
4. 培养学生自主学习、归纳总结、语言表达的能力；
5. 培养学生对“三农”发展的信心。

【任务工单】

任务工单见表 2-5。

表 2-5　连杆的检验与校正任务工单

<table>
<tr><td colspan="2">专业</td><td></td><td>操作时长</td><td colspan="3">45 分钟</td></tr>
<tr><td colspan="2">班级</td><td></td><td>机型</td><td colspan="3">农机 4 缸柴油发动机</td></tr>
<tr><td colspan="2">学号</td><td></td><td>时间</td><td colspan="3">年　月　日</td></tr>
<tr><td colspan="2">姓名</td><td></td><td>成绩</td><td colspan="3"></td></tr>
<tr><td colspan="7">连杆的检验与校正作业表</td></tr>
<tr><td>序号</td><td>作业内容</td><td>作业要点</td><td>配分</td><td>评分标准</td><td>得分</td><td>备注</td></tr>
<tr><td>1</td><td>安全文明生产</td><td>(1)做好操作前的准备,包括检查和备齐所需的工具、量具与零件、设备;
(2)遵守安全操作规程,正确使用工具,操作现场整洁</td><td>10</td><td>未达到要求,1 次扣 2 分,扣完为止</td><td></td><td></td></tr>
<tr><td>2</td><td>连杆的
检验与校正</td><td>(1)用三点规骑在标准活塞销上;
(2)测量三点规三个测点与平板间隙;
(3)计算连杆的弯曲、扭曲值,并判断是否要矫正</td><td>30</td><td>测量值出错 1 处扣 2 分;计算出错 1 次扣 2 分</td><td></td><td></td></tr>
<tr><td>3</td><td>连杆的
检验与校正</td><td>(1)使连杆与平板间保持一定距离;
(2)用深度游标卡尺测量连杆小端端面与平板间距离,将连杆翻转 180°后用同样方法再次测距离</td><td>20</td><td>检查方法有误 1 次扣 2 分;测量结果出错 1 处扣 3 分;计算失误扣 3 分</td><td></td><td></td></tr>
<tr><td>4</td><td>连杆的
检验与校正</td><td>(1)用扭曲矫正器矫正扭曲;
(2)用弯曲矫正器矫正弯曲;
(3)双弯曲应在弯曲矫正器上反复矫正;
(4)矫正结果合格</td><td>30</td><td>矫正方向有误扣 3 分;程序出错扣 3 分;矫正结果不合格,1 次扣 3 分</td><td></td><td></td></tr>
<tr><td>5</td><td>技术要求</td><td>(1)检查三点规的完好性、三点规的三个测量点的磨损情况;
(2)安装连杆需要符合要求;
(3)矫正扭曲和弯曲符合要求</td><td>10</td><td>未达到要求,1 次扣 2 分,扣完为止</td><td></td><td></td></tr>
<tr><td colspan="2">评分说明</td><td colspan="5">(1)工具及零件掉在地上每次扣 1 分;
(2)量具掉在地上每次扣 3 分;
(3)因操作失误造成零件及工具、量具损坏每次扣 2 分;
(4)违反安全操作规程每次扣 1～3 分;
(5)因违规操作发生重大人身或设备事故,按零分计</td></tr>
<tr><td colspan="2">学生签字</td><td></td><td>教师签字</td><td colspan="3"></td></tr>
</table>

【相关知识点】

知识点 1　连杆

一、连杆的功能和结构

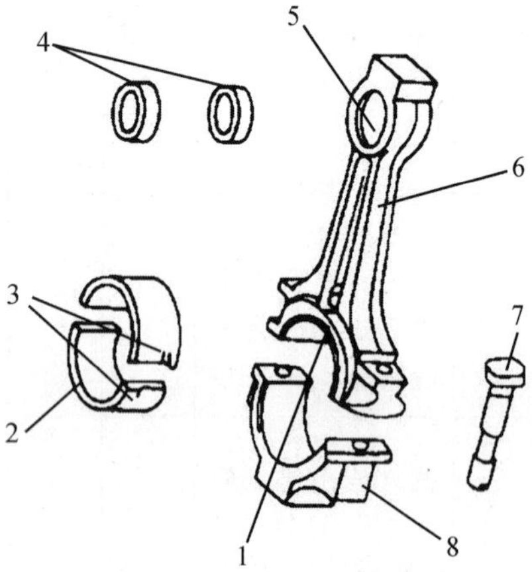

1. 连杆大端　2. 连杆轴承　3. 止推凸唇
4. 衬套　5. 连杆小端　6. 连杆杆身
7. 连杆螺栓　8. 连杆盖

图 2-27　连杆组件

连杆的功能是连接活塞与曲轴，将曲轴的旋转运动变为活塞的往复直线运动或将活塞的往复直线运动变为曲轴的旋转运动以传递动力，如图 2-27 所示。连杆采用中碳钢或中碳铬钢模锻、调质，经机械加工而成。

连杆分为小端、杆身和大端三部分。一般小端孔中压装铜套，活塞销与铜套的润滑有两种：一是压力润滑，连杆杆身钻有油道孔，通过连杆轴颈进入活塞销与铜套摩擦表面；二是集油润滑，在连杆小端制有集油孔或槽，把飞溅的机油集在集油孔或槽中渗入摩擦表面。

杆身做成“工”字形断面，既减轻重量又有足够的抗弯强度。大端孔中装有轴承（瓦），与曲轴的连杆轴颈配合安装。大端的切分面有两种：一是平切式，即连杆大端沿着与杆身轴线垂直的方向切开，多用于汽油机。二是斜切式，斜切式切分面一般与杆身中线呈 45°或 60°夹角，其目的是便于活塞连杆组在气缸中的安装。斜切后会使连杆螺栓产生剪切应力，为此必须使连杆大端盖有可靠的定位，其主要定位方法有套筒定位、止口定位和锯齿定位等，如图 2-28 所示。斜切式多用于卧式柴油机和大型柴油机，以便于连杆大端螺栓（螺母）的拆卸与安装。

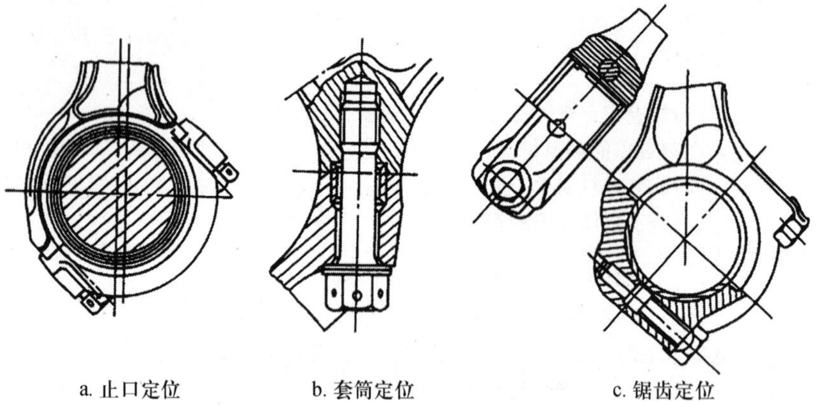

a. 止口定位　　b. 套筒定位　　c. 锯齿定位

图 2-28　斜切口连杆大端的定位方式

连杆大端是配对加工的，装配中没有互换性，且必须按方向安装，故在其侧面打有配对标记和重量分组标记。大端盖一般用两根连杆螺栓紧固，大端为平切式的一般用螺栓外圆柱面定位，连杆螺栓或螺母必须可靠锁定，否则，产生松动就会酿成重大机械事故。其锁定方法有锁片法、开口销法、锥螺纹法、螺母开槽法、变螺距法、螺纹胶法、螺纹镀层法以及采用高强度精制螺栓等。为防止连杆瓦转动和轴向窜动，在大端剖分面处加工有定位舌槽与瓦片上的凸舌相配合。

二、V型发动机连杆结构

1. 并列连杆式

连杆可以通用，两列气缸的活塞连杆组的运动规律相同，但曲轴的长度增加。该结构便于拆卸与安装。

2. 主副连杆式

可不增加发动机的轴向长度，但主副连杆不能互换，两列气缸的活塞连杆组的运动规律不同。轴瓦之间的单位面积压力小了，提高了耐磨性。

3. 叉形连杆式

两列气缸中的活塞连杆组的运动规律相同，但叉形连杆的制造工艺复杂，且大头的刚度较低，如图2-29所示。轴瓦之间的受力均衡，提高了工作的平衡性。

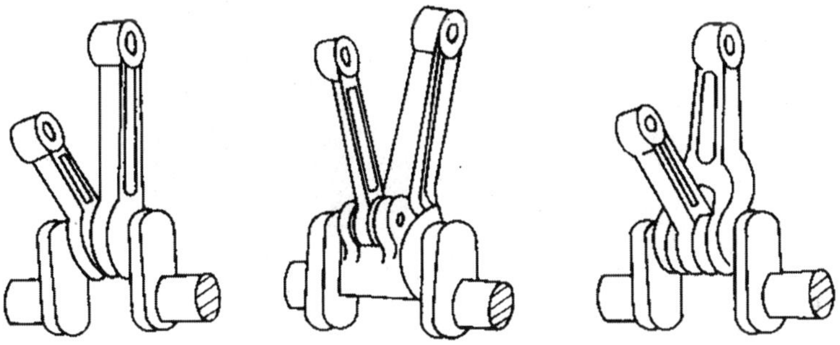

a. 并列连杆式　b. 主副连杆式　c. 叉形连杆式

图2-29　V型发动机连杆结构示意图

知识点2　连杆衬套的铰削、连杆的检验与校正

活塞销与连杆衬套的配合一般是通过铰削、镗削或滚压来完成的，其配合要求：在常温下汽油机的活塞销与连杆衬套的间隙为0.005～0.010 mm，且活塞销与连杆衬套的接触面积在75%以上；中大型柴油机活塞销与连杆衬套的间隙一般为0.03～0.05 mm。

一、连杆衬套的铰削

1. 选择铰刀

按活塞销的实际尺寸选择铰刀，将铰刀的刀杆垂直地夹在台钳的钳口上。

2. 调整铰刀

将连杆衬套孔套入铰刀，一手托住连杆大端，一手压住连杆小端，以铰刀刃露出衬套上面0.3～0.5 mm作为第一刀的铰削量为宜。

3. 衬套铰削

铰削时，一只手托住连杆大端均匀用力扳转；另一只手将小端向下略施压力，铰削时应保持连杆轴心线垂直于铰刀轴线，以防铰偏，如图 2-30 所示。当衬套下平面与刀刃相平时停止铰削，将连杆下压退出以免铰偏或衬套起棱。然后在铰削量不变情况下，再将连杆翻转 180°铰削一次，铰刀的铰削量以调整铰刀的螺母转过 60°～90°为宜。

4. 铰削试配

每铰削一次都要用相配的活塞销试配，以防铰过。当用手掌能将活塞销推入衬套 1/3～1/2 时停铰，用木槌将活塞销打入衬套内，并夹持在台钳上按连杆工作摆动方向扳转连杆，如图 2-31 所示。然后压出活塞销，视衬套的痕迹适当修刮。

活塞销与连杆衬套的配合通常也有凭感觉判断的，即以拇指能将涂有机油的活塞销推过衬套为符合要求，如图 2-32 所示。或将涂有机油的活塞销装入衬套内，连杆位于水平面的位置时，活塞销应能依靠其自重缓缓下滑。此外，活塞销与连杆衬套的接触面积应在 75%以上。

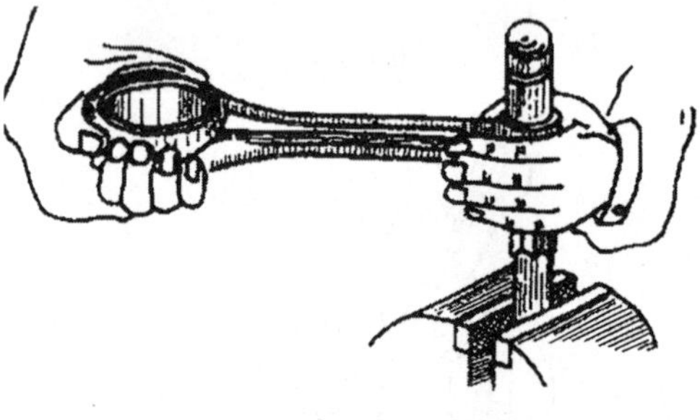

图 2-30　连杆衬套的铰削

图 2-31　活塞销与连杆衬套的铰研

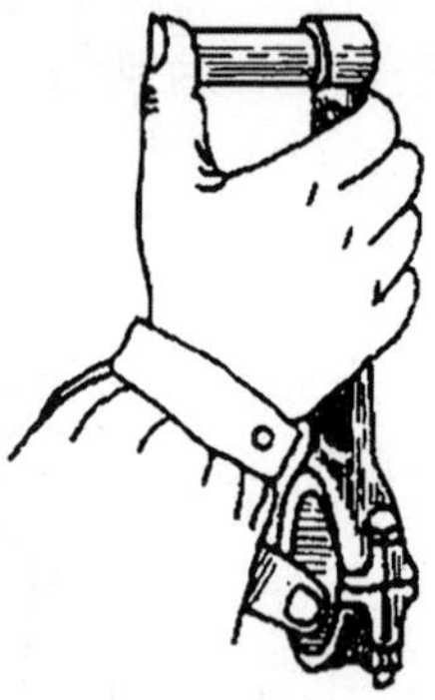

图 2-32　活塞销与连杆衬套的配合检验

二、连杆的检验与校正

目前，常见的检验与校正仪器主要有三点规和连杆校正仪两种。

1. 三点规

三点规目前已很少使用了，已经被淘汰，这里不再详述。

2. LX-750 连杆校正仪

(1)该检验校正仪适用于中小型发动机连杆产生的弯曲、扭曲及双重变形的检验和校正。

(2)技术数据

①芯轴可调范围：38～51.5 mm、51～66 mm；

②外形尺寸：长×宽×高=550 mm×300 mm×340 mm；

③滑板移动距离：140 mm；

④工作台面与芯轴中心高：75 mm；

⑤误差：弯曲量≤0.03 mm、扭曲量≤0.05 mm。

(3)连杆弯曲及扭曲的检验　连杆衬瓦加工完毕后，装配好活塞销，如图 2-33 所示。将连杆大端轴孔穿入芯轴置于涨块的中部，边旋升芯轴涨块边轻动连杆(全方位轻动)，直至连杆完全固定、没有位移量为止(切忌无限度张紧,以免损坏连杆衬瓦)。用支承架顶住连杆小端活塞销孔下部,以防连杆小端下垂影响精度。装好百分表,将调整架调好位置,使上表的检测头位于活塞销轴心线的正上方,侧表的检测头位于活塞销轴心线的侧面,即两个表的测头垂直指向活塞销的轴心线。将两表刻度盘归零,用滑板手柄轻推滑板,使表的检测头置于活塞销最末端,此时上表显示值为连杆扭曲量、侧表显示值为连杆弯曲量。

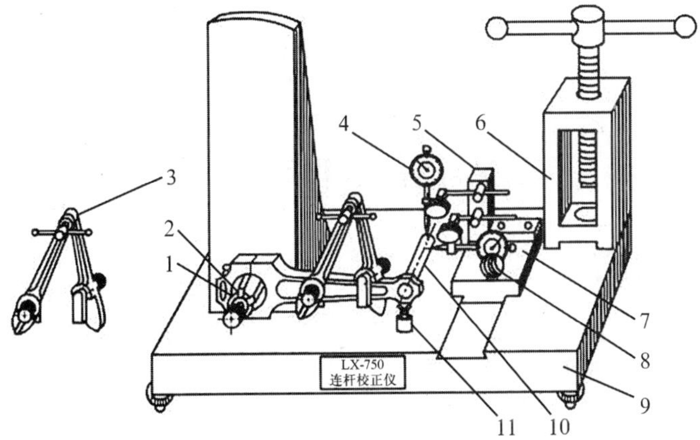

1. 芯轴　2. 涨块　3. 扭曲架　4. 百分表　5. 调整架　6. 衬瓦压力架
7. 滑板　8. 滑板手柄　9. 工作台　10. 活塞销　11. 支承架

图 2-33　LX-750 连杆校正仪

(4)连杆弯曲及扭曲的校正　连杆弯曲及扭曲的校正,如图 2-34、图 2-35 所示。保持上述检验状态不变,装上扭曲架,旋紧钩爪螺母(扭曲架一正一反安装,根据连杆扭曲方向确定扭曲架左右钩爪位置),边旋紧校正顶丝边观察表针的变化,直至表针归零并根据扭曲量适当校有一定的过盈量。由于材料的弹性后效应作用,卸荷后连杆有复原的趋势,对于变形量较大的连杆,校正后必须进行时效处理。

如图 2-35 所示,根据连杆的弯曲方向装上弯曲架,边旋紧校正顶丝边观察表针的变化,直至表针归零并根据弯曲量适当校有一定的过盈量,在校正负荷下保持一定时间。

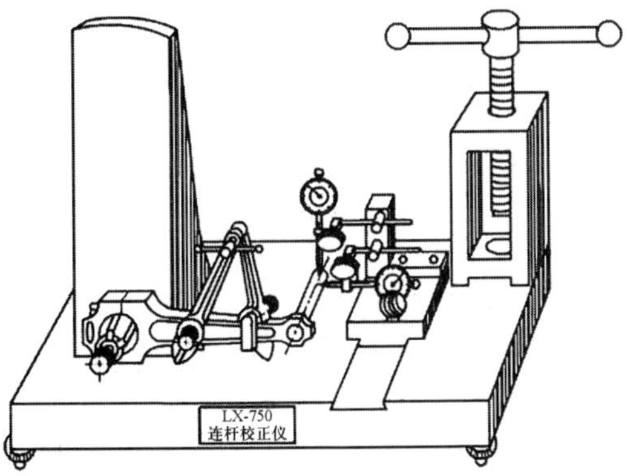

图 2-34　连杆扭曲的校正

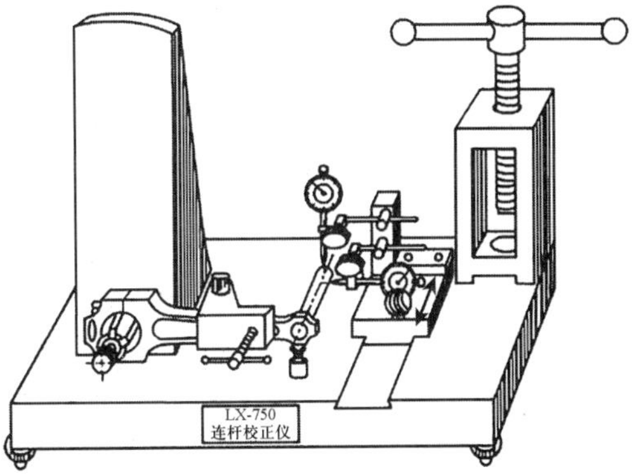

图 2-35　连杆弯曲的校正

(5)注意事项

①检验前,调整工作台的四个支脚,使各支脚支承力均匀,以保证工作台的平衡和精度;

②保证工作台及芯轴无锈蚀现象；

③检验连杆时要确保表头固定可靠，调整架蝶形螺母使其紧固可靠并无松动现象，芯轴和涨块应无杂物，以免影响精度；

④连杆弯曲量≥0.3 mm时，不应再做校正，应更换新的连杆。这是由于其内应力过大，即使校好，装入发动机后仍会变形，而且还会损坏设备。

任务五　曲轴的修理

【任务目标】

✓ **知识目标**

1. 掌握曲轴飞轮组的功能；
2. 掌握曲轴飞轮组的组成；
3. 掌握曲轴修理的理论知识。

✓ **能力目标**

1. 能规范使用设备、工具；
2. 能够进行曲轴的修理。

✓ **素质目标**

1. 严格执行曲轴修理的安全操作规范；
2. 严格执行曲轴修理的“6S”管理规范；
3. 培养团队协作意识、责任意识和爱岗敬业精神；
4. 培养学生自主学习、归纳总结、语言表达的能力；
5. 培养学生对“三农”发展的信心。

【任务工单】

任务工单见表2-6。

表2-6　曲轴的修理任务工单

专业			操作时长	40分钟		
班级			机型	农机4缸柴油发动机		
学号			时间	年　月　日		
姓名			成绩			
曲轴的修理作业表						
序号	作业内容	作业要点	配分	评分标准	得分	备注
1	安全文明生产	(1)做好操作前的准备，包括检查和备齐所需的工具、量具与零件、设备； (2)遵守安全操作规程，正确使用工具，操作现场整洁	10	未达到要求，1次扣2分，扣完为止		

续表2-6

序号	作业内容	作业要点	配分	评分标准	得分	备注
2	曲轴的弯曲度的检查	(1)将曲轴支承在两“V”形铁上，清洁所有轴颈； (2)将百分表测头置于曲轴中间主轴颈最高点上； (3)用手缓慢转动曲轴一周	30	夹持曲轴不稳或操作错误1处扣2分；百分表安装不正确、不留压缩量扣2分		
3	曲轴扭曲度的检查	(1)用百分表校准曲轴的水平位置； (2)将百分表测头置于1、4两道连杆轴颈的最高处，量出1、4两道连杆轴颈的高度差即为扭曲度值	20	测量位置选择不当扣2分；百分表应用不当、校不准水平位置扣3分		
4	曲轴变形的修理	(1)冷压校正； (2)火焰校正，利用气焊炬对变形工件凸起处迅速局部加热和急剧局部冷却，靠冷缩应力进行校正	30	未达到要求，1次扣2分，扣完为止		
5	技术要求	曲轴的修理应符合要求，遵守安全操作规程，正确使用工具、量具，操作现场整洁	10	未达到要求，1次扣2分，扣完为止		
评分说明		(1)工具及零件掉在地上每次扣1分； (2)量具掉在地上每次扣3分； (3)因操作失误造成零件及工具、量具损坏每次扣2分； (4)违反安全操作规程每次扣1～3分； (5)因违规操作发生重大人身或设备事故，按零分计				
学生签字			教师签字			

【相关知识点】

知识点1　曲轴飞轮组

曲轴飞轮组主要由曲轴、飞轮、扭转减震器、皮带轮、正时齿轮(齿形带或链条)等组成，如图2-36所示。

微课2-5　曲轴飞轮组

一、曲轴

曲轴的功能是承受连杆传来的力，并将此力转化成曲轴旋转的力矩，然后通过飞轮输出旋转的力矩。另外，曲轴还用来驱动发动机的配气机构及其他辅助装置(如发电机、风扇、水泵、机油泵、转向助力油泵等)。发动机在工作过程中，曲轴受到旋转质量的离心力、周期性变化的气体压力和往复惯性力的共同作用，承受弯曲与扭转载荷。为了保证工作可靠，要求曲轴具有足够的刚度和强度，各工作表面要耐磨且润滑良好。

曲轴材质根据不同功率的发动机选用QT800-2、QT900-2高强度球墨铸铁和QT800-4高强度高韧性球墨铸铁以及45、40Cr、42CrMo、48MnV等锻钢制造。曲轴表面进行离子氮化处理、气体软氮化处理，轴颈圆角表面同时淬火处理，氮化后的曲轴表面呈暗灰色或黑色。由于

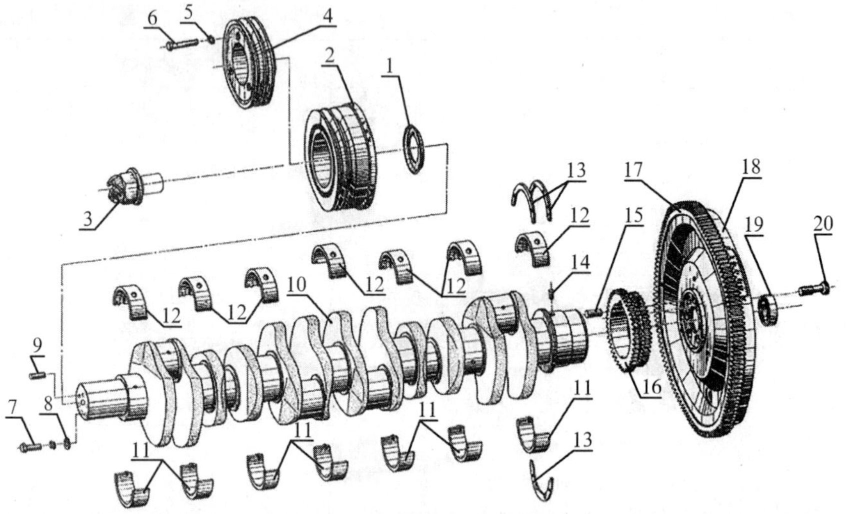

1. 曲轴挡油片 2. 减震器总成 3. 启动爪 4. 前皮带轮 5. 弹簧垫圈 6. 六角头螺栓 7. 减震器螺栓 8. 减震器螺栓垫圈 9. 定位销 10. 曲轴 11. 下主轴瓦 12. 上主轴瓦 13. 止推轴承片 14. 正时齿轮定位销 15. 飞轮定位销 16. 曲轴齿轮 17. 飞轮齿环 18. 飞轮 19. 滚动轴承 20. 飞轮螺栓

图 2-36 曲轴飞轮组

在氮化时氮离子轰击的特殊作用，轴颈表面粗糙度略有下降，但不影响使用。淡化后曲轴轴颈表面硬度增加，疲劳强度也相应增加 30%～50%，曲轴将具有更高的可靠性和更长的使用寿命。淬火曲轴淬硬层深度达到 2～3.5 mm，硬度(HRC)达到 48～55。

曲轴一般由主轴颈、连杆轴颈、曲柄、平衡重(目前生产的曲轴中曲柄和平衡重均成为一体)、前端轴和后端法兰部分组成。一个连杆轴颈和它两端的曲柄及相邻两个主轴颈构成一个曲拐。

曲轴的曲拐数取决于气缸的数目和排列方式。直列式发动机曲轴的曲拐数等于气缸数；V 型发动机曲轴的曲拐数等于气缸数的一半。

按照曲轴的主轴颈数，可以把曲轴分为全支承曲轴和非全支承曲轴两种。在相邻的两个曲拐之间均设置一个主轴颈的曲轴，称为全支承曲轴；否则称为非全支承曲轴。因此，直列式发动机的全支承曲轴，其主轴颈总数(包括曲轴前端和后端的主轴颈)等于气缸数加一；V 型发动机的全支承曲轴，其主轴颈总数等于气缸数的 1/2 加一。如图 2-37 所示。

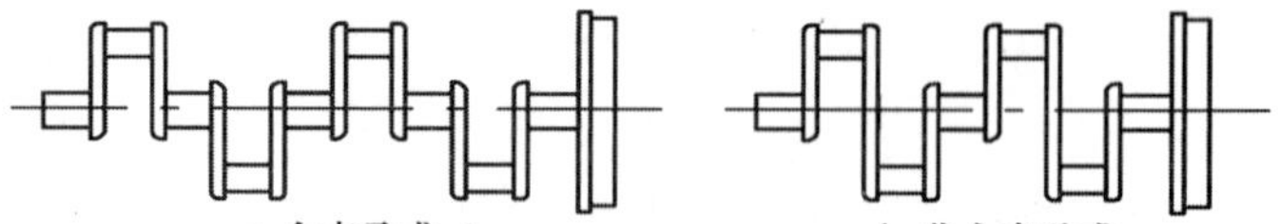

a. 全支承式　　b. 非全支承式

图 2-37 曲轴支承

全支承曲轴的优点是可以提高曲轴的刚度，并且可以减轻主轴承的载荷。其缺点是曲轴的加工表面增多，主轴承数增多。柴油机多采用全支承曲轴。

如图 2-38 所示，多缸发动机的曲轴一般做成整体式。连杆大头为整体式的某些小型汽油机或采用滚动轴承作为曲轴主轴承的发动机必须采用组合式曲轴，即将曲轴的各部分段加工，然后用螺栓组合成整体。

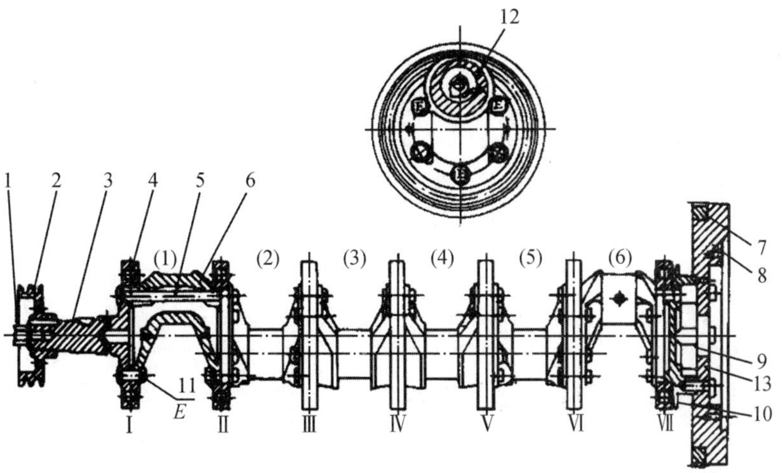

1. 启动爪 2. 皮带盘 3. 前端轴 4. 滚动轴承 5. 连杆螺栓 6. 曲柄 7. 飞轮齿圈 8. 飞轮 9. 后端凸缘 10. 挡油圈 11. 定位螺钉 12. 油管 13. 锁片 (1)第一道连杆轴颈 (2)第二道连杆轴颈 (3)第三道连杆轴颈 (4)第四道连杆轴颈 (5)第五道连杆轴颈 (6)第六道连杆轴颈 Ⅰ. 第一道主轴颈 Ⅱ. 第二道主轴颈 Ⅲ. 第三道主轴颈 Ⅳ. 第四道主轴颈 Ⅴ. 第五道主轴颈 Ⅵ. 第六道主轴颈 Ⅶ. 第七道主轴颈

图 2-38 组合式的曲轴

平衡重用来平衡曲轴的离心力和离心力矩，有时还用来平衡一部分活塞连杆组的往复惯性力。平衡重多与曲轴制成一体，有的单独制成后再用螺栓固定在曲轴上，称为装配式平衡重。有些刚度较大的全支承曲轴(CA6110、6102Q 型柴油机)可不设平衡重。曲轴前端是第一道主轴颈之前的部分，该部分装有驱动配气凸轮轴的正时齿轮，驱动风扇和水泵的皮带轮等。为了防止机油沿曲轴轴颈外漏，在曲轴前端还装有一个甩油盘。

曲轴后端是最后一道主轴颈之后的部分，即安装飞轮用的法兰。为防止机油泄漏，有些曲轴后端加工有回油螺纹或其他封油装置。为增加密封性，回油螺纹可以是梯形或矩形的，其螺旋方向应为右旋，回油螺纹的工作原理如图 2-39 所示。

曲轴作为转动件，必须与其固定件之间有一定的轴向间隙。而在发动机工作时，曲轴经常受到离合器施加于飞轮的轴向力作用而有轴向窜动。曲轴轴向窜动会导致连杆等各零件的相对位置变化，因此曲轴必须有轴向定位装置(一般采用滑动推力轴承)。

曲轴推力轴承的类型有两种：翻边轴承的翻边部分和单制的具有减摩合金层的推力片，如图 2-40 所示。

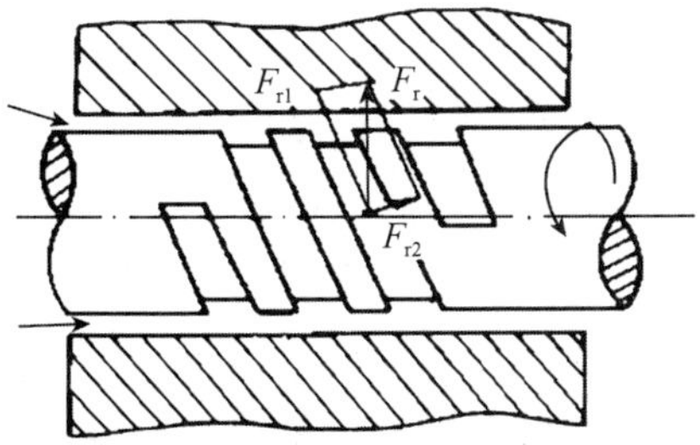

图 2-39 回油螺纹的封油原理

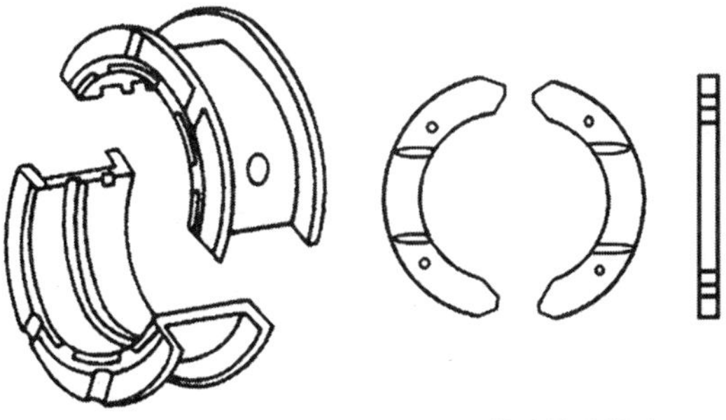

a. 组合翻边轴承　b. 片式推力轴承

图 2-40 曲轴推力轴承

二、曲轴扭转减震器

在发动机工作过程中，连杆作用于连杆轴颈的作用力的大小和方向都是周期性变化的，这种周期性变化的激励最终作用在曲轴上，引起曲拐回转的瞬时角速度也呈周期性变化。由于固装在曲轴上的飞轮转动惯量大，其瞬时角速度基本上可看作是均匀变化的。这样，曲拐旋转便会忽快忽慢，形成相对于飞轮的扭转摆动，这就是曲轴的扭转振动，当激励频率与曲轴自振频率成整数倍关系时，曲轴扭转震动便因共振而加剧。这将使发动机的功率受到损失，正时齿轮或链条磨损增加，严重时甚至将曲轴扭断。为了消减曲轴的扭转振动，一般发动机在曲轴的前端装有扭转减震器。

发动机最常用的曲轴扭转减震器是摩擦式扭转减震器，多为橡胶制成，如图 2-41 所示。在橡胶摩擦式扭转减震器中，转动较大的惯性圆盘（主动毂）用一层橡胶垫和皮带轮（惯性盘）相连。惯性圆盘（主动毂）与皮带轮（惯性盘）同橡胶垫硫化黏结。惯性圆盘（主动毂）通过锥型套用减震器固定螺栓装于曲轴前端，当曲轴发生扭转振动时，曲轴前端的角振幅最大，而且通过惯性圆盘（主动毂）带动皮带轮（惯性盘）一起振动。惯性圆盘（主动毂）和皮带轮（惯性盘）实际上相当于一个小型的飞轮。这样，惯性圆盘（主动毂）就同皮带轮（惯性盘）有了相对的角振动，而使橡胶垫产生正反方向交替变化的扭转变形。由于橡胶垫变形而产生的橡胶内部的分子摩擦，消除扭转振动能量，整个曲轴的扭转振幅将减小，把曲轴共振转速移向更高的转速区域内，从而避免在常用转速内出现共振。捷达 EA827 型发动机、桑塔纳 AJR 型发动机和 CA6110 发动机的曲轴都采用了橡胶摩擦式曲轴扭转减震器。

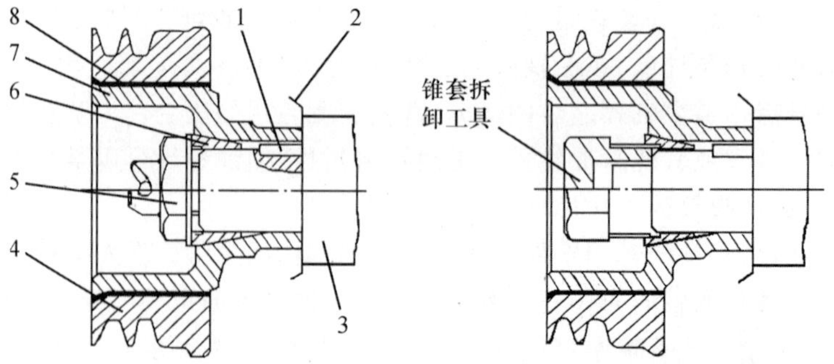

1. 平键　2. 甩油圈　3. 曲轴　4. 皮带轮（惯性盘）　5. 减震器固定螺栓
6. 锥形套　7. 惯性圆盘（主动毂）　8. 橡胶垫

图 2-41　橡胶摩擦式曲轴扭转减震器

三、飞轮

飞轮是一个转动惯量很大的圆盘，其主要的功能是在发动机做功行程中贮存能量，用以在其他行程中克服阻力，带动曲柄连杆机构越过上、下止点，保证曲轴的旋转角速度和输出扭矩尽可能均匀，并使发动机有可能克服短时间的超负荷，此外，飞轮又往往用作摩擦式离合器的驱动件。

为保证在有足够转动惯量的前提下，尽可能减小飞轮的质量，应使飞轮的大部分质量集中在轮缘上，因此轮缘通常做得宽而厚。

飞轮多采用铸铁制造，当轮缘的圆周速度超过50 m/s时，要采用强度较高的球铁或铸钢制造。

飞轮外缘上压有一个齿圈，可与启动机的驱动齿轮啮合，供发动机启动用。飞轮上通常刻有第一缸的发火正时标记，以便于查找压缩上止点、调整气门间隙和供油时间。CA6110型发动机的正时标记是0±20°，0与飞轮壳上的指针对正时，即表示1～6缸的活塞处在上止点位置，如图2-42所示。

飞轮与曲轴装配后应进行动平衡试验，否则在旋转时因质量不平衡而产生离心力，将引起发动机震动并加速主轴承的磨损。为了在拆装时不破坏它们的平衡状态，飞轮与曲轴之间应有严格的相对位置，用固定销或不对称螺栓予以保证。

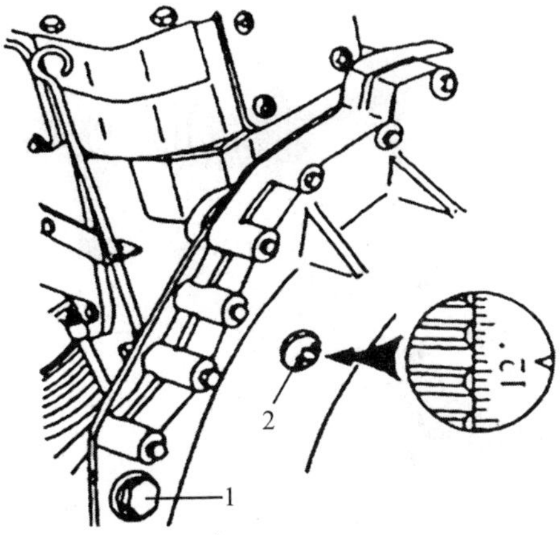

1. 观察孔　2. 飞轮齿圈

图 2-42　发动机发火正时标记

知识点2　曲轴的修理技术

一、曲轴常见损伤的检修

1. 曲轴裂纹的检修

(1)浸油敲击法　首先确定可能有裂纹的部位，用柴油或煤油浸泡，然后将表面擦净并用锤轻击表面，裂纹中的油会被震出。

(2)磁力探伤法　刷涂含有磁粉的油，在磁力探伤机上接大电流，磁粉便聚集在表面细微裂纹处。

(3)裂纹的修理程序　先焊修再机械加工。

2. 曲轴轴颈磨损的检修

(1)曲轴轴颈磨损的检修　将曲轴两端支撑在“V”形铁上，用千分尺测量各个缸连杆轴颈和主轴颈的圆度和圆柱度，其误差不应超过0.025 mm，表面粗糙度不大于0.6 μm。如其中一项超过，可用曲轴磨床磨修；每0.25 mm为1级，最多为4级。曲轴光磨后，圆度、圆柱度误差应小于0.01 mm，表面粗糙度不大于0.3 μm。一般应先磨主轴颈，后磨连杆轴颈。曲轴检验分类时应注意：曲轴轴颈和连杆轴颈圆度误差大于0.025 mm或表面划伤时，应磨削修理；虽然轴颈圆柱度误差大于0.025 mm或有其他类型的损伤，但圆跳动误差不大于0.15 mm，可直接修磨并通过修磨校正变形，否则必须校正至误差小于0.15 mm才能进行修磨。

(2)曲轴轴颈磨损的修理　曲轴连杆轴颈和主轴颈的修理尺寸是根据曲轴轴颈前一次的修理尺寸、磨损程度和磨削余量来选择的。曲轴轴颈的修理要在保证磨削质量的前提下，尽可能选择最接近的修理尺寸级别，延长曲轴的使用寿命。曲轴的连杆轴颈和主轴颈应分别磨削成同一级别的修理尺寸，以便于选配轴承及保证合理的配合间隙。

3. 曲轴变形的检修

(1)曲轴变形的检验　曲轴弯曲变形的检验应以两端主轴颈的公共轴线为基准，检查中间主轴颈的径向圆跳动误差，用平板、“V”形铁支承在曲轴的两端，测中部的主轴径。如图2-43所示，以四缸发动机为例，用百分表测第二、第三缸的主轴径。曲轴主轴径如径向跳动大于

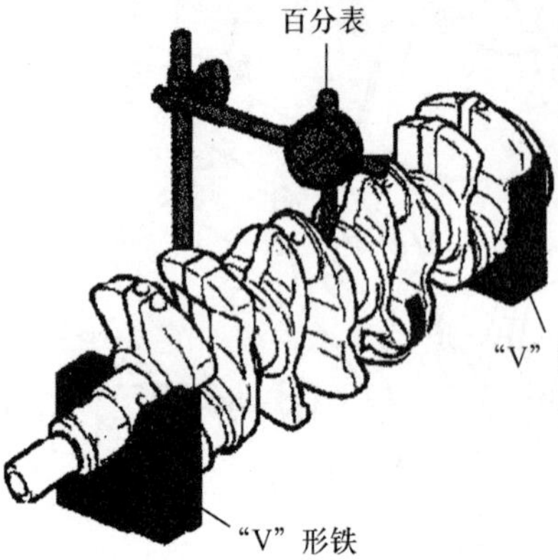

图 2-43 用“V”形铁将曲轴两端水平支承在平台上

0.15 mm 时，需冷态校正。

曲轴变形的检验可在曲轴磨床上进行，也可将曲轴两端同平面的连杆轴颈转到水平位置并用百分表分别测量这两个连杆轴颈的高度。在同一方位上，两个连杆轴颈的高度差即为曲轴变形量。

(2)曲轴变形的修理　曲轴变形超过一定限度时，应进行校正。通常的校正方法有冷压校正、火焰校正和表面敲击校正。采用冷压校正时，将曲轴两端主轴颈置于“V”形铁上，用油压机沿曲轴弯曲相反方向加压，如图 2-44 所示，在压头与主轴颈间垫以铜皮。由于钢质曲轴的弹性作用，压弯量应为曲轴弯曲量的 10～15 倍，保持 2～4 min 即可基本校直。如弯曲量较大时，校压应分多次进行，以防曲轴折断，对球墨铸铁曲轴应特别注意这一点。为减小弹性后效作用，压校后的曲轴应进行人工时效处理，将校直的曲轴加热到 573～773 K，保温 0.5～1 h，以消除冷压时的内应力。

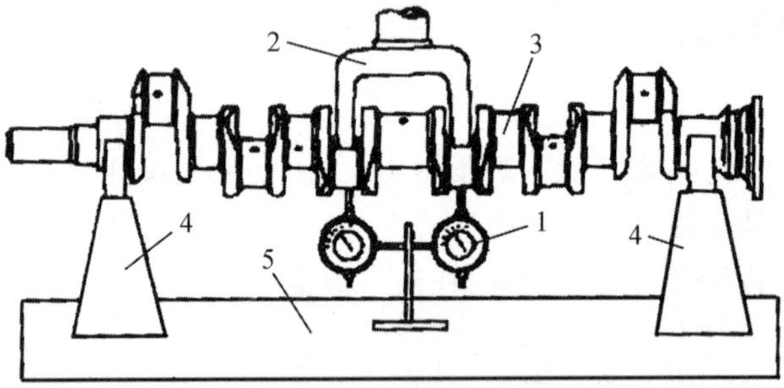

1. 百分表　2. 叉形压头　3. 曲轴　4. “V”形铁　5. 校验平台

图 2-44　曲轴冷压校正

火焰校正是利用气焊炬对变形工件凸起处的一点或几点迅速局部加热和急剧局部冷却，靠冷缩应力进行校正。表面敲击校正是通过敲击曲柄表面使其发生变形，从而改变曲轴轴线的位置而进行校正。曲轴若发生轻微的扭曲变形，可直接在曲轴磨床上结合对连杆轴颈磨削修正。扭曲变形严重时，可采用液压校正仪校正。

4. 曲轴轴承的选配

(1)轴承的选配　轴承的选配包括选择合适内径的轴承以及检验轴承的高出量、自由弹开量、定位凸点和轴承钢背表面质量等。

根据曲轴轴承的直径和规定的径向间隙选择合适内径的轴承。根据选配的需要，现代发动机曲轴轴承内径已形成一个尺寸系列。

(2)轴承的安装检验　检验定位凸点和轴承钢背表面质量。要求定位凸点形状规则，轴承钢背光整无损。检验轴承的自由弹开量。要求轴承在自由状态下的曲率半径大于座孔的曲率半径，保证轴承压入座孔后，可借轴承自身的弹力作用与轴承座贴合紧密。

检验轴承的高出量。轴承装入座孔内，上、下两片的每端均高出轴承座平面 0.03～0.05 mm，称为高出量。轴承高出座孔，以保证轴承与座孔紧密贴合，提高散热效果。

5. 曲轴的轴向定位

为了保证曲轴正常转动,需保持适当的轴向间隙。不同的发动机止推垫圈安装位置不同,但曲轴的轴向间隙都是由止推垫圈的厚度来控制的。以曲轴的前、后两端定位,在前端设置厚度合适的止推垫圈。将前止推垫圈白合金面(上有油槽)朝向正时齿轮后边,并借助销钉加以固定。将后止推垫圈有白合金和油槽的面朝向曲柄。

以四缸发动机为例,以第三缸主轴承盖进行轴向定位。在第三道主轴承盖装有定位销,将防止曲轴轴向位移的 4 块半圆形止推垫圈分装在主轴承盖两端,将带有白合金和油槽的面朝向曲柄,如装反,止推垫圈钢背会磨坏曲柄。

曲轴的轴向间隙通常为 0.04～0.25 mm,不同车型差距很大,如美国汽车曲轴轴向间隙为 0.038～0.165 mm,最佳为 0.051～0.064 mm。大众汽车曲轴轴向间隙为 0.07～0.23 mm,极限值为 0.30 mm。

6. 曲轴的安装

(1)曲轴轴承两端要高出底座少许　曲轴轴承两端在安装时,要高出底座少许(装配的过盈度),以保证主轴承在工作时不转动,保证轴身到底孔良好的热传导。

(2)曲轴的密封　通常曲轴前端装有自紧橡胶油封,以防止正时齿轮室内机油泄漏。在高速旋转部位光靠油封是无法完成密封任务的,通常需增设挡油盘。靠高速旋转的离心力将曲轴前端 90%左右的油挡回油底壳,以减少油封的压力。

(3)曲轴主轴承的安装　通常曲轴上轴承开有油槽,下轴承则是平滑的。轴承放进槽中要有一定的张力,以保证轴和轴承座的紧密贴合。与座贴合良好的轴承应略高于轴承座的剖分面,当上下压紧时,轴承的圆周变形形成对轴承座的径向压紧力矩,保证曲轴旋转时轴承能保持与轴承座间的固定。轴承的压紧量及轴承盖的紧固力矩非常重要。如压紧量不足,会直接影响轴承的导热性;压紧量过大,轴承被过度夹紧变形,局部负荷过大,容易使轴承合金过早脱落。

通常主轴承和曲轴的最佳工作间隙在 0.05 mm 左右。四缸发动机主轴承紧固扭矩通常为 100 N·m 左右,紧固顺序为从中间开始,将曲轴装入轴承座孔中,在轴承上抹上一层机油,将各道轴承盖按记号扣在主轴径上,按规定扭矩从中间向两端均匀拧紧螺母(螺栓),如遇到内六角或外六角螺栓,必须使用专用套筒每紧一道轴承将曲轴旋转 1 圈。若阻力大或转不动,应查明原因并予以排除。装完各轴承盖后,用手应能转动曲轴。

7. 装配注意事项

(1)各缸轴承盖不得互换位置。

(2)轴承在座孔上贴紧后,其两端应高出座平面 0.03～0.06 mm,以保证装合后压紧轴承。

(3)现代汽车大部分曲轴轴承不用刮削。对于传统汽车需要刮削的,如按紧固扭矩拧紧后旋转曲轴过紧,分解后轴承合金有局部黑色斑迹时,三缸的先刮中间缸,四缸的先刮第一缸和第三缸,直到接触面积达 75%以上(最后一个缸应在 85%以上,以防漏油)。按紧固顺序和扭矩拧紧轴承盖螺栓后,转动曲轴至松紧度合适(略有阻塞感)为止。

(4)曲轴装完后用撬棍沿前后轴向方向撬动曲轴,同时用塞规在止推垫圈和曲柄之间测量。如间隙不合适,需更换止推垫圈。

二、飞轮的检查

飞轮常见故障诊断和检修应注意以下几点：

(1)飞轮上齿圈单面磨损后，可反向重复使用1次(但需要倒角)，若挠性板上齿圈磨损断裂，必须连同挠性板一起更换。

(2)与飞轮相连的液力变矩器有着严格的装配要求，变矩器从哪个角度拆下来，还要从哪个角度装回去。拆开变矩器清洗或修理后，首先要保证变矩器驱动毂的垂直度，否则会造成严重漏油或油泵早期磨损。其次要重新做动平衡，变矩器用车床割开前需做标记，用二氧化碳保护焊重新焊接前，先按原标记卡好。

(3)飞轮和挠性板都需要检查端面跳动，跳动量≥0.20 mm时，必须更换。

(4)飞轮和从动盘接触面端面跳动过大，会造成离合器起步时发抖。

(5)变矩器是固定在挠性板上的。挠性板端面跳动过大，会造成变矩器的驱动毂与变速器不同轴，进而导致漏油和油泵早期磨损。

任务六　机体零件与曲柄连杆机构故障

【任务目标】

✓ **知识目标**

1. 了解发动机活塞常见损伤；
2. 了解发动机曲轴常见损伤；
3. 了解发动机轴瓦常见损伤。

✓ **能力目标**

1. 能够分析机体零件故障；
2. 能够分析曲柄连杆机构故障。

✓ **素质目标**

1. 严格执行安全操作规范；
2. 严格执行发动机故障分析的“6S”管理规范；
3. 培养团队协作意识、责任意识和爱岗敬业精神；
4. 培养学生自主学习、归纳总结、语言表达的能力；
5. 培养学生对“三农”发展的信心。

【任务工单】

任务工单见表2-7。

表2-7　机体零件与曲柄连杆机构故障任务工单

专业		操作时长	45分钟
班级		机型	农机4缸柴油发动机
学号		时间	年　　月　　日

续表2-7

姓名			成绩			
机体零件与曲柄连杆机构故障作业表						
序号	作业内容	作业要点	配分	评分标准	得分	备注
1	安全文明生产	(1)做好操作前的准备,包括检查和备齐所需的工具、量具与零件、设备; (2)遵守安全操作规程,正确使用工具,操作现场整洁	10	未达到要求,1次扣2分,扣完为止		
2	活塞常见损伤分析	(1)顶部热裂纹现象; (2)四点划伤现象	30	未能正确分析,1次扣2分,扣完为止		
3	曲轴常见损伤分析	(1)小头端键槽破损; (2)法兰盘端面或螺栓孔损坏; (3)曲轴断裂	20	未能正确分析,1次扣2分,扣完为止		
4	轴瓦常见损伤分析	(1)轴瓦常见损伤划伤; (2)钢背烧伤; (3)磨粒磨损	30	未能正确分析,1次扣2分,扣完为止		
5	技术要求	(1)正确分析曲轴和轴瓦常见损伤,做好记录; (2)遵守安全操作规程,正确使用工具,操作现场整洁	10	未达到要求,1次扣2分,扣完为止		
评分说明		(1)工具及零件掉在地上每次扣1分; (2)量具掉在地上每次扣3分; (3)因操作失误造成零件及工具、量具损坏每次扣2分; (4)违反安全操作规程每次扣1～3分; (5)因违规操作发生重大人身或设备事故,按零分计				
学生签字			教师签字			

【相关知识点】

知识点1　活塞常见损伤分析

一、顶部热裂纹

【现象】活塞顶面,主要在燃烧室边缘出现裂纹,如图2-45所示。

【原因】喷油量过大;超负荷运行;发动机负荷波动大,负荷波动频繁;增压压力过高。

二、四点划伤

【现象】活塞销孔两侧裙部拉伤,如图2-46所示。

【原因】冷却故障,冷却液温度过高或过低;超负荷运行;大负荷工作后马上停车;长期低负荷运行；全浮式连接活塞销，销与销孔配合过紧或在连杆衬套中卡住；半浮式连接活塞销，销与销孔配合间隙过小。

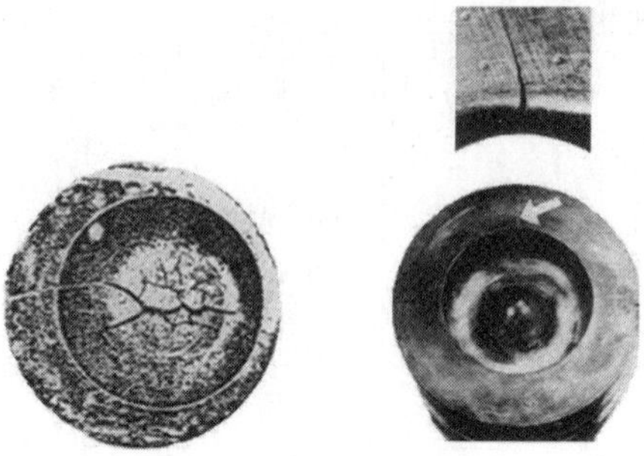

图 2-45　活塞顶部热裂纹

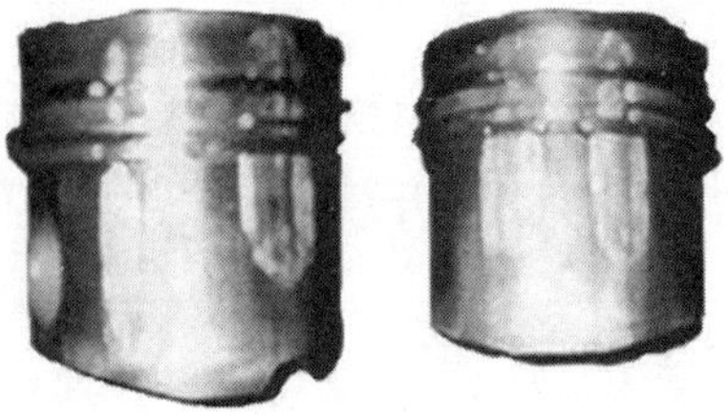

图 2-46　活塞四点划伤

三、活塞倾斜运行

【现象】活塞推力面出现倾斜磨痕，可能导致窜油、窜气、不均匀磨损和发动机敲击声，如图2-47 所示。

【原因】曲柄连杆机构中的个别件出现变形、扭曲、不均匀磨损，或曲轴窜动。

四、环岸损坏

【现象】环岸损伤或断裂，如图 2-48 所示。

【原因】喷油或点火正时不当（过早）；燃料不合要求，十六烷值或辛烷值低；积炭严重，压缩比增大；环与环槽严重磨损，侧间隙过大；活塞环断裂撞击环岸；不正确装配或更换活塞环时没有修去缸肩，使环岸受力过大；在低温下频繁冷启动。

五、活塞销孔周围损伤

【现象】销孔周围出现抛击状（类似熔化状）的损伤痕迹，气缸壁相应被损伤，如图 2-49 所示。

【原因】该损伤是由于活塞销挡圈脱落或断裂引起的，其原因可能是：安装了旧的受损的挡圈；挡圈刚度不够或在槽中位置不对；连杆弯曲；曲轴轴向间隙过大；连杆轴颈或曲轴回转中心与气缸不垂直等。

图 2-47　活塞倾斜运行

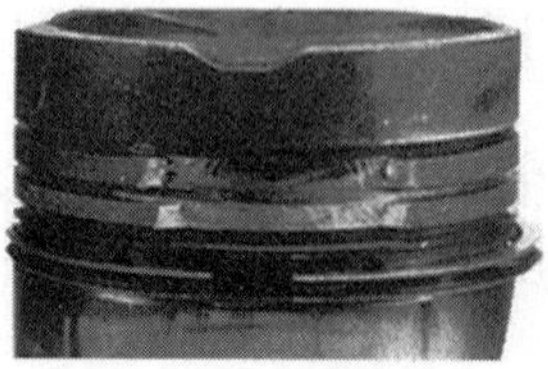

图 2-48　活塞环岸损坏

图 2-49　活塞销孔周围损伤

六、活塞顶烧穿、局部烧蚀

【现象】活塞顶面烧熔甚至烧穿，或在活塞顶边缘及火力岸出现局部蜂窝状烧蚀坑，如图 2-50、图 2-51 所示。

【原因】喷油器故障，如喷射不良，喷油量过大，喷油器安装不当等；喷油或点火过早；非正常燃烧如爆燃、点火过早、激爆等；燃烧压力过大；超负荷运行；使用燃油不当(辛烷值或十六烷值低)。

七、气门顶撞活塞

【现象】活塞顶受气门撞击形成深坑。工作中，气门连续高频率地撞击活塞顶部，会造成气门断裂或活塞破碎，如图 2-52 所示。

【原因】配气相位紊乱，或气门间隙调整不正确。

图 2-50 活塞顶烧穿

图 2-51 活塞局部烧蚀

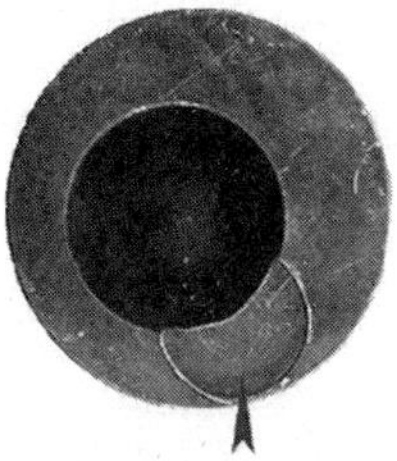

图 2-52 气门顶撞活塞

八、裙部拉伤

【现象】活塞裙部一侧或两侧出现大面积拉伤，如图 2-53 所示。

【原因】气缸变形或缸垫损坏；冷却系统故障，冷却不良；缺机油，机油不洁或品质不好；怠速转速过低；长期大负荷运行或超负荷运行；启动后马上加大负荷；新活塞与气缸未良好磨合就立即投入大负荷运行。

九、销孔内侧压裂

【现象】销孔内侧出现裂纹，严重时裂纹沿销座扩展至活塞顶部，如图 2-54 所示。

【原因】供油量过多；点火或供油提前角过早；燃油选用不当；增压压力过高；超负荷运行等因素引起过大机械负荷将销孔压裂。

图 2-53 活塞裙部拉伤

图 2-54 活塞销孔内侧压裂

十、活塞裙部破裂

【现象】活塞裙部推力面开裂甚至破损，如图 2-55 所示。

【原因】喷油点火提前过多；燃油不合适（十六烷值或辛烷值过低）；气缸活塞磨损过度，气缸间隙过大。

十一、活塞头部损伤

【现象】活塞头部环岸至顶面区域烧伤或拉伤，活塞环黏结，如图 2-56 所示。

【原因】喷油或点火定时不当（过早或过迟），长期超负荷运行使发动机过热；循环供油量过多；冷却系统故障、传热不良；润滑不良或机油品质不好；环槽积炭太多，环黏结或折断；进气系统故障，进入的空气不洁。

十二、活塞顶撞缸盖

【现象】活塞顶部变形。活塞顶连续撞击缸盖，造成顶部变形，甚至活塞破碎，如图 2-57 所示。

【原因】活塞顶部间隙过小，或曲柄连杆机构故障造成活塞行程加长。

图 2-55　活塞裙部破裂　　图 2-56　活塞头部损伤　　图 2-57　活塞顶撞击缸盖

十三、活塞拉缸

【现象】气缸内表面或活塞表面拉毛或拉出沟槽。

【原因】缸套与活塞或活塞环装配间隙过小，润滑不足；活塞裙边有毛刺、沙粒附着在表面；润滑油变质或有杂质；节温器失效，造成发动机温度过高；超载行驶，发动机长期大负荷运转；活塞环断裂；连杆弯曲，使活塞一侧压紧气缸，产生单边拉缸。

【改进措施】保证装配质量。室温在 20 ℃时取拉力为 10～20 N，气缸间隙为 0.05～0.07 mm；清除活塞毛刺及表面上的磨粒；保证良好润滑，按要求选用优质润滑油；更新节温器；按规定的装载量，避免发动机长时间大负荷运转；更新活塞环；检查连杆，校正或更换连杆。

知识点 2　曲轴常见损伤分析

一、小头端

1. 键槽破损

【现象】键槽侧面缺损并有严重挤伤痕迹，如图 2-58 所示。

图 2-58　曲轴键槽破损

【原因】使用非标准键；启动爪拧紧力不足；皮带轮-减震器内孔大；皮带轮-减震器内锥套失效。

2. 前端断裂（小头端断裂）

【现象】靠近小头端方向的曲柄断开，如图 2-59 所示。

【原因】皮带轮-减震器总成失效（减震效果差，减震橡胶破损或脱出。皮带轮平衡差）；小头端负荷增加，如加长皮带轮或在原皮带轮上叠加皮带轮等；使用了假冒的皮带轮-减震器。

3. 小头轴颈表面损伤

【现象】小头轴颈处有划痕，呈凹凸不平，手感较明显，如图 2-60 所示。

【原因】齿轮没有采用加热装配、加热拆卸；选错曲轴型号后，齿轮仍用了冷装拆等不正确的方法。

图 2-59　曲轴前端断裂

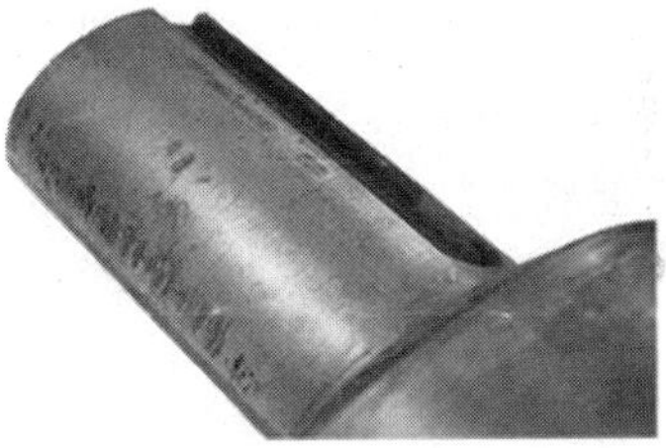

图 2-60　曲轴小头轴颈表面损伤

二、大头端

1. 法兰盘端面或螺栓孔损坏

【现象】飞轮螺栓孔缺损，端面磨损变形，严重时，法兰端面也出现划痕，如图 2-61 所示。

【原因】没有按规定的顺序和力矩扭紧螺栓；飞轮锁片没有安装造成螺栓松动；飞轮与曲轴接触平面有磨损；使用不合格螺栓，联结力矩不足。

2. 大头端凸缘破损

【现象】大头端凸缘局部或整圈脱落，如图 2-62 所示。

【原因】齿轮没有采用加热装配、拆卸，如用锤敲打过量等；漏装齿轮定位销。

图 2-61　曲轴法兰盘端面或螺栓孔损坏

图 2-62　曲轴大头端凸缘破损

三、与机体装配部位

1. 止推轴颈侧面异常磨损

【现象】止推面出现拉痕、严重时会造成止推面磨出凹环，如图 2-63 所示。

【原因】装错止推片、装反止推片或紧固不牢。

2. 化瓦、烧瓦

【现象】轴瓦出现拉痕、合金层熔化脱落，轴颈表面拉伤严重，如图 2-64 所示。

【原因】

(1)润滑油方面　润滑油牌号与适用温度不正确或润滑油质量差；油底壳内机油量不足，导致润滑不良；机油太脏或机油滤清器失效；机油进水和柴油变稀，造成润滑不良。

(2)润滑油路方面　机油压力过低或润滑油道不畅通。

(3)装配方面　轴颈与轴瓦配合间隙过大或过小，无法形成油膜；轴瓦与轴颈的配合接触面没有达到规定的要求；轴承孔变形；选用轴瓦材料有误。

(4)使用方面　没有经过磨合运行、机体内水温过高等。

3. 曲轴疲劳断裂

【现象】曲轴断口在疲劳区，断口表面光亮，有摩擦痕迹，出现沙滩状的疲劳纹，如图 2-65 所示。

【原因】

(1)装配方面　选用高强度螺栓有误，增压与不增压使用了相同螺栓；没有按规定的顺序和扭矩扭紧螺栓、螺栓松动。

(2)相关件方面　由于化瓦、抱瓦引起的；扭转减震器总成的损坏引起曲轴自身扭转振动；机体主轴承孔不同轴度过大或轴瓦间隙过大；各缸工作不均衡，活塞连杆组的组合重量偏差过大、飞轮偏摆过大等引起的曲轴受力不均。

(3)使用方面　严重超重超负荷，或运行时的不正确操作(如起步太猛等)；轴颈磨损超过极限引起疲劳强度下降。

图 2-63　曲轴止推轴颈侧面异常磨损

图 2-64　曲轴化瓦、烧瓦

图 2-65　曲轴疲劳断裂

4. 烧化瓦引起的曲轴断裂

【现象】轴颈烧化瓦严重，曲轴运转受阻造成断裂；轴颈表面有明显拉痕；轴颈局部变黑，断口疲劳纹不明显，如图 2-66 所示。

【原因】烧瓦、化瓦没有及时停车。

5. 曲轴异常断裂

【现象】断口无疲劳纹，如图 2-67 所示。

【原因】曲轴受外力一次性冲击而致断裂。

6. 曲轴异常磨损

【现象】目测轴颈表面并无异常，但手感凹凸不平，如图 2-68 所示。

【原因】机油压力不足；轴颈与轴瓦之间装配间隙不合适；润滑不良；机油内杂质太多或机油道内杂质没有清洗干净；相关件异常；机油滤芯、空气滤芯没有及时更换或清洗。

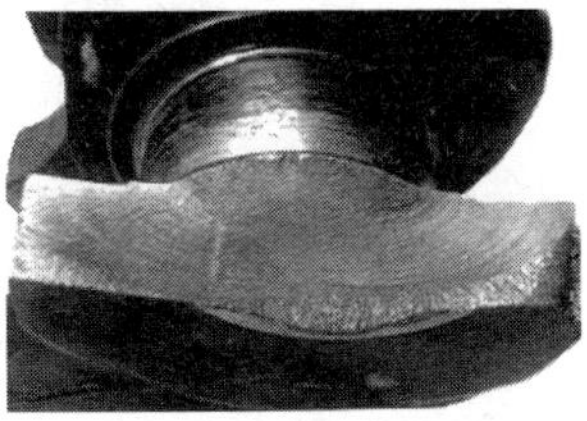

图 2-66　烧化瓦引起的曲轴断裂

图 2-67　曲轴异常断裂

图 2-68　曲轴异常磨损

知识点 3　轴瓦常见损伤分析

一、轴瓦使用要点

轴瓦作为发动机中的滑动轴承，其对于动力系统的作用相当于电路中的保险丝，使用正确与否，关系到发动机的使用寿命长短。为了保证其得到正确使用，需注意以下事项。

(1)购买前应注意选择轴瓦的型号规格。

(2)装配前必须清洁相关部件。

(3)检查相关的孔径、轴颈尺寸，以保证装配间隙。

(4)在检查装配间隙时，瓦背上严禁垫纸片、铜片等；轴瓦内圆合金面严禁刮削。

(5)润滑机油必须符合国标要求。

(6)应防止任何条件下长时间超负荷行驶。

(7)若遇以下情况，请勿装机使用：

①自由弹张量较小，以致装入座孔中轴瓦松动；

②半圆周长高出度低于座孔对接面；

③压紧状态下其贴合面＜85％。

二、轴瓦常见损伤分析

1. 划伤

【现象】工作表面沿旋转方向出现数根较深的划痕，如图 2-69 所示。

【原因】轴瓦润滑间隙有硬质颗粒进入，主要是由润滑油带入的，或因装配时清洁工作不佳而混入。

【改进措施】检查滤清效果；装配时严格进行清洁工作。

2. 钢背烧伤

【现象】钢背表面呈大面积发暗区，如图 2-70 所示。

【改进措施】严格控制贴合质量；检查过盈量是否足够；检查座孔刚度是否足够。

3. 侵蚀磨损

【现象】在油孔油槽边缘呈现冲刺状磨痕，如图 2-71 所示。

【原因】润滑油润滑质量不佳。

【改进措施】检查滤清效果。

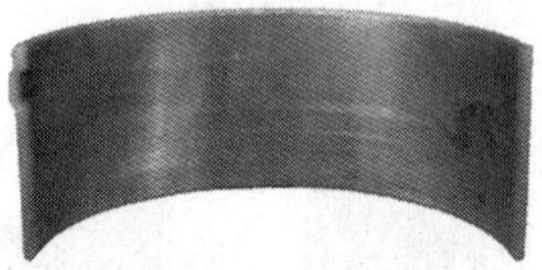

图 2-69　轴瓦划伤

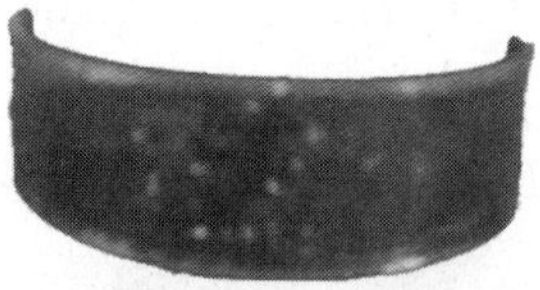

图 2-70　轴瓦钢背烧伤

图 2-71　轴瓦侵蚀磨损

4. 磨粒磨损

【现象】工作表面主要承载区呈现大面积沿旋转方向的细微擦痕，如图 2-72 所示。

【原因】润滑油润滑质量不佳，允许通过异物颗粒度太大或润滑油受到污染。

【改进措施】提高滤清效果；及时更换润滑油。

5. 混合摩擦磨损

【现象】工作表面局部区域呈现比较光滑的磨痕，轴承间隙加大，如图 2-73 所示。

【原因】油膜承载力不够，油膜厚度太薄；长时间过载；频繁启动、刹车。

【改进措施】合理选配轴瓦，保证配合间隙；避免超载；规范行车。

6. 龟裂

【现象】合金层表面出现网状裂纹，如图 2-74 所示。

【原因】轴承过载；轴承工作温度太高，由于变形或其他原因，轴承工作表面载荷分布不均，产生局部峰值压力。

【改进措施】检查有无引起温度过高的因素，加强轴承的冷却效果；检查轴承间隙。

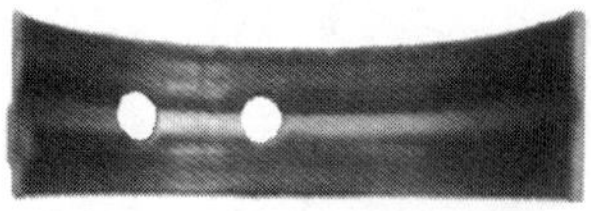

图 2-72　轴瓦磨粒磨损

图 2-73　轴瓦混合摩擦磨损

图 2-74　轴瓦龟裂

7. 弹张量消失

【现象】轴瓦使用后拆下测量，发现自由弹张量减小甚至消失，如图 2-75 所示。

【原因】轴承过热；配合过盈量太大。

【改进措施】检查过盈量是否太大；检查轴承是否发生过热现象。

8. 腐蚀

【现象】工作表面呈大面积麻点，瓦面发黑，严重者大块剥落，如图 2-76 所示。

【原因】机油长期工作后变质；气缸中燃气泄入曲轴箱，污染了油底壳中润滑油。

【改进措施】及时更换润滑油；采用腐蚀添加剂。

9. 气蚀

【现象】轴瓦表面呈点状、斑状剥落痕迹，边缘清晰，如图 2-77 所示。

【原因】轴具有激烈的向心运动区域，润滑油不能及时补充增大的润滑间隙，引起瞬时底压，润滑油混入气泡或内部气体析出形成气泡。

【改进措施】改善主轴的动平衡；提高润滑油质量，加入防泡沫添加剂或采用防泡沫性能较好的润滑油。

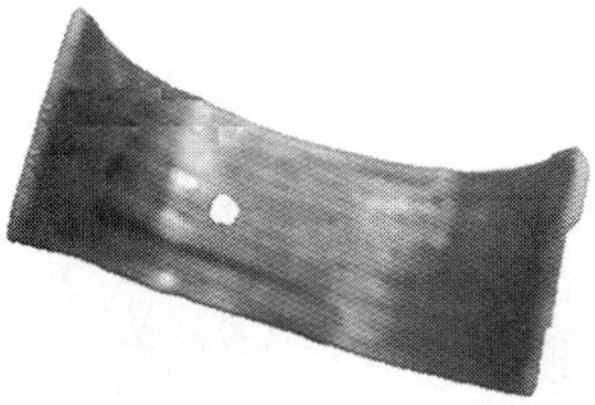

图 2-75　轴瓦弹张量消失

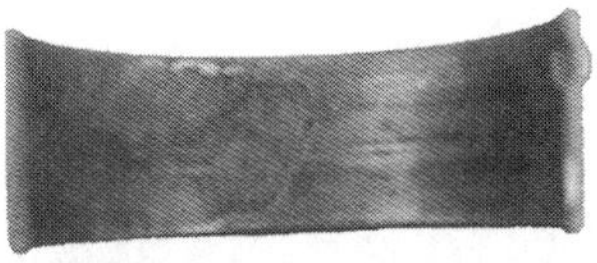

图 2-76　轴瓦腐蚀

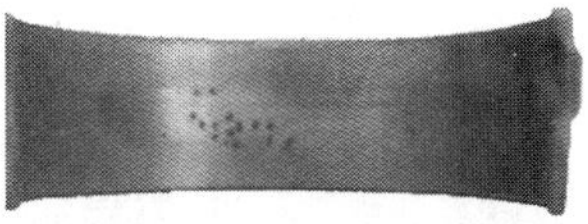

图 2-77　气蚀

10. 咬胶

【现象】合金层熔化，工作表面呈现大面积沿圆周方向被拖动的沟痕、油孔、油槽以及瓦背边缘有合金熔化铺开的痕迹，轴颈表面也粘焊着轴承合金，如图 2-78 所示。

【原因】轴承过载；断油；剧烈的磨料磨损及发热；间隙过小，轴承发热卡死；润滑油黏度太低；瓦背贴合不好，热量不能及时散出。

【改进措施】提高油膜的承载能力；选择合适的配合间隙；保证贴合度。

11. 剥落

【现象】合金层呈片状剥落，剥落区底面呈碎粒状，如图 2-79 所示。

【原因】轴承过载；轴承工作温度太高，由于变形或其他原因，轴承工作表面载荷分布不均，产生局部峰值压力。

【改进措施】检查有无引起温度过高的因素，加强轴承的冷却效果；检查轴承间隙。

12. 脱壳剥落

【现象】合金层呈片状剥落，剥落区底部露出钢背清晰的结合面，如图 2-80 所示。

【原因】合金层复合质量不佳。

【改进措施】提高合金层复合质量。

图 2-78　轴瓦咬胶

图 2-79　轴瓦合金层剥落

图 2-80　轴瓦脱壳剥落

13. 轴瓦中部偏磨

【现象】轴瓦中部出现磨损，如图 2-81 所示。

【原因】轴颈母线呈现股形突出；轴承座孔边缘刚度不足，负荷主要由轴瓦中部承受。

【改进措施】提高轴颈加工精度。

14. 轴瓦一侧偏磨

【现象】轴瓦一侧边缘呈现磨损痕迹，如图 2-82 所示。

【原因】轴颈、轴承座产生倾斜变形或有加工误差。

【改进措施】提高轴颈和座孔的加工精度。

15. 轴瓦两侧偏磨

【现象】轴瓦两侧边缘呈现磨损痕迹，如图 2-83 所示。

【原因】轴颈圆柱度不符合要求，母线中凹，负荷集中在轴瓦边缘区域。

【改进措施】提高轴颈加工精度。

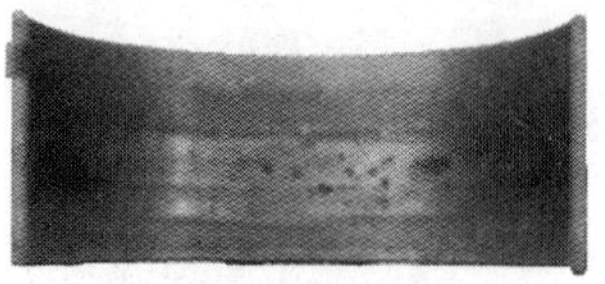

图 2-81　轴瓦中部偏磨

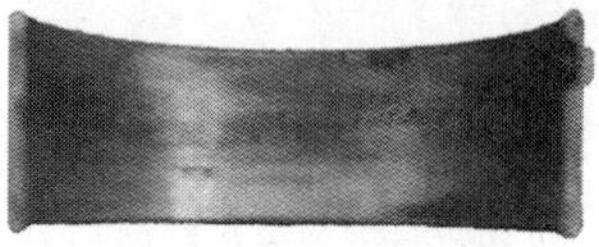

图 2-82　轴瓦一侧偏磨

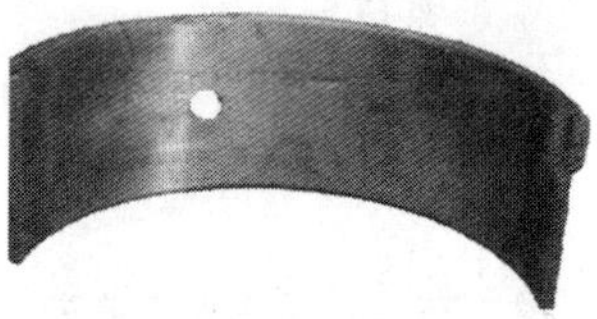

图 2-83　轴瓦两侧偏磨

项目三　配气机构

项目目标

1. 掌握气门间隙的检查和调整；
2. 掌握气门座的铰修、气门与气门座的研磨；
3. 了解配气机构的功能、形式；
4. 掌握主要零件的构造及结构特点、基本理论知识；
5. 能够分析影响配气相位的因素。

项目任务

1. 发动机气门间隙的检查调整；
2. 气门与气门座的检查调整；
3. 配气相位的检查。

任务一　发动机气门间隙的检查调整

【任务目标】

✓ 知识目标

1. 掌握发动机配气机构的功能；
2. 掌握发动机配气机构的分类；
3. 掌握气门间隙的检查和调整的方法。

✓ 能力目标

1. 能够规范使用设备、工具；
2. 能够检查和调整四缸发动机的气门间隙；
3. 能够检查和调整六缸发动机的气门间隙。

✓ 素质目标

1. 严格执行气门间隙的检查和调整的安全操作规范；
2. 严格执行气门间隙的检查和调整的“6S”管理规范；
3. 培养团队协作意识、责任意识和爱岗敬业精神；
4. 培养学生自主学习、归纳总结、语言表达的能力；
5. 培养学生对“三农”发展的信心。

【任务工单】

任务工单见表 3-1。

表 3-1　发动机气门间隙的检查调整任务工单

专业			操作时长	40 分钟		
班级			机型	农机 6 缸柴油发动机		
学号			时间	年　月　日		
姓名			成绩			
发动机气门间隙的检查调整作业表						
序号	作业内容	作业要点	配分	评分标准	得分	备注
1	安全文明生产	(1)做好操作前的准备,包括检查和备齐所需的工具、量具与零件、设备; (2)遵守安全操作规程,正确使用工具,操作现场整洁	20	未达到要求,1 次扣 2 分,扣完为止		
2	设定应调气门	(1)慢慢转动曲轴,观察第一缸进气门由开至关; (2)观察飞轮上止点,标记为"0"	20	操作漏、错 1 次各扣 2 分,扣完为止		
3	检查调整规定的气门	(1)用两次调整法调整第一次应调气门; (2)再旋转曲轴一圈; (3)调整第二次应调气门	30	操作漏、错 1 次各扣 2 分,扣完为止		
4	技术要求	(1)按要求调整至规定值; (2)调整后再复测,使间隙在规定范围内; (3)调后按要求紧固其各部件	30	调整参数不符扣 2 分;允许多次反复调整,但操作错误扣 2 分,扣完为止		
评分说明		(1)工具及零件掉在地上每次扣 1 分; (2)量具掉在地上每次扣 3 分; (3)因操作失误造成零件及工具、量具损坏每次扣 2 分; (4)违反安全操作规程每次扣 1～3 分; (5)因违规操作发生重大人身或设备事故,按零分计				
学生签字			教师签字			

【相关知识点】

知识点 1　配气机构的功能与分类

微课 3-1　配气机构的功用与分类

一、配气机构的功能

配气机构是控制发动机进气和排气的装置,其作用是按照发动机的工作循环和发火次序的要求,定时开启和关闭各缸的进、排气门,以便在进气行程使尽可能多的空气进入气缸,在排气行程将废气快速排出气缸。配气机构是发动机的两大核心机构之一,其结构和性能的优劣直接影响发动机的总体性能。

二、气门式配气机构

四冲程发动机采用气门式配气机构。气门式配气机构由气门组和气门传动组构成。其结构形式多种多样，一般按气门布置形式的不同，可分为侧置气门式和顶置气门式两大类。按照凸轮轴布置形式的不同，又可分为下置式、中置式和上置式；按曲轴与凸轮轴间的传动方式分为齿轮传动、链传动和齿形带传动三种；按照发动机每缸气门数量的不同，可分为二气门、三气门、四气门、五气门配气机构，每缸超过二气门的发动机称为多气门发动机。

1. 气门的布置形式

(1)侧置气门式配气机构　侧置气门式配气机构的结构形式如图 3-1 所示。

这种结构的配气机构出现较早，具有结构简单、造价低、维修方便等优点。但其气门侧置，造成燃烧室结构不紧凑且进、排气阻力大，导致发动机动力性较差、经济性不高。目前，这种配气机构已经淘汰。

(2)顶置气门式配气机构　顶置气门式配气机构结构如图 3-2 所示。结构特点是气门安装在气缸盖中，处于气缸的顶部。

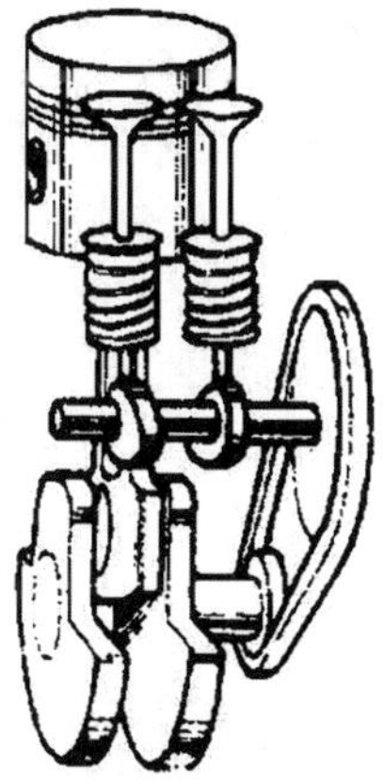

图 3-1　侧置气门式配气机构

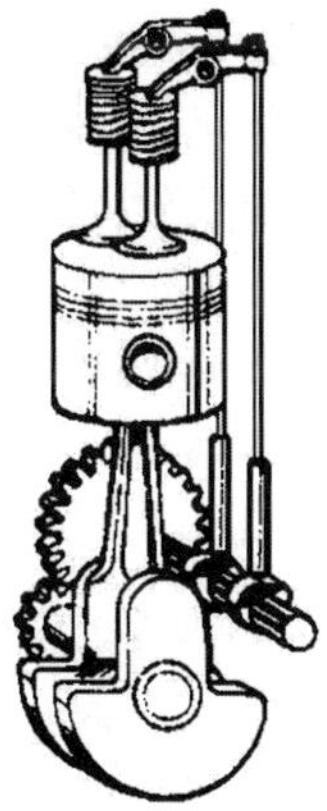

图 3-2　顶置气门式配气机构

进、排气阻力小，采用半球形、楔形或盆形燃烧室，燃烧室结构紧凑，压缩比高，改善了燃烧过程，减少了热量损失，提高了热效率。因而，有利于提高发动机的动力性和经济性。CA6110 型柴油机即采用此种结构。

工作原理：发动机工作时曲轴通过正时齿轮驱动凸轮轴旋转，当凸轮的凸起部分顶起挺柱时，挺柱推动推杆一起上行，作用于摇臂上的推动力驱使摇臂绕摇臂轴转动，摇臂的另一端压缩气门弹簧使气门下行，气门开启时如图 3-3a 所示。随着凸轮轴的继续转动，当凸轮的凸起部分转过挺柱时，气门便在气门弹簧张力的作用下上行，关闭气门时如图 3-3b 所示。

因为四冲程发动机每完成一个工作循环曲轴旋转两周，各缸的进、排气门各开启一次，此时凸轮轴只旋转一周。为此，曲轴与凸轮轴间的传动比应为 2∶1。

2. 凸轮轴的布置形式

凸轮轴的布置形式是根据凸轮轴在发动机上安装位置的不同，划分为上置式、中置式和下置式三种。

(1)上置式凸轮轴　上置凸轮轴、顶置气门式配气机构的结构如图 3-4 所示。

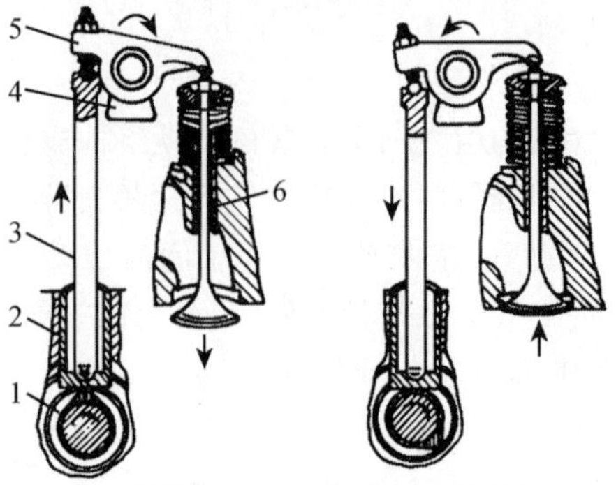

a. 气门开启　　b. 气门关闭
1. 凸轮轴　2. 挺柱　3. 推杆　4. 摇臂轴支座　5. 摇臂　6. 气门

图 3-3　顶置气门式配气机构工作原理

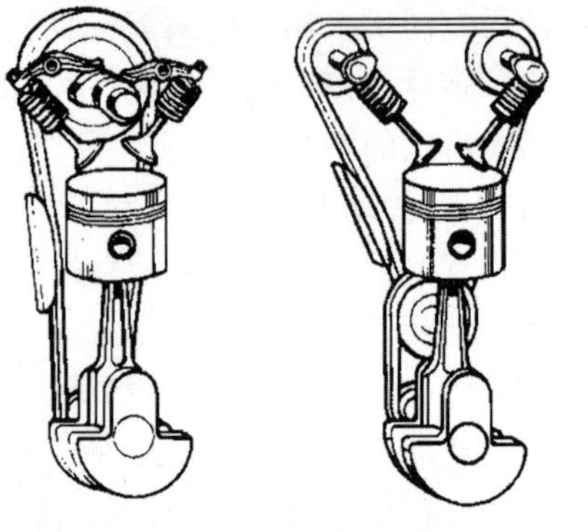

图 3-4　上置凸轮轴、顶置气门式配气机构

结构特点：凸轮轴和气门均布置在气缸的顶部，气门装在气缸盖之中，凸轮轴则安装在气缸盖的上部。凸轮轴直接通过摇臂驱动气门，凸轮轴与气门之间没有挺柱和推杆等中间传动机件，使配气机构往复运动质量减小。因此，该结构多用于高速发动机。

(2)中置式凸轮轴　凸轮轴的安装位置偏移到了气缸体的上部，缩短推杆或适当加长挺柱来驱动摇臂，这种形式称为中置式凸轮轴，有的书中称为高位凸轮轴(相对于下置凸轮轴而言)，其结构如图 3-5 所示。气门传动组的零部件较多。

(3)下置式凸轮轴　凸轮轴位于曲轴箱中部，距离曲轴较近，曲轴通过一对正时齿轮或经中间齿轮直接驱动凸轮轴，传动方式简便，其结构如图 3-6 所示。有利于发动机整体布置，这是下置式凸轮轴的突出优点。但凸轮轴与气门相距较远，气门传动组的零部件较多，特别是细而长的推杆容易变形，冷机运转噪声大，往复运动质量大。

图 3-5　中置式凸轮轴结构图

图 3-6　下置式凸轮轴结构图

凸轮轴上移后，由于凸轮轴与曲轴间的距离增大，已不可能直接采用正时齿轮来传动，需增加中间齿轮(惰性轮)或采用链传动方式。

工作原理：发动机工作时，曲轴通过链条或齿形带驱动凸轮轴旋转。在进气行程开始时，进气凸轮凸起部分开始推动摇臂绕摇臂轴转动，摇臂的另一端则克服气门弹簧的弹力推动气门离开气门座圈下行，使进气门打开；随着凸轮轴的继续旋转，当凸轮的凸起部分转过摇臂时，气门在气门弹簧弹力的作用下上行而落座，使进气门关闭。同样，在排气行程，由凸轮轴上的排气凸轮驱动排气门打开。上置凸轮轴的另一种形式是用凸轮轴来直接驱动气门。其结构形式如图 3-7 所示。

3. 凸轮轴的传动方式

曲轴与凸轮轴之间的传动方式有齿轮传动、链传动和齿形带传动三种。凸轮轴下置式、中置式配气机构大多采用圆柱形正时齿轮传动，如图 3-8 所示。一般只需要一对正时齿轮，必要时可增设中间齿轮。为了啮合平稳，降低噪声，多采用斜齿圆柱齿轮。

图 3-7　凸轮轴直接驱动式配气机构

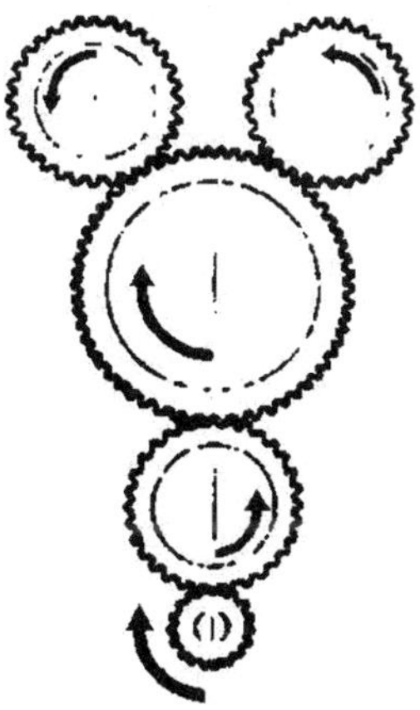

图 3-8　正时齿轮传动

齿轮传动正时精度高，传动阻力小且无须张紧机构，但不适合上置凸轮轴式配气机构。上置凸轮轴多采用链传动或齿形带传动，如图 3-9 和图 3-10 所示。

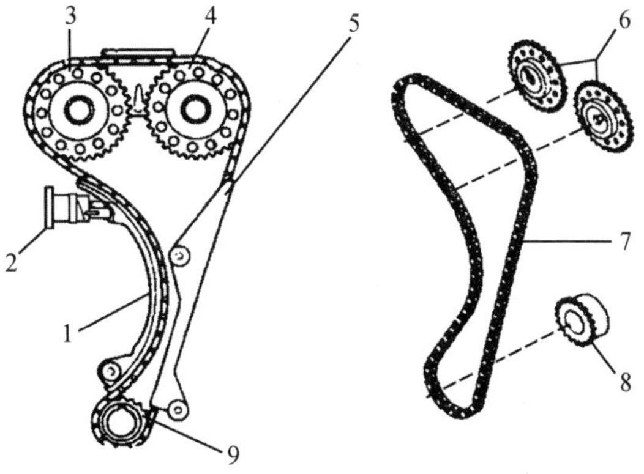

1. 链条张紧导板　2. 链条张紧器　3. 进气凸轮轴链轮　4. 排气凸轮轴链轮
5. 链条导板　6. 凸轮轴链轮　7. 链条　8、9. 曲轴链轮

图 3-9　链传动

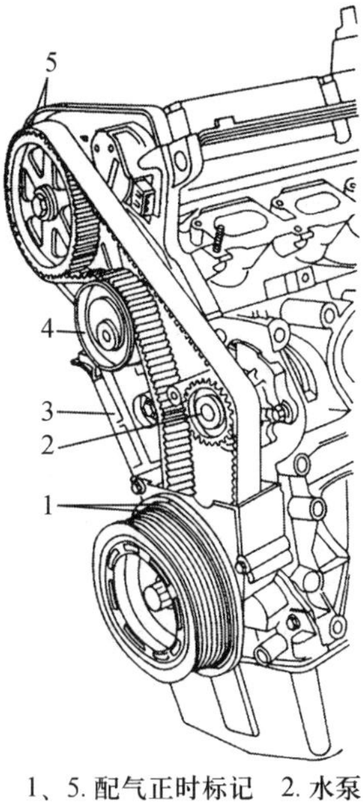

1、5. 配气正时标记　2. 水泵
3. 张紧器　4. 张紧轮

图 3-10　齿形带传动

链传动的可靠性和耐久性不如齿轮传动，其传动性能主要取决于链条的制造质量。齿形带传动与链传动相比传动平稳、噪声小，不需要润滑，且制造成本低，广泛应用于中小型发动机上。齿形带一般用氯丁橡胶制成，中间夹有玻璃纤维和尼龙线，以增加强度。随着材料性能的提高和制造工艺的改进，齿形带寿命已提高到 10 万 km 以上。无论哪种传动方式，曲轴与凸轮轴之间均必须保证 2∶1 的传动比。

4. 多气门的配气机构

从 20 世纪 80 年代开始，世界各大发动机厂商竞相开发多气门发动机，先后推出了三气门、四气门和五气门等多气门发动机配气机构，其气门排列形式如图 3-11 所示。

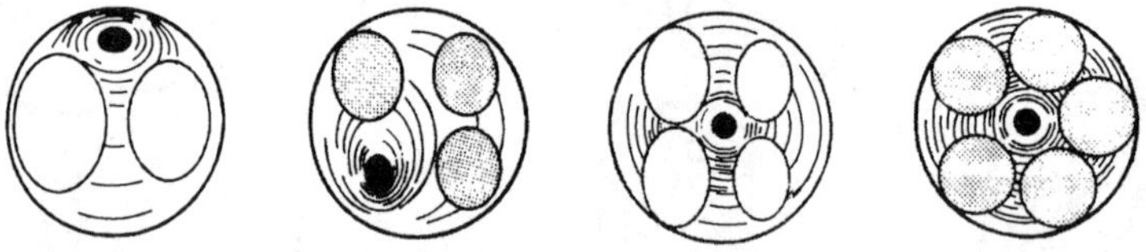

a. 双气门　b. 三气门　c. 四气门　d. 五气门

图 3-11　发动机气门排列形式

上置双凸轮轴发动机在多气门发动机中四气门发动机配气机构技术最完善，动力性和经济性最好，使用最广泛，目前处于主流地位。其原因是：

(1)气门数量的增加提高了发动机的进、排气效率。

(2)单个气门尺寸缩小，质量减轻有利于发动机高速运转。

结构特点：四气门发动机配气机构一般采用上置双凸轮轴式结构，双凸轮轴的传动方式。

驱动方式：上置双凸轮轴驱动气门方式有两种，即直接驱动方式和摇臂驱动方式。

知识点 2　柴油发动机气门间隙的检查和调整

一、气门间隙的定义

微课 3-2　气门间隙

发动机工作中，气门及其传动件将因温度升高而膨胀。如果气门及其传动件之间在冷态时无间隙或间隙过小，则在热态时，气门及其传动件受热膨胀势必引起气门关闭不严，造成发动机在压缩和做功行程中的漏气，会使发动机功率下降。为了消除上述现象，通常在发动机冷态装配时，在气门及其传动机构中留有适当的间隙，以补偿气门受热后的膨胀量。这一预留间隙称为气门间隙，如图 3-12 所示。

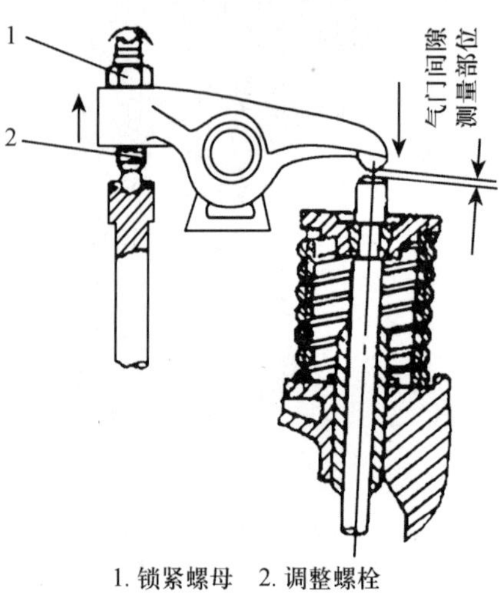

1. 锁紧螺母　2. 调整螺栓

图 3-12　气门间隙

气门间隙的大小一般由发动机制造厂家根据试验确定。一般在冷态时，进气门间隙为 0.25～0.30 mm，排气门间隙为 0.30～0.35 mm。间隙过小，发动机在热态下可能会发生漏气现象，导致功率下降，甚至烧损气门；间隙过大，传动零件之间将产生撞击，噪声增大，且使气门开启持续时间减少，导致进气量减少和排气不彻底。

二、气门间隙检查调整的方法

按规定扭矩紧固气缸盖、重新组装配气机构或出现气门脚响声时，均应检查调整气门间隙。气门间隙调整有两种方法。一是逐缸调整法，此方法较麻烦。调整步骤：首先上紧摇臂座螺母，然后找出某缸压缩行程上止点，即可检查调整该缸两只气门。再按发动机工作顺序，摇转一个做功间隔角，即四缸机 180°、六缸机 120°，调整下一个工作缸的两只气门，依此类推，调完为止。二是两次调整法，先找出第一缸压缩行程上止点，根据发动机的机工作顺序，四缸一般为 1-3-4-2；六缸一般为 1-5-3-6-2-4；依据“全排空进、全排排空进进”排序进行调整，这样可以不去考虑进、排气门的排序情况。

气门的规定间隙有发动机冷态时间隙和发动机热态时之分，如 CA6110 型柴油机冷态间隙进气门为 0.30 mm、排气门为 0.35 mm；热态间隙进气门为 0.25 mm、排气门为 0.30 mm。

“全、排、空、进”的含义是，按发动机的工作顺序如“1-3-4-2”，“全”表示一缸两个气门均可调整；“排”表示三缸排气门可调整；“空”表示四缸的两个气门均不可调整；“进”表示二缸的进气门可调整。第一次调整完毕后，摇转曲轴 360°，再调整剩下的气门。

对于有减压机构的柴油机在调整气门前，必须把减压机构手柄放在工作位置上。调完气门间隙后再复查一次，达到规定值后安装气门罩盖。

三、气门间隙检查调整的步骤

(1)拆下气门室罩盖。

(2)检查并紧固气缸盖螺栓及摇臂轴支架螺栓。

(3)找一缸压缩上止点。即在摇转曲轴时观察一缸进气门由开到关后，从飞轮检视口观察飞轮上的上止点标记与飞轮壳上的指针对准或观察曲轴减震器上的“0”与指针对准即为一缸压缩上止点。

(4)按发动机工作顺序 1-5-3-6-2-4，以“全、排、排、空、进、进”的对应气门进行调整。如图 3-13 所示。

(5)摇转曲轴一周(至上止点标记)即为六缸压缩上止点，再检查调整另外的六个气门。

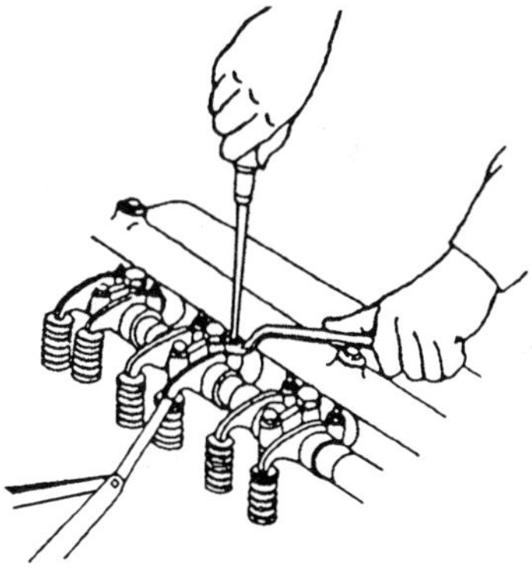

图 3-13　检查调整气门间隙

(6)摇转曲轴一周，复查先调的六个气门。

(7)再摇转曲轴一周，复查后调的六个气门。

(8)装复气门室盖。

任务二　气门与气门座的检查调整

【任务目标】

✓ 知识目标

1. 了解发动机配气机构的主要零部件；

2. 掌握气门组主要零件；
3. 掌握气门传动组主要零件。

✓ **能力目标**

1. 能够规范使用设备、工具；
2. 能够铰削发动机的气门座；
3. 能够手工研磨气门体。

✓ **素质目标**

1. 严格执行气门与气门座的检查调整的安全操作规范；
2. 严格执行气门与气门座的检查调整的“6S”管理规范；
3. 培养团队协作意识、责任意识和爱岗敬业精神；
4. 培养学生自主学习、归纳总结、语言表达的能力；
5. 培养学生对“三农”发展的信心。

【任务工单】

任务工单见表 3-2。

表 3-2　气门与气门座的检查调整任务工单

专业			操作时长	40 分钟		
班级			机型	农机 4 缸柴油发动机		
学号			时间	年　月　日		
姓名			成绩			
气门与气门座的检查调整作业表						
序号	作业内容	作业要点	配分	评分标准	得分	备注
1	安全文明生产	(1)做好操作前的准备，包括检查和备齐所需的工具、量具与零件、设备； (2)遵守安全操作规程，正确使用工具，操作现场整洁	10	未达到要求，1 次扣 2 分，扣完为止		
2	选择铰刀	(1)根据气门头的直径和环带斜面的角度，选择一组合适的铰刀； (2)选择合适的铰刀杆	10	未能正确操作，1 次扣 2 分，扣完为止		
3	气门座铰修	(1)粗铰，选择粗铰刀； (2)精铰，选择精铰刀； (3)铰修气门座斜面宽度	20	未能正确操作，1 次扣 2 分，扣完为止		
4	正确研磨	(1)研磨前应对气门做记号； (2)擦净气门及座，均匀抹上研磨膏； (3)先用粗研磨膏，后用细研磨膏； (4)研磨时，边捻转气门搓子边轻敲击； (5)研磨完毕彻底擦净	30	未能正确操作，1 次扣 2 分，扣完为止		
5	质量检查	(1)检查接触环带宽度，应符合要求； (2)检查密封性能，应符合要求	20	未能正确操作，1 次扣 2 分，扣完为止		

续表3-2

序号	作业内容	作业要点	配分	评分标准	得分	备注
6	技术要求	(1)做好操作前的准备,包括检查和备齐所需的工具、量具与零件、设备; (2)铰削时注意,尽量减小铰削量;在整个圆周上用力要均匀,刀不能倒转; (3)遵守安全操作规程,正确使用工具,操作现场整洁	10	未达到要求,1 次扣 2 分,扣完为止		
评分说明		(1)工具及零件掉在地上每次扣 1 分; (2)量具掉在地上每次扣 3 分; (3)因操作失误造成零件及工具、量具损坏每次扣 2 分; (4)违反安全操作规程每次扣 1～3 分; (5)因违规操作发生重大人身或设备事故,按零分计				
学生签字			教师签字			

【相关知识点】

知识点 1　配气机构的主要零部件

配气机构通常由气门组和气门传动组两部分组成。下面以 CA6110 型发动机为例介绍配气机构的组成及其主要零部件。

微课 3-3　配气机构的主要零部件

一、CA6110 型发动机配气机构

CA6110 型发动机采用下置凸轮轴、顶置气门式配气机构。这种结构在国产车型中有一定的代表性,其组成如图 3-14 所示。这种配气机构的传动机构差异较大,主要由正时齿轮、凸轮轴、挺柱、推杆、摇臂、摇臂轴、气门间隙调整螺钉等零部件组成。

二、气门组主要零件

气门组包括进、排气门及其附属零件,如图 3-15 所示。气门组的作用是保证实现对气缸的可靠密封,工作中要求:①气门头部与气门座贴合严密;②气门导管对气门杆的往复运动导向良好;③气门弹簧两端面与气门杆中心线相互垂直,以保证气门头部在气门座上不偏斜;④气门弹簧的弹力足以克服气门及其传动件的运动惯性力,使气门能迅速关闭,并能保证气门关闭时的密封性。

1. 气门

气门分进气门和排气门两种。进、排气门结构相似,都由头部和杆部两部分组成,如图 3-16 所示。

气门头部的形状一般有以下三种形式:

(1)平顶　结构简单,受热面积小,便于制造。进、排气门都可以采用,目前应用最多。

(2)凹顶　呈喇叭形,头部与杆部过渡曲线呈流线型,进气阻力小,适合用于进气门,凹顶受热面积最大,不宜用于排气门。

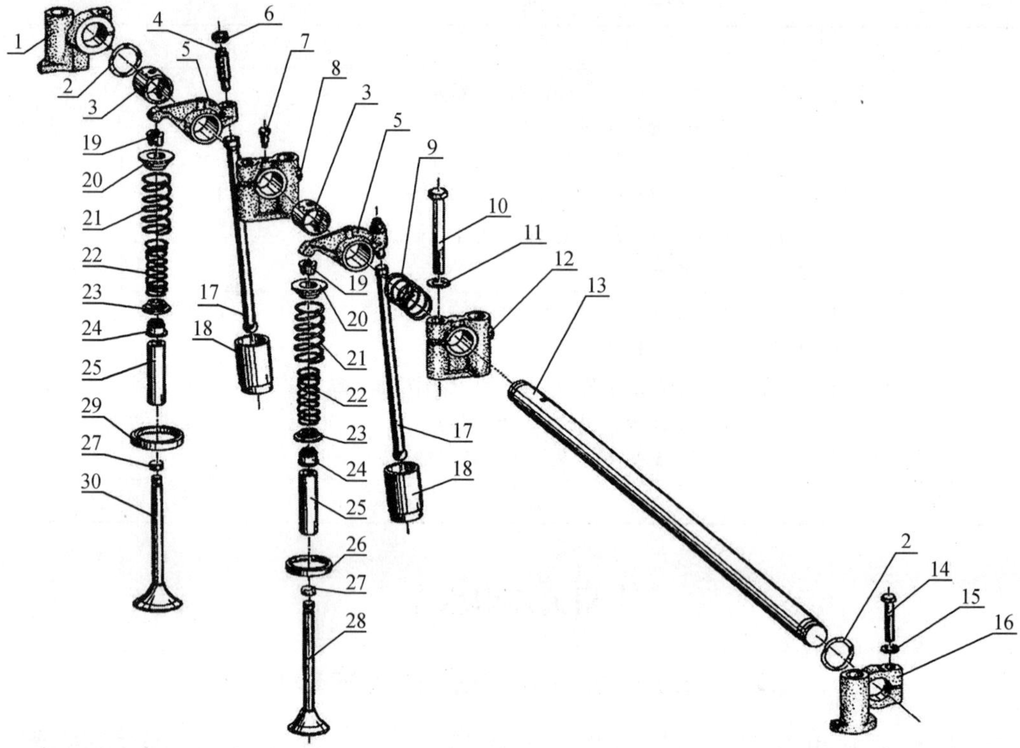

1. 摇臂轴前支架　2. 波形弹簧（摇臂轴）　3. 气门摇臂衬套　4. 调整螺栓（气门摇臂）　5. 气门摇臂　6. 锁紧螺母（气门摇臂调整螺栓）　7. 定位螺钉（摇臂轴支架）　8. 摇臂轴支架　9. 定位弹簧（摇臂轴）　10. 六角头螺栓　11. 平垫圈　12. 摇臂轴支架（中）　13. 摇臂轴总成　14. 六角头螺栓　15. 平垫圈　16. 摇臂轴后支架　17. 推杆总成　18. 挺杆　19. 气门锁块　20. 气门弹簧座　21. 气门外弹簧　22. 气门内弹簧　23. 气门弹簧下座　24. 气门导管密封圈总成　25. 气门导管　26. 排气门座　28. 排气门　29. 进气门座　30. 进气门

图 3-14　CA6110 型发动机配气机构

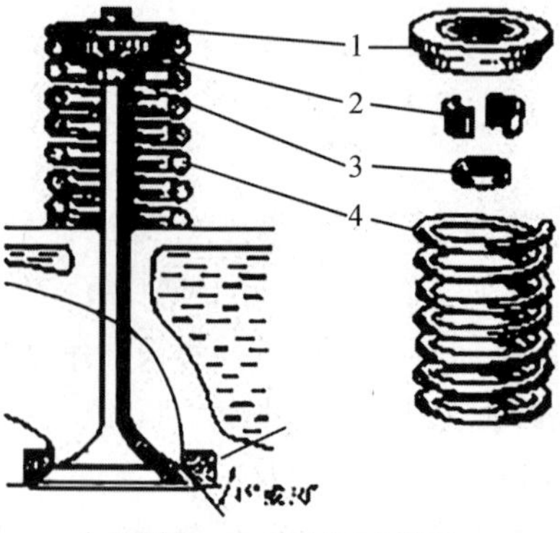

1. 弹簧座　2. 分开式气门锁片
3. 油封　4. 气门弹簧

图 3-15　气门组

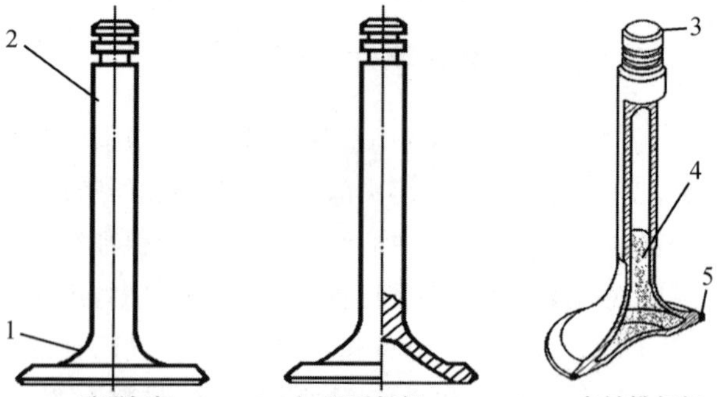

a. 平顶气门　b. 凹顶气门　c. 充钠排气门

1. 气门头部　2. 气门杆部　3. 镶装硬合金　4. 充钠　5. 镶装硬合金

图 3-16　气门

(3)气门锥角　为了保证气门与气门座贴合紧密，将气门密封面做成锥面，通常把气门密封锥面的锥角称为气门锥角。一般气门锥角为 45°，如图 3-17 所示。在气门升程一定的情况

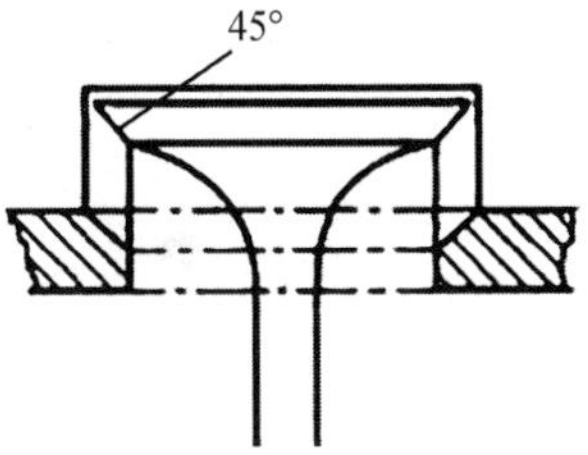

图 3-17　气门锥角

下，减小气门锥角，可以增大气流通道断面，减小进气阻力。但锥角减小会引起气门头部边缘厚度变小，致使气门的密封和导热性变差。

气门与气门座密封锥面相接触时形成的环状密封带，也叫接触带，应位于气门密封锥面的中部，其宽度应符合厂家的设计要求。接触带过窄，散热效果差，影响气门通过接触面向气门座圈传递热量；过宽则会降低接触面上的比压值，使气门的密封性下降。

为了保证气门与气门座间密封良好，需经过配对研磨，形成连续、均匀、宽度符合要求的接触环带，研磨后的气门不能互换。

气门在导管中上下运动，靠气门杆部起导向和传热作用。因而，对气门杆部表面加工精度和耐磨性有比较高的要求，使气门与气门导管之间有合理的间隙，以保证精确导向和排气时不沿导管间隙泄漏废气。气门杆尾端的形状取决于气门弹簧座的固定方式，如图 3-18 所示。锁瓣式在气门杆尾端切有环槽用来安装锁瓣。

为了保证在高温条件下工作可靠，要求气门必须要有足够的强度、刚度、耐磨损、耐高温不易变形，且质量要尽可能地轻。因此，一般进气门采用合金钢(如铬钢或镍铬钢)制作，排气门则采用特种耐热合金钢(如硅铬钢等)制作。气门的密封锥角均为 45°，为了提高气门寿命，在气门密封锥面上堆焊了一层铬镍钴高强度合金，如图 3-19 所示。有的采用充钠排气门，如图 3-16c 所示。

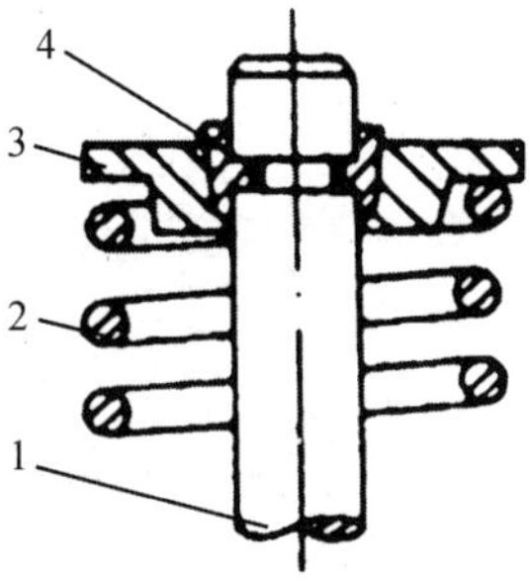

1. 气门杆　2. 气门弹簧　3. 弹簧座　4. 锁片

图 3-18　弹簧座的固定方式

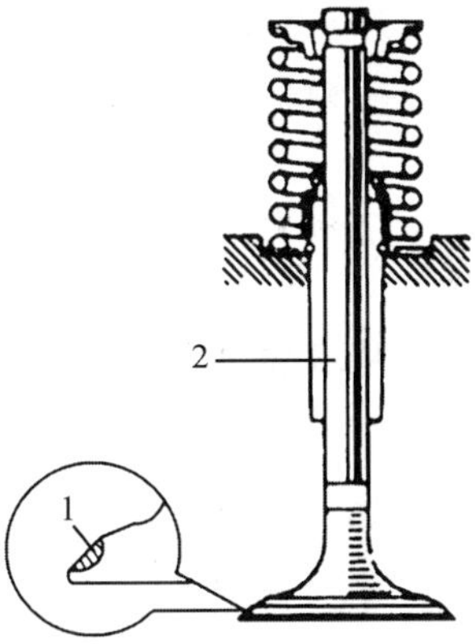

1. 焊接的硬质合金　2. 气门

图 3-19　密封锥面的高强度合金

2. 气门导管

气门导管主要在气门运动中起导向作用，以保证气门做上下往复运动时不发生径向摆动，与气门座正确贴合。同时起导热作用，将气门杆的热量经气门导管传给缸盖及水套。

气门导管用耐磨性和导热性较高的材料制作，以过盈配合方式压入气缸盖。一般在导管的上端装有骨架式橡胶气门油封。为了防止导管在使用过程中松动脱落，有的发动机在气门导管的中部加装定位卡环，如图 3-20 所示。

3. 气门座

气门座有两种：一种是在气缸盖上直接镗削加工而成的；另一种是用合金铸铁或奥氏体钢单独制作成气门座圈，用冷缩法镶入气缸盖中，如图 3-21 所示。镶入式气门座导热性差，加工精度要求高，如果镶入时公差配合选择不当，高温下工作中易脱落，容易导致重大机械事故。

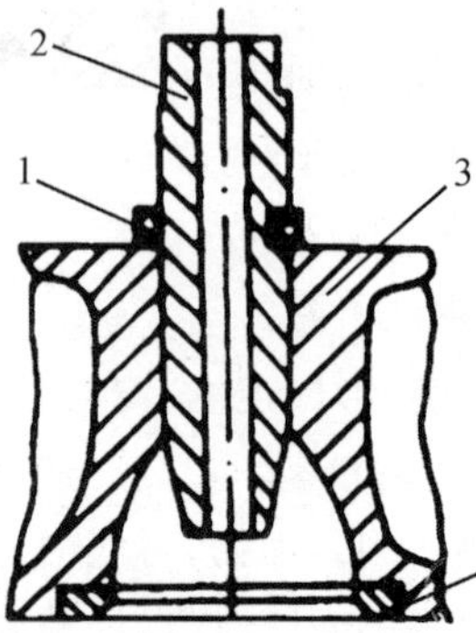

1. 卡环　2. 气门导管　3. 气缸盖　4. 气门座

图 3-20　气门导管

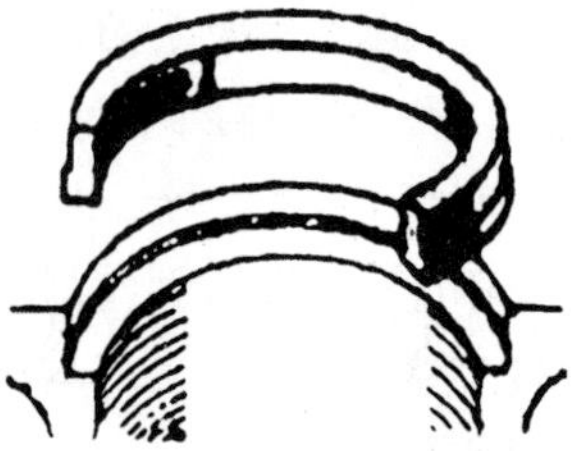

图 3-21　气门座圈

4. 气门弹簧

气门弹簧的作用是关闭气门，靠弹簧张力使气门压在气门座上，克服气门和气门传动组件所产生的惯性力，防止各传动件彼此分离而不能正常工作。

气门弹簧一般采用圆柱形螺旋弹簧，如图 3-22 所示。为了防止弹簧发生共振，可采用变螺距圆柱弹簧。现代高速发动机多采用同心安装的内外气门弹簧，这样既提高了气门弹簧工作的可靠性，又能有效地防止共振的发生，安装时，内外弹簧的螺旋方向相反，以防止共振发生气门脱落。

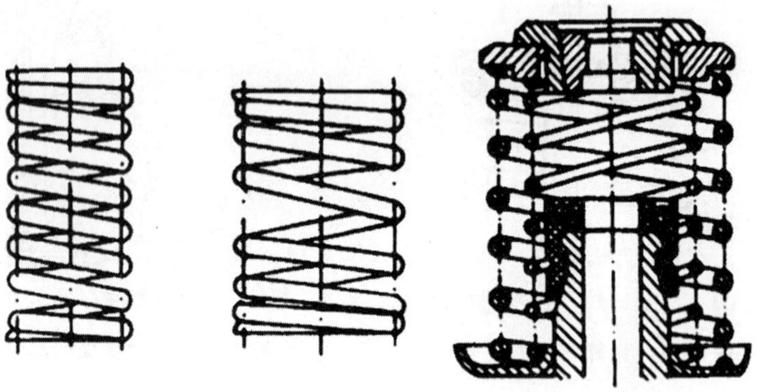

a. 等螺距圆柱弹簧　b. 变螺距圆柱弹簧　c. 双弹簧

图 3-22　气门弹簧

微课 3-4　气门传动组主要零部件

三、气门传动组主要零部件

气门传动组主要包括凸轮轴及其传动机构、挺柱、推杆和摇臂等零部件。

1. 凸轮轴

凸轮轴是气门传动组中的主要部件，其作用是控制气门的开闭及其升程的变化规律。下置凸轮轴式汽油机，还依靠凸轮轴来驱动汽油泵、机油泵和分电器等装置。

(1)凸轮轴的结构 凸轮轴主要由凸轮和轴颈两部分组成。

单根凸轮轴一般将进气凸轮和排气凸轮布置在同一根凸轮轴上,其结构如图 3-23 所示。双上置凸轮轴配气机构的两根凸轮轴:一根是进气凸轮轴,上面布置有各缸的进气凸轮;另一根是排气凸轮轴,上面分布有各缸的排气凸轮。

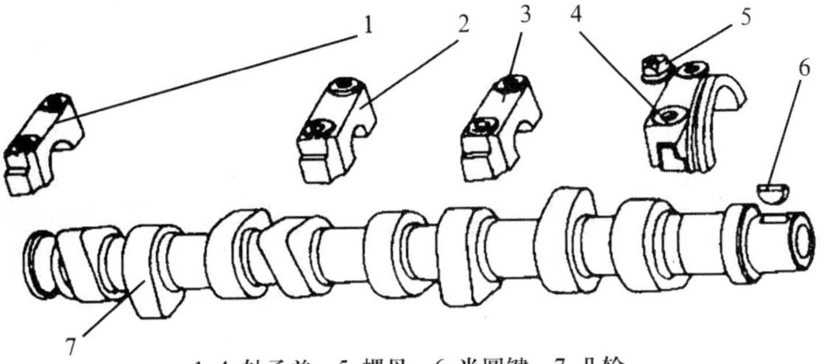

1~4. 轴承盖 5. 螺母 6. 半圆键 7. 凸轮

图 3-23 单根凸轮轴的结构

气门的开闭时刻及其升程变化规律主要取决于控制气门的凸轮外部轮廓曲线。凸轮轮廓形状如图 3-24 所示。O 为凸轮旋转中心(也是凸轮轴的轴心),弧 AE 为凸轮的基圆,弧 AB 和弧 DE 为过渡段,弧 BCD 为凸轮的工作段。当凸轮按图中箭头方向转至 A 点时,挺柱不动,气门关闭;凸轮转过 A 点后,挺柱开始上移,到达 B 点时,气门间隙消除,气门开始开启;凸轮转到 C 点时,气门升程(开度)最大;凸轮转到 D 点时气门关闭。弧 BCD 工作段所对应的夹角,称为气门开启持续角。

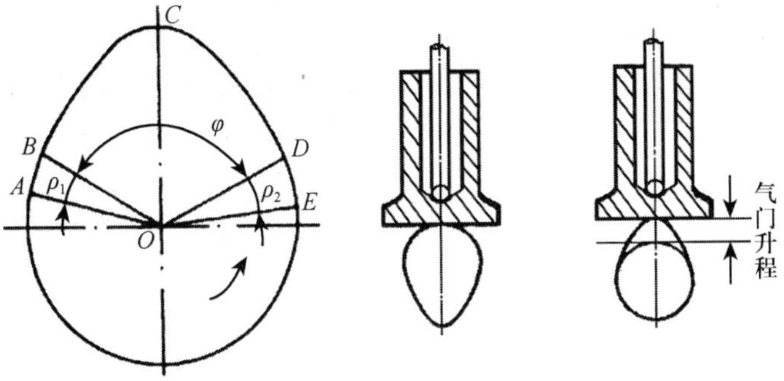

图 3-24 凸轮轮廓形状

凸轮轮廓 BCD 段的形状,直接决定了气门的升程及其升降过程的运动规律。

同名凸轮间的相对角位置。凸轮轴上各缸同名凸轮相对角位置的排列与凸轮轴的转动方向、各缸的工作顺序和做功间隔角有关。捷达 EA827 型发动机,凸轮轴顺时针转动(从前向后看)工作顺序为 1-3-4-2,做功间隔角为 720°÷4=180°(曲轴转角),由于曲轴与凸轮轴间的传动比为 2∶1,所以,表现在凸轮轴上同名凸轮间的夹角则为 180°÷2=90°,如图 3-25 所示。CA6110 型柴油机,凸轮轴逆时针转动,工作顺序为 1-5-3-6-2-4,做功间隔角为 720°÷6=120°(曲轴转角),则同名凸轮间的夹角为 120°÷2=60°,同名凸轮位置排列如图 3-26 所示。

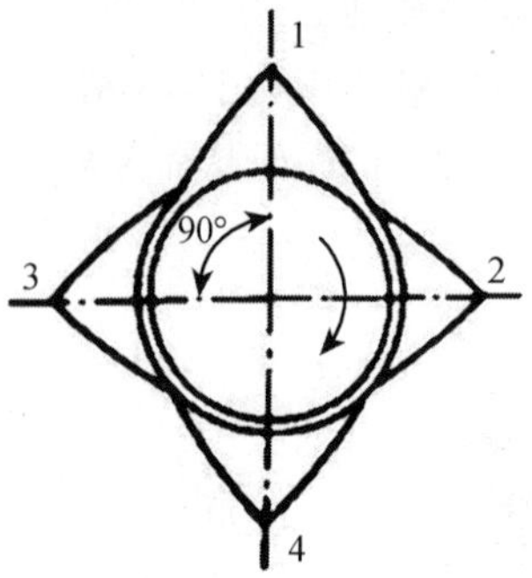

图 3-25 四缸机同名凸轮排列

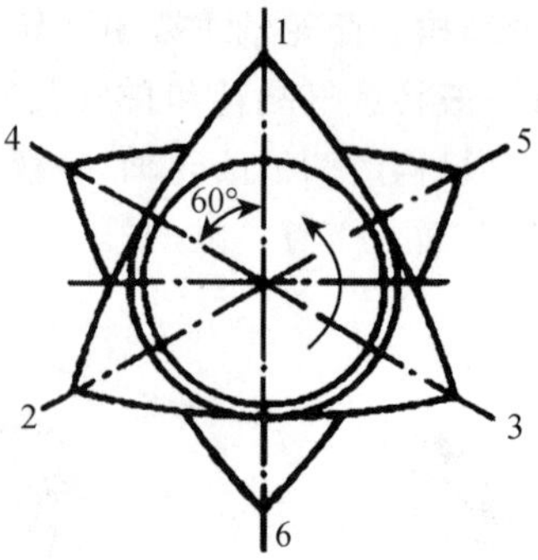

图 3-26 六缸机同名凸轮排列

异名凸轮的相对角位置。同一气缸进、排气(异名)凸轮间的相对角位置排列取决于凸轮轴的转动方向和发动机的配气相位。按照四冲程发动机工作原理来分析,排气和进气相差一个行程,即曲轴转角 180°,反映到凸轮轴上,排气凸轮和进气凸轮间的相对角位置为 180°÷2=90°。但由于气门早开晚闭,且进、排气门早开角与晚闭角不等,造成了凸轮间的夹角不再是 90°,一般大于 90°。

凸轮轴轴颈用以安装、支承凸轮轴,轴颈数量取决于凸轮轴的支承方式。全支承:对应每个气缸间均设有一道轴颈,支承点多,能有效防止凸轮轴变形对配气相位的影响;非全支承:每隔两个或多个气缸设置一个轴颈,工艺简单,成本降低,但支承刚度较差。由于装配方式的不同,轴颈的直径有的相等,有的则从前向后逐级缩小,以便于安装。

凸轮轴一般用优质钢模锻而成,并对凸轮和轴颈工作表面进行高频淬火(中碳钢)或渗碳淬火(低碳钢)处理。近年来,改用合金铸铁或球墨铸铁铸造凸轮轴的越来越多。捷达 EA827 型发动机采用合金铸铁凸轮轴,凸轮工作表面采用电弧熔工艺,使表层组织形成莱氏体金相结构,精加工后再经盐浴氮化处理,提高了凸轮轴的工作寿命。

(2)凸轮轴的轴向定位　为了防止凸轮轴轴向窜动,一般设有轴向定位装置。CA6110 型发动机采用止推凸缘实现轴向定位,其结构形式如图 3-27 所示。捷达 EA827 型发动机利用凸轮轴第五轴承盖的两端面实现轴向定位。

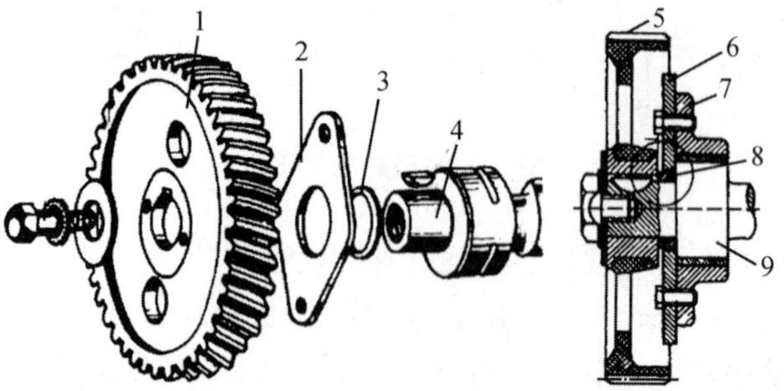

1、5. 正时齿轮　2、6. 止推凸缘　3、8. 止推座　4、9. 凸轮轴　7. 气缸体

图 3-27 凸轮轴的轴向定位

2. 挺柱

挺柱的作用是将凸轮轴旋转时产生的推动力传给推杆(下、中置式凸轮轴)或气门(上置式凸轮轴)。挺柱一般用耐磨性好的合金钢或合金铸铁等材料制造。

(1)普通挺柱 常见的挺柱主要有筒形和滚轮式两种,其结构形式如图 3-28 所示。

通常把挺柱底部工作面设计为平面,使两者的接触点偏离挺柱轴线;如图 3-29 所示。工作中,当挺柱被凸轮顶起时,接触点间的摩擦力使挺柱绕自身轴线旋转,以实现均匀磨损。

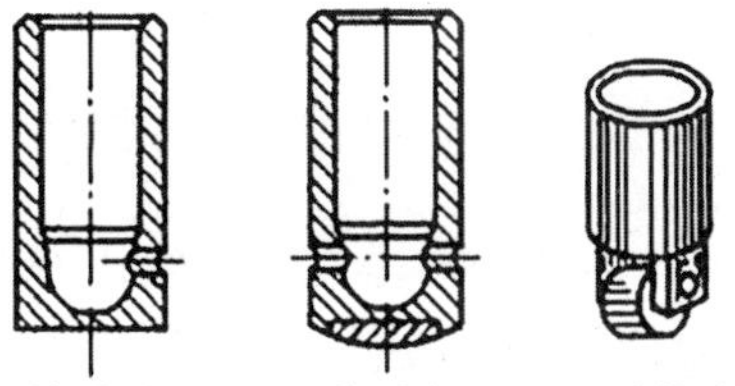

a. 筒形平面 b. 筒形球面 c. 滚轮式

图 3-28 普通挺柱

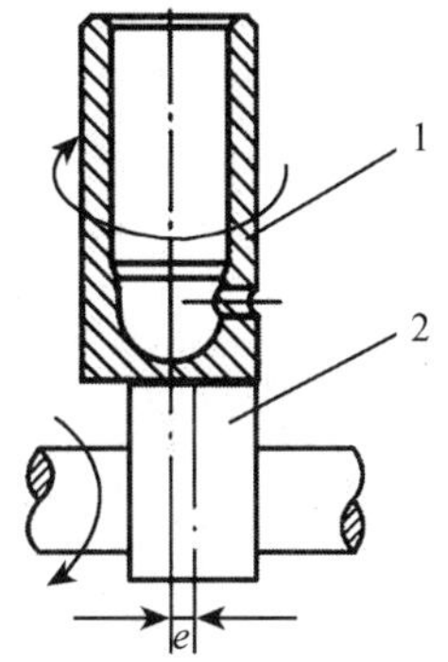

1. 筒形平面挺柱 2. 凸轮 e. 偏置距

图 3-29 挺柱与凸轮的偏置

筒形挺柱质量较轻,一般和推杆配合使用。滚轮式挺柱结构较为复杂,但其与凸轮间的摩擦阻力小,适合于中速大功率柴油机。

挺柱可直接安装在气缸体一侧的导向孔中,或安装在可拆卸的挺柱架中。

(2)液压挺柱 采用预留气门间隙的方法,可以解决气门传动组件受热膨胀可能给气门工作带来的不利影响。但气门间隙的存在,会导致配气机构在发动机工作温度较低时,气门间隙变大出现撞击而产生噪声。为了消除这一弊端,有些中小型发动机采用了液压挺柱。

①液压挺柱的作用 自动补偿气门间隙,并具有以下优点:取消了调整气门间隙的零件,使结构简单;不需调整气门间隙,简化了装配后的调整过程;消除了由气门间隙引起的冲击和噪声,减轻了气门传动组件之间的摩擦。

②液压挺柱的构造 如图 3-30 所示,挺柱体内装有柱塞,柱塞上端压有球座作为推杆的支承座,同时将柱塞内腔堵住。弹簧用来将柱塞经常压向上方,卡簧用来对柱塞限位。柱塞下端单向阀架内装有碟形弹簧,用以关闭单向阀。

③液压挺柱的工作原理 当气门关闭时,机油经挺柱体和柱塞上的油孔压进柱塞腔内,并推开单向阀充入挺柱体腔内。柱塞便在挺柱体腔内油压及弹簧的作用下上行,与气门推杆压紧,整个配气机构不存在间隙。但此压力远小于气门弹簧张力,气门不会被打开只是消除间隙。与此同时,挺柱体腔内油液已充满,单向阀在碟形弹簧的作用下关闭。

当凸轮转到工作面使挺柱上推时,气门弹簧张力便通过推杆作用在柱塞上,由于单向阀已关闭,柱塞便推压挺柱体腔内油液使压力升高,由于液体的不可压缩性,挺柱便像一个刚体一样推动气门开启。

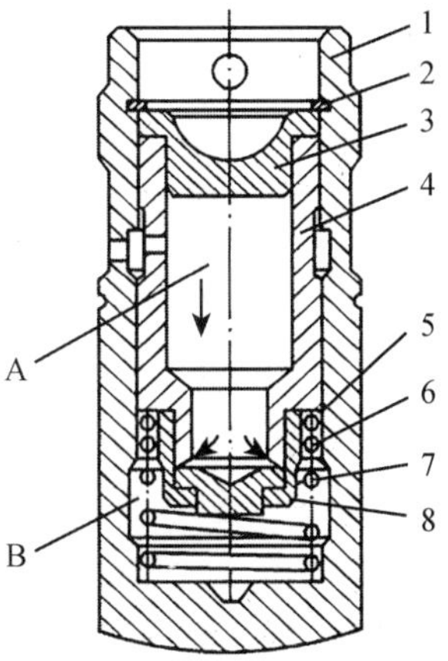

1. 挺柱体 2. 卡簧 3. 球座 4. 柱塞 5. 单向阀架 6. 柱塞弹簧 7. 单向阀 8. 碟形弹簧 A. 柱塞腔 B. 挺柱体腔

图 3-30 液压挺柱

在此过程中，由于挺柱体腔内油压较高，在柱塞与挺柱体的间隙处，将有少许油液泄漏而使挺柱“缩短”，但不致影响正常的工作。当凸轮转到非工作面时，解除了对推杆的推力，使挺柱腔内油压降低。于是，主油道的油压将再次推开单向阀，向挺柱体腔内充油，以补充工作时的泄漏，并且此油压又和弹簧一起使柱塞上推，如此始终保持了配气机构无间隙工作。

由此可知，若气门、推杆受热膨胀，挺柱回落后向挺柱体腔内的补油过程便会减少补油量(工作过程中)，或使挺柱体腔内的油液从柱塞与挺柱体间隙泄漏一部分(停车时)，从而使挺柱自动“缩短”，因此可不留气门间隙而仍能保证气门关闭。相反，若气门、推杆冷缩，则向挺柱体腔内的补油过程便会增加补油量(工作过程中)，或在柱塞弹簧作用下将柱塞上推，吸开单向阀向挺柱体腔内补油(停车时)，从而使挺柱自动“伸长”，因此仍能保持配气机构无间隙传动。

采用液压挺柱，可消除配气机构中的间隙，减小各零件的冲击载荷和噪声，同时凸轮轮廓可设计得比较陡些，气门开启和关闭更快，以减小进排气阻力，改善发动机的换气，提高发动机的性能，特别是高速性能。

国外农机发动机上多采用的液压挺柱如图 3-31 所示。其工作原理与上述液压挺柱基本相同，其结构特点是：采用倒置的液压挺柱，直接推动气门的开启；挺柱体是由上盖和圆筒，经加工后再用激光焊接成一体的薄壁零件；单向阀采用钢球、弹簧式结构。

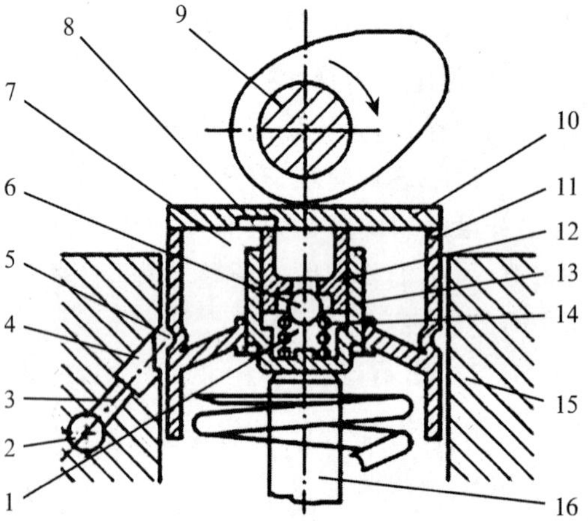

1. 高压油腔 2. 缸盖油道 3. 量油孔 4. 斜油孔 5. 球阀 6. 低压油腔 7. 键形槽 8. 凸轮轴 9. 挺柱体 10. 柱塞焊缝 11. 柱塞 12. 油缸 13. 补偿弹簧 14. 缸盖 15. 气门杆 16. 气门

图 3-31 发动机液压挺柱

3. 推杆

下置式凸轮轴配气机构中有细而长的推杆，推杆的作用是将挺柱传来的凸轮推动力传递给摇臂机构。

4. 摇臂

摇臂的作用是将推杆或凸轮传来的力改变方向后传给气门，使其开启。摇臂组件主要由摇臂、摇臂轴、支承座、气门间隙调整螺钉等零件组成，如图 3-32 所示。

摇臂是一个以中间轴孔为支点的双臂杠杆，短臂一侧装有气门间隙调整螺钉，长臂一端有一圆弧工作面用来推动气门。为了提高其工作寿命，长臂圆弧工作面需经淬火处理。

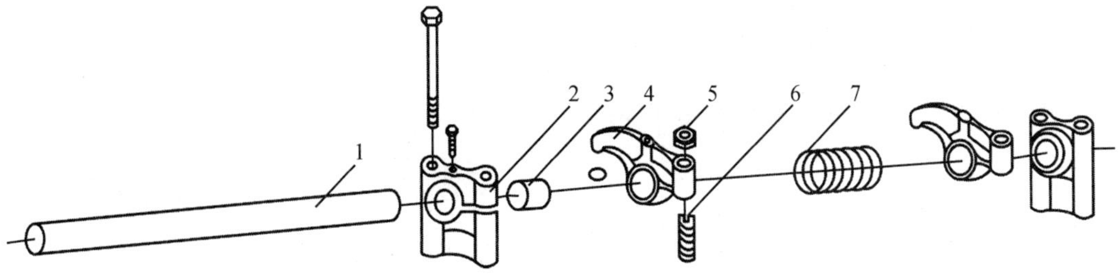

1. 摇臂轴　2. 支座　3. 衬套　4. 摇臂　5. 锁紧螺母　6. 气门间隙调整螺钉　7. 定位弹簧

图 3-32　摇臂组件

知识点 2　气门与气门座铰研

更换座圈或气门发生单边磨损导致密封性变差，可用 45°铰刀铰修环带的宽度，用 75°或 15°铰刀修整其环带的位置。如图 3-33 所示。

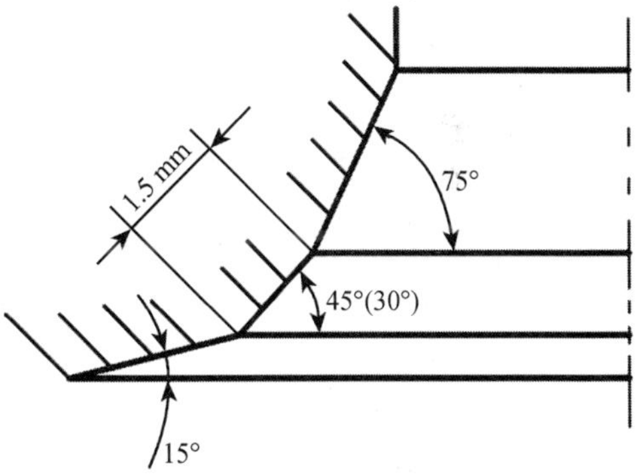

图 3-33　气门座的锥角

铰修后的气门座与涂有研磨砂的气门配对研磨。气门研磨有两种方法：一是机械研磨，二是手工研磨。其研磨要领是"一镦、二蹭、三旋转"。研磨好的气门与气门座应有一条连续乌色环带。

研磨好的气门，应进行密封性能的检查。其检查方法有两种：一是将贴合面擦净，在气门大端锥面上沿纵向均匀地画上 6～8 条细铅笔线，用力把气门压在气门座上并旋转 1/8 圈，然后抽出气门检查，如铅笔线都有被擦掉的痕迹，则证明气门密封良好。二是将擦净贴合面的气门组装在气缸盖上，注入煤油，在 2 min 内不渗漏，则说明气门密封良好，否则应重新研磨气门。

一、铰削气门座

(1)根据气门头的直径和环带斜面的角度，选择一组合适的铰刀，并根据气门杆的直径选择合适的铰刀杆。铰刀杆以插入气门导管内能灵活转动而不松旷为宜。

(2)发动机气门头部斜面角度一般是 45°，每组气门铰刀有 45°、15°和 75°三种不同的角度，如图 3-34 所示。铰刀又分为精铰刀和粗铰刀两种。根据进排气门环带斜面的不同角度选择气门座铰刀，并将铰刀固定在铰刀杆上。

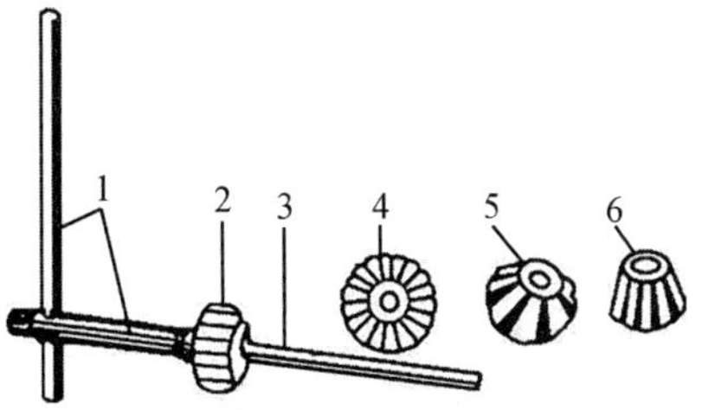

1. 刀杆柄　2. 45°精铰刀　3. 导向杆　4. 15°铰刀
5. 45°粗铰刀　6. 75°铰刀

图 3-34　气门座铰刀

(3)粗铰 45°斜面，直到消除烧蚀的痕迹为止。气门座密封环带有硬化层时，可先用粗砂布垫在铰刀下面磨除硬化层，以防影响铰削的质量。

(4)铰修气门座斜面宽度。用 15°铰刀在气门座斜面上方缩小其宽；用 75°铰刀在气门座斜面下方缩小其宽度。气门座接触环带的位置应位于其斜面的中间并偏向于气门杆部。如环带偏向斜面上部，须加大 15°斜面的铰削量进行修整。如环带偏向气门杆部，则须加大 75°斜面的铰削量进行修整。

气门座斜面接触环带的宽度一般在 1.5～2.0 mm。

(5)精铰 45°斜面。气门座铰削顺序如图 3-35 所示。

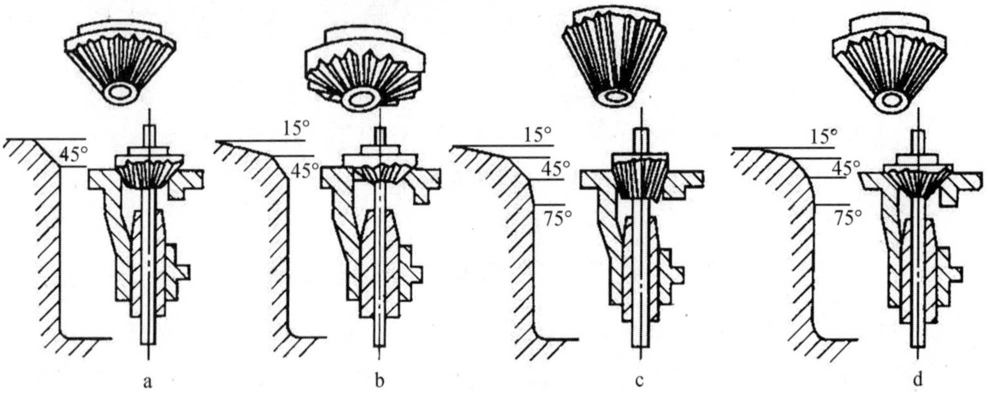

图 3-35　气门座的铰削顺序

(6)铰削时注意,尽量减小铰削量;在整个圆周上用力要均匀;铰刀不能倒转;磨损过大的气门导管须更换。

二、手工法研磨气门

研磨气门时应将气门、气门座、导管清洗干净。通过选配应使各缸气门头下陷量趋于一致,并在气门头部平面做好位置记号,以免错乱。

(1)在气门斜面上涂上一层气门砂,在气门杆上涂润滑油,将气门插入导管内,用粗砂研磨,后用细砂精磨。

(2)使用气门捻子将气门上下往复并旋转进行研磨。以变换气门与座的磨合位置,保证研磨均匀,研磨时不要过分用力,以免使斜面环带变宽或磨出凹形槽痕。

(3)当气门斜面与气门座斜面研出一条完整、光洁的环带时,将气门砂洗净,在斜面上涂上机油,再研磨 3～5 min 即可。

(4)研磨好的接触环带应光洁,接触宽度一般为 1.5～2.0 mm。

(5)检查气门与气门座的密封性。

①划线法　用铅笔在气门密封环带上,沿圆周划出均布的若干条与母线平行的铅笔线。然后插入气门座内,按紧气门头并旋转 1/4～1/2 圈。取出气门观察铅笔线被切断情况。如果铅笔线均被切断,则说明密封性良好;如果有部分线条被切断,说明密封性不好,有漏气的区域,需重新研磨气门。如图 3-36 所示。

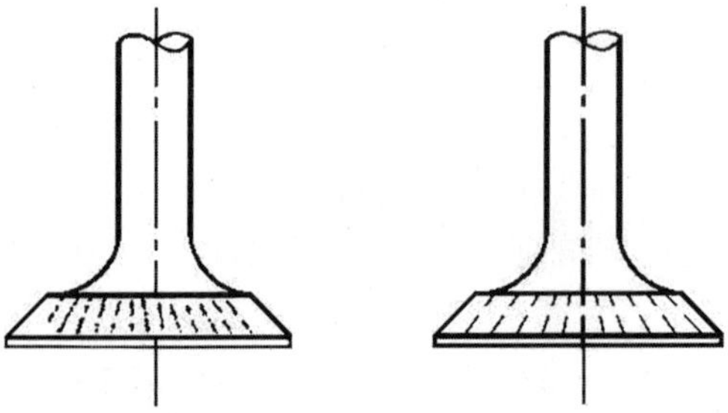

a. 密封情况不良　　b. 密封情况良好

图 3-36　铅笔线被切断情况

②渗油法　将研磨好的气门洗净并安装好,将气缸盖倒置,然后在气门顶面上倒入煤油,若在 5 min 内没有渗漏,即为良好。若有渗漏,说明密封性不好,需要重新研磨。

三、气门下陷量的检查与维修

气门座经多次铰削和研磨直径增大，而气门修磨后直径减小，气门将下沉。这样会使发动机压缩比下降。因此，在发动机修理过程中，必须检查气门的下陷量，如图 3-37 所示。

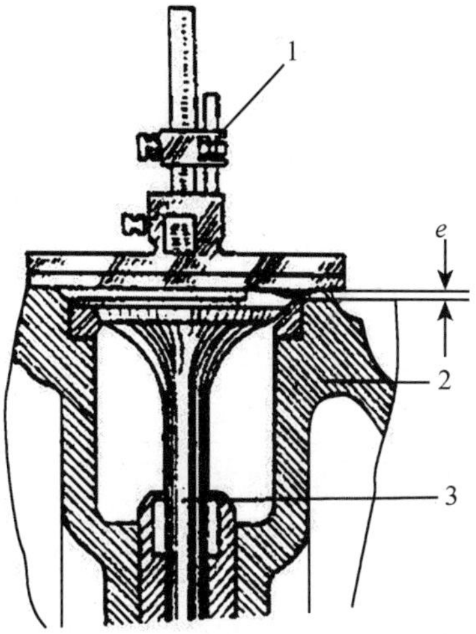

1. 气门　2. 气缸盖　3. 深度游标尺

图 3-37　气门下陷量的检查

当下陷量超出规定值时，如 CA6110A 型柴油机进、排气门超出 2 mm，应重新换座圈或镗下座圈孔进行修复。镗下座圈孔时应注意以下几点：一要选用与母体金属材料相近的金属材料制作镶圈；二是过盈量要合适，过大会损伤座圈，过小会松动，冷态下一般采用 0.05～0.15 mm 过盈量，热态下一般采用 0.20～0.25 mm 过盈量，零件表面加工粗糙度较低时采用较小的过盈量，反之采用较大值。

任务三　配气相位的检查

【任务目标】

✓ **知识目标**

1. 掌握配气相位的含义；
2. 掌握发动机的换气过程；
3. 掌握配气机构的故障与原因。

✓ **能力目标**

1. 能够规范使用设备、工具；
2. 能够检查发动机的配气相位；
3. 能够进行配气机构的故障分析与检修。

✓ **素质目标**

1. 严格执行发动机配气相位检查的安全操作规范；
2. 严格执行发动机配气相位的“6S”管理规范；
3. 培养团队协作意识、责任意识和爱岗敬业精神；
4. 培养学生自主学习、归纳总结、语言表达的能力；
5. 培养学生对“三农”发展的信心。

【任务工单】

任务工单见表 3-3。

表 3-3　配气相位的检查任务工单

专业			操作时长	40 分钟		
班级			机型	农机 4 缸柴油发动机		
学号			时间	年　月　日		
姓名			成绩			
配气相位的检查作业表						
序号	作业内容	作业要点	配分	评分标准	得分	备注
1	安全文明生产	(1)做好操作前的准备,包括检查和备齐所需的工具、量具与零件、设备; (2)遵守安全操作规程,正确使用工具,操作现场整洁	10	未达到要求,1 次扣 2 分,扣完为止		
2	找准活塞在上止点时的标记	(1)检查与调整气门间隙; (2)安装刻度盘; (3)找出柴油机第 1 缸的压缩上止点位置; (4)用磁性百分表座将百分表固定在机体上,将百分表的测头垂直接触到进气门摇臂撞头并保持一定压缩量	30	未能正确操作,1 次扣 2 分,扣完为止		
3	确定进气门开启时刻	(1)正向摇转曲轴,当百分表指针开始摆动瞬间,停转曲轴; (2)查看此刻机体上的刻线的位置	30	未能正确操作,1 次扣 2 分,扣完为止		
4	读取数值	指针所指刻度盘上的读数与该缸相应止点位置时的读数差	20	未能正确操作,1 次扣 2 分,扣完为止		
5	技术要求	(1)为准确起见,可重复检查 2～3 次,取平均值; (2)遵守安全操作规程,正确使用工具、量具,操作现场整洁	10	未达到要求,1 次扣 2 分,扣完为止		
评分说明		(1)工具及零件掉在地上每次扣 1 分; (2)量具掉在地上每次扣 3 分; (3)因操作失误造成零件及工具、量具损坏每次扣 2 分; (4)违反安全操作规程每次扣 1～3 分; (5)因违规操作发生重大人身或设备事故,按零分计				
学生签字			教师签字			

【相关知识点】

知识点1 配气相位

配气相位是指进、排气门的实际开闭时间和持续时间，通常用曲轴转角来表示。图3-38为以曲轴转角绘制的配气相位图。

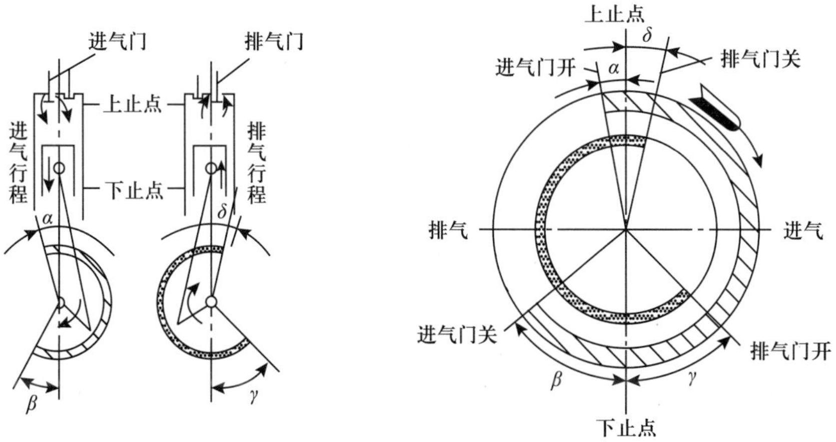

图3-38 配气相位图

前面在介绍四冲程发动机工作原理时，为了便于理论分析与阐述，简单地把进、排气过程分别看作是在活塞的一个行程即曲轴旋转180°内完成的。实际上，由于发动机转速较高，一个行程所占时间很短，例如，当四冲程发动机以3 000 r/min的转速运转时，一个行程的时间仅0.01 s，况且凸轮驱动气门开启也需要一个过程，气门全开的时间就更短了。在这样短的时间内难以做到进气充分，排气彻底。为了改善换气过程，气门开启和关闭时已不在上、下止点处，而采用提前打开和迟后关闭来延长进、排气时间，使发动机的实际进、排气行程所对应的曲轴转角均大于180°。

一、进气相位

1. 进气提前角

在排气行程接近终了，活塞到达上止点之前，进气门便提前开启。从进气门开启到上止点间所对应的曲轴转角 α 就叫作进气提前角。进气门提前开启，保证了进气行程开始阶段气门已有较大的开度，有利于提高充气量。α 角一般为10°～30°。

2. 进气迟后角

活塞到达进气下止点后开始，上行(压缩行程开始)一段，关闭进气门。从下止点至进气门关闭所对应的曲轴转角 β 称为进气迟后角。进气门迟后关闭能够充分利用进气行程结束前缸内存在的压力差和较高的气流惯性继续进气。下止点过后，随着活塞的上行，气缸内的压力逐渐增大，进气气流速度也逐渐减小，从理论上讲，当气缸内外压力差消失，流速接近为零时，关闭进气门，此时对应的 β 角最佳。若 β 角过大，会引起进气倒流现象。β 角一般为40°～70°。从以上分析可知，进气门持续开启时若用曲轴转角来表示，即进气持续角应为 $180°+\alpha+\beta$。

常见车型配气相位可参考表 3-4。

表 3-4　发动机配气相位参数一览表

型号	进气门开（上止点前）	进气门关（下止点后）	排气门开（下止点前）	排气门关（上止点后）
	α	β	γ	δ
CA6110	30°	54°	70°	28°
6102Q	14°	50°	56°	16°
CA6113	30°	54°	70°	28°
奥迪 A61.8	16°	38°	38°	8°
奥迪 A61.8T	16°	38°	38°	8°
奥迪 A62.4	12°	36°	38°	8°
奥迪 A62.8	12°	42°	38°	8°

二、排气相位

1. 排气提前角

在做功行程，活塞到达下止点之前，排气门提前打开。从排气门打开至下止点间所对应的曲轴转角 γ 就称为排气提前角。排气门适当提前打开，虽然损失了一定的做功行程和功率，但可以利用较高的缸内压力将大部分燃烧废气迅速排出，待活塞上行时缸内压力已大幅度下降，可以使排气行程的消耗大为减少。此外，高温废气提前排出也有利于防止发动机过热。γ 角一般为 40°～80°。

2. 排气迟后角

活塞越过排气上止点，延迟一定时刻后再关闭排气门。从上止点到排气门关闭所对应的曲轴转角 δ 称为排气迟后角。δ 角一般为 10°～30°。由于活塞到达上止点时，气缸内的压力仍高于外部大气压，且废气气流有一定的惯性，适当延迟排气门关闭时刻可以利用此压力和气流惯性使废气排出更干净。排气门开启持续时间用排气持续角表示，排气持续角应为：$180°+\gamma+\delta$。

三、气门的叠开

如图 3-32 可知，由于进气门在上止点前开启，而排气门在上止点后关闭，这就出现了在上止点附近，同一段时间内，进、排气门同时开启，进气道、燃烧室、排气道三者相通的现象，通常称为气门叠开。对应的曲轴转角($\alpha+\delta$)称为气门叠开角。叠开期间进、排气门的开度均比较小，且由于进气气流和排气气流的惯性较大，短时间内不会改变流向，因而只要气门叠开角选择适当，就不会出现废气倒流入进气管和新鲜气体随同废气排出的问题。若选择不当，气门叠开角过大，发动机小负荷运转时则会出现上述问题，致使发动机换气质量下降。

合理的配气相位应由制造厂家根据发动机结构和性能要求的不同通过反复试验来确定。

知识点 2 发动机的换气过程

发动机的进气过程和排气过程,统称为换气过程。其任务是将废气尽可能地排除干净,吸入更多的新鲜混合气或空气,使发动机尽可能实现大的功率与转矩。以下将阐述换气过程的组成、充气效率及其影响因素、提高充气效率的措施。

一、四冲程发动机的换气过程

发动机工作时,上一循环排气门开启至下一循环进气门关闭的全过程,称为四冲程发动机的换气过程,以曲轴转角计,为 410°～480°。根据气体流动特点,换气过程可分为自由排气、强制排气和进气三个阶段。

1. 自由排气阶段

排气门开始开启到气缸内压力接近于排气管内压力的阶段,称为自由排气阶段。此阶段一般在下止点前开始,为了减小排气所消耗的功,当排气行程开始时,排气门已有较大的开度,排气门应提前开启,一般提前 40°～80°的曲轴转角,即排气提前角。在排气门开始开启的初期,气缸内压力为排气管压力 2 倍以上的排气状态,称为超临界流动状态。此时,通过排气门口的废气流速达到该状态下的声速,当排气温度为 600～900 ℃时,可达 500～600 m/s。废气以声速流过排气门口后突然膨胀,产生特殊的噪声。所以,排气系统须装有消声器。

当气缸内压力与排气管压力之比下降到 2 以下时,称为亚临界状态。此阶段废气流过排气门口的速度低,不会产生特殊的噪声。

在全负荷、高转速情况下,需要排出的废气量大,排气的时间更短,为使缸内压力及时减小,减小排气阻力,要求高转速下排气门提前开启的角度要大。因此,转速高的发动机总是比转速低的发动机排气提前角大。

2. 强制排气阶段

上行的活塞将废气强制排出的阶段,称为强制排气阶段。如果排气门在活塞到达上止点时关闭,在活塞接近上止点时,排气门的开度已经很小,这会增大排气阻力,使气缸内残余废气量增加,且增加排气所消耗的功,因此,排气门一般迟闭 10°～35°的曲轴转角,即排气迟后角。整个过程的持续时间相当于曲轴转角 230°～290°。

3. 进气过程

在强制排气的后期,活塞处于上止点前某一曲轴转角时,进气门就开始打开,当活塞到达上止点,进气行程开始时,进气门已有较大的开启面积,可使新鲜气体顺利充入气缸。从进气门打开至上止点的曲轴转角,称为进气提前角,一般为 10°～30°。当进气行程结束,活塞到下止点后某一曲轴转角,进气门才关闭。其目的是利用气流的惯性与压力差继续向气缸内充气,增加充气量。进气迟闭角为 40°～80°。整个进气过程持续时间相当于曲轴转角 230°～290°(图 3-39)。

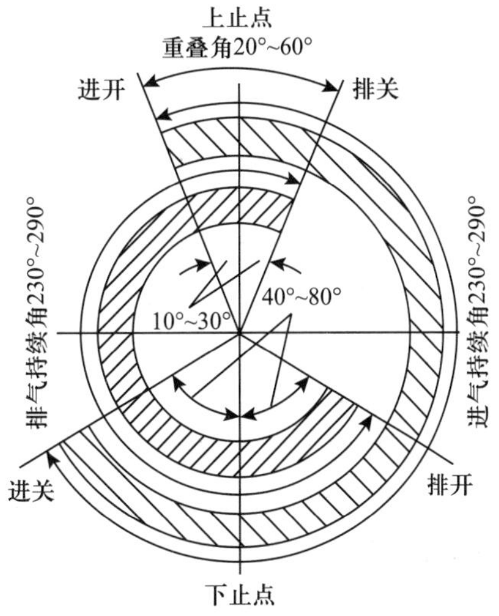

图 3-39 非增压发动机的配气相位图

二、影响充气效率的主要因素

微课 3-5 影响充气效率的主要因素

充气效率增大，可使发动机的功率及转矩增大，分析影响充气效率的因素具有重要的意义。其影响因素主要有以下几个方面：

1. 转速和配气相位的影响

图 3-40 为进气门迟闭角对充气效率和有效功率的影响。图中的实线为进气门迟闭角为 40°时的曲线，虚线为迟闭角改为 60°时的情况。可见，在低转速时，由于 η_v 在 60°迟闭角时下降了，所以有效功率较低；高转速时，由于 η_v 增加，所以有效功率提高。

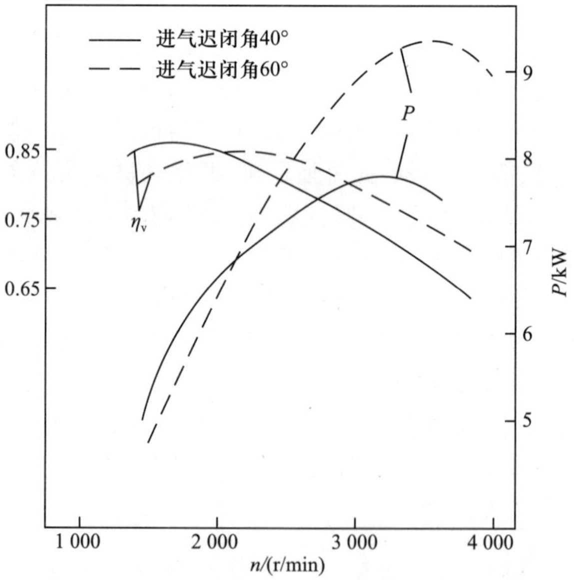

图 3-40 进气门迟闭角对充气效率和有效功率的影响

2. 负荷的影响

汽油机在一定转速下，负荷(阻力矩)减少，进气门开度相应减少，进气流动的阻力增大，使循环充气量、充气效率及单位时间充气量均下降。

柴油机在一定转速下，负荷减少，循环充量、充气效率、单位时间充气量基本不变，只是循环喷入燃烧室内的燃油量相应减少。

3. 空气滤清器的影响

空气滤清器能减少进入气缸的灰尘，减少发动机气缸的磨损。因而空气滤清器应经常维护，即保证滤清效果好又不致进气阻力过大，否则充气性能会下降，使发动机的功率及转矩下降，并使油耗增加。

4. 压缩比的影响

提高压缩比，燃烧室的容积相对减小，残余废气量相对下降，吸气开始时废气占有的体积小，废气对新气的加热相对减少，从而使充气效率提高。

5. 进气管的影响

进气管要有足够的通道断面，拐弯处应有较大的圆角，管内表面应光滑且无积炭，安装时进、排气接口垫应对准，这有利于提高充气效率。

6. 进气加热的影响

汽油机的进、排气管常铸成一体，以利用排气管加热进气管，这对汽油的蒸发有利。但加热过多又会使空气的密度下降较大，使充气系数降低。有的汽油机在排气管内装有阀，用来调节对进气管的加热程度。

柴油机的进气管内没有燃油蒸发的问题，不需要加热进气，所以进气管和排气管是分开的。

三、提高发动机充气效率的措施

1. 进气系统

降低进气系统的阻力损失，提高进气终了的压力，具体的措施有：

(1)减小空气滤清器阻力　空气滤清器性能的影响较大。

(2)减小进气管的沿程阻力和局部阻力　如加大通道面积，减少弯道和截面的突变，保持管道内表面光滑。

(3)减小进气门的空气流动阻力　如加大进气门直径以增加流通能力；增加气门数以增加流通截面，如采用三气门、四气门、五气门等。

(4)改进凸轮的廓线设计　加大进气门开启时间与截面。

2. 排气系统

降低排气系统的阻力损失，主要减小排气门、排气道与排气管的阻力，从而减少缸内残余废气。

3. 冷却系统

减少进气过程中高温零件对工质的加热，维持发动机冷却系统技术状况良好，分置进、排气管。

4. 动态效应合理

利用换气过程的动态效应，在压缩波到达进气门时关闭进气门，在膨胀波到达排气门时关闭排气门。

5. 配气相位

合理选择配气相位。

6. 流通能力

采用可变配气相位与可变进气系统，以提高气门的流通能力。如利用波动效应、惯性效应及通过旋转件的转动来改变进气管长度和容积的可变进气系统。又如惯性增压式电控可变进气机构的充气效率的改进。

知识点3　配气机构的故障与检修

一、配气机构的主要故障

1. 气门杆与气门导管配合间隙过大

【现象】机油消耗过多，发动机工作冒蓝烟。

【原因】气门杆与气门导管配合间隙过大，气门油封老化或损坏。

2. 正时齿轮打齿

【现象】正时齿轮有异响，柴油机工作声音异常或熄火。

【原因】一是螺栓螺母松退掉入正时齿轮室；二是正时齿轮材质不佳导致正时齿轮的损坏；三是凸轮轴与轴套配合间隙过大。导致正时齿轮啮合位置变化。

3. 气门间隙变化

【现象】气门间隙过大或过小，发动机工作声音异常，并伴随气门拍击声。

【原因】摇臂轴严重磨损，摇臂总成紧固螺栓松动或气门间隙调整螺钉松退。

4. 配气相位失准

【现象】点火声音异常、功率不足，油耗增加。

【原因】一是气门间隙失准；二是正时齿轮磨损严重；三是凸轮磨损严重；四是正时齿轮装配记号失准。

二、配气相位的检查方法

配气相位失准会导致发动机工作不稳、冒烟和功率下降等。在使用过程中除装配失误外，配气机构一些零件的磨损也会改变配气相位。因此，发动机必须定期检查配气相位。

检查方法有两种：一是动态检查法，即发动机着火运转时测定配气相位，这种检查需要一定设备；二是静态检查法，即发动机静止时，用百分表和角度盘来检查配气相位。角度盘可以固定在曲轴前端或后端，也可随曲轴旋转，并在角度盘附近机体上做一固定指针，百分表装在磁力表架上，把表架放在气缸盖上平面，百分表抵在进气门弹簧座上。

检查前要把气门间隙、凸轮轴轴向间隙调整到标准值，然后找出一缸排气上止点，移动指针与刻度盘上的“0”相对；百分表头与进气门弹簧座相抵。

旋转曲轴，观察气门的移动，百分表指针停止时在刻度盘指示的刻度值即是进气门打开的提前角。顺转发动机曲轴，在下止点后，也是在百分表指针刚停止时，立刻停转发动机，此时指针在刻度盘上指示的刻度值减去180°即是进气门关闭的迟后角。

所测数值与该机规定值相比较，通过偏差的大小进行分析，找出原因并加以维修。如进气门开启提前或迟后，关闭相应提前或迟后，这种现象主要是正时齿轮装配记号失准、齿轮磨损严重、齿侧间隙过大、凸轮轴与凸轮轴齿轮之间滚键等造成的。进气门开启迟后，关闭提前，这种现象主要是凸轮轴磨损严重、凸轮高度不够造成的，应更换凸轮轴。

三、配气相位的检查步骤

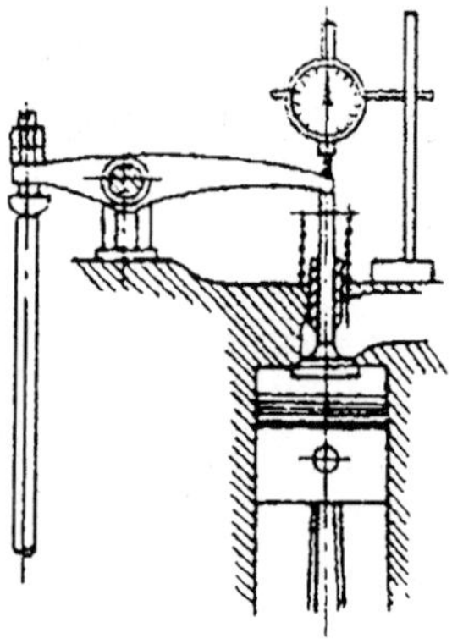

图 3-41 配气相位的检查

配气相位的检查步骤如下。

(1)检查调整好气门间隙。

(2)将刻度盘安装在曲轴的前端。

(3)在气缸盖平面上固定好百分表架，装上百分表，如图3-41所示。

(4)摇转曲轴，准确找到第一缸上止点的位置，将指针固定好，并使其对准刻度盘上“0”的位置。显然，第一缸的下止点为180°，其他各缸的上、下止点在刻度盘上的读数则可根据曲轴的形状准确找到，第四缸上、下止点时的读数与第一缸相同；第二、第三缸上止点时的读数为 180°，下止点时的读数为“0”。

(5)检查某一气门的开闭时间时，在该气门处于完全关闭状态下，将百分表触头抵在该气门弹簧座上，并使触头受到一定程度的压缩。缓慢转动曲轴，当百分表表针开始微动时指针所指刻度盘上的读数与该缸相应止点位置时的读数之差，即为气门提前打开的角度。继续转动曲轴，百分表触头与弹簧座脱离接触，二者再一次相抵时，观察百分表，当表针由摆动到完全停止摆动时，指针所指刻度盘上的读数与该缸另一止点位置时的读数之差，即为气门迟后关闭的角度。

(6)为准确起见，可重复检查 2～3 次，取平均值。

项目四　柴油机燃料供给系统

项目目标

1. 能正确检查、调整柴油机的供油提前角；
2. 能正确拆装喷油器和进行喷油器试验；
3. 能正确拆卸、装配与调整喷油泵；
4. 能正确拆卸、装配与试验输油泵；
5. 能解释柴油机燃料供给系统的功能、组成和基本概念。

项目任务

1. 供油提前角的检查与调整；
2. 喷油器的拆卸、装配与调整；
3. 喷油泵的拆卸、装配与调整；
4. 输油泵的拆卸、装配与试验。

任务一　供油提前角的检查与调整

【任务目标】

✓ **知识目标**

1. 掌握发动机燃料供给系统的构造；
2. 掌握柴油机混合气的形成；
3. 掌握发动机燃烧室的特点。

✓ **能力目标**

1. 能够能规范使用设备、工具和材料；
2. 能够对供油提前角进行检查；
3. 能够对供油提前角进行调整。

✓ **素质目标**

1. 严格执行发动机供油提前角检查与调整的安全操作规范；
2. 严格执行发动机供油提前角检查与调整的“6S”管理规范；
3. 培养团队协作意识、责任意识和爱岗敬业精神；
4. 培养学生自主学习、归纳总结、语言表达的能力；
5. 培养学生对“三农”发展的信心。

【任务工单】

任务工单见表4-1。

表 4-1　供油提前角的检查与调整任务工单

专业			操作时长	40 分钟		
班级			机型	农机 6 缸柴油发动机		
学号			时间	年　月　日		
姓名			成绩			
供油提前角的检查与调整作业表						
序号	作业内容	作业要点	配分	评分标准	得分	备注
1	安全文明生产	(1)做好操作前的准备,包括检查和备齐所需的工具、量具与零件、设备; (2)遵守安全操作规程,正确使用工具,操作现场整洁	10	未达到要求,1 次扣 2 分,扣完为止		
2	供油提前角观测点	(1)从喷油器上卸下第 1 缸的高压油管; (2)转动飞轮,直至出油口油面波动; (3)让油门手柄置于油门全开位置	20	未能正确操作,1 次扣 2 分,扣完为止		
3	检查供油提前角	(1)用撬棒慢慢撬动飞轮,油面波动情况; (2)当油面开始向上波动的瞬间,立即停止转动飞轮; (3)检查供油提前角	30	未能正确操作,1 次扣 2 分,扣完为止		
4	调整供油提前角	(1)根据机型选择相应的供油提前角的调整方法,按技术要求调整供油提前角; (2)调整后再复测,使供油提前角在规定范围内	30	未能正确操作,1 次扣 2 分,扣完为止		
5	技术要求	(1)为准确起见,可重复检查 2～3 次,取平均值; (2)遵守安全操作规程,正确使用工具,操作现场整洁	10	未达到要求,1 次扣 2 分,扣完为止		
评分说明		(1)工具及零件掉在地上每次扣 1 分; (2)量具掉在地上每次扣 3 分; (3)因操作失误造成零件及工具、量具损坏每次扣 2 分; (4)违反安全操作规程每次扣 1～3 分; (5)因违规操作发生重大人身或设备事故,按零分计				
学生签字			教师签字			

【相关知识点】

知识点 1　燃料供给系统的构造

一、柴油机燃料供给系统的组成

微课 4-1　柴油机燃料供给系统的组成

柴油机使用的燃料是柴油，柴油黏度大，蒸发性差，不具备在气缸外部与空气形成均匀的混合气的条件，故采用高压喷射，在压缩行程接近终了时把柴油喷入气缸，并与气缸内的高温、高压的空气形成混合气自行发火燃烧。

柴油机燃料供给系统由燃油供给装置、空气供给装置、混合气形成装置及废气排出装置组成，如图 4-1 所示。

燃油供给装置由柴油箱、输油泵、低压油管、柴油滤清器、喷油泵、高压油管、喷油器和回油管组成。

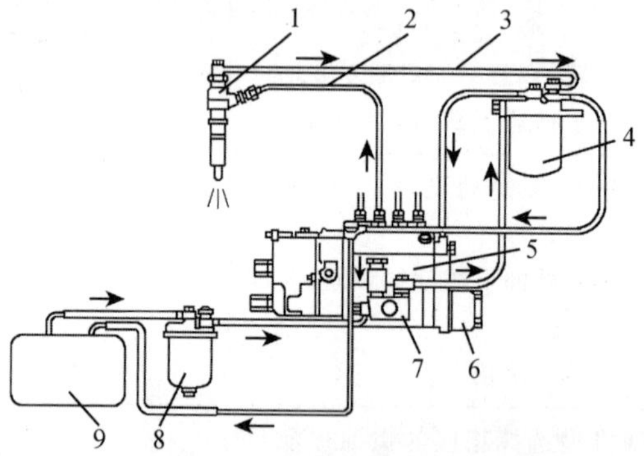

1. 喷油器　2. 高压油管　3. 回油管　4. 柴油细滤清器　5. 喷油泵　6. 供油提前自动调节器　7. 输油泵　8. 柴油粗滤清器　9. 柴油箱

图 4-1　柴油机燃油供给系统的组成示意图

空气供给装置由空气滤清器、进气管和气缸盖内的进气道组成。

混合气形成装置由气缸、活塞、气缸盖与燃烧室组成。

废气排出装置由气缸盖内的排气道、排气管及排气消声器组成。

二、柴油机燃料供给系统的作用

柴油机燃料供给系统的作用是贮存、滤清柴油，根据柴油机不同的工况要求，按其工作顺序，定时、定量、定压并以一定的喷油质量将柴油喷入燃烧室，使其与空气迅速混合燃烧，再将燃烧后的废气排入大气。

三、柴油机燃料供给系统的工作原理

柴油机在工作过程中，依靠输油泵的作用不断地将油箱中的柴油吸出，并经柴油滤清器滤去杂质后，输入喷油泵的低压油腔，通过柱塞和出油阀将燃油压力提高，经高压油管输送到喷油器，燃油呈雾状喷入燃烧室，在燃烧室内形成混合气。由于输油泵的供油量大于喷油泵所需供油量，过量的柴油便经回油管回到滤清器或油箱。

从柴油箱至喷油泵入口处这段油路中的油压是由输油泵建立的，一般为0.15～0.3 MPa，故这段油路称为低压油路。从喷油泵到喷油器这段油路中的油压是由喷油泵的柱塞和出油阀建立的，一般在10 MPa以上，故称此段油路为高压油路。

柴油机燃油供给装置在维修和装配后，必须将柴油机整个油路中的空气排出，使柴油充满喷油泵，为此在输油泵上装有手动油泵。喷油泵凸轮轴的前端与供油提前器连接，后端与调速器组成一体，它们分别起喷油定时和喷油量的自动调节作用。

知识点2　柴油机混合气的形成和燃烧室

一、可燃混合气的形成与燃烧

1. 气缸压力与曲轴转角的关系

在柴油机进气行程中，进入气缸的是纯净空气，在压缩行程接近终了时，喷油器形成的雾状柴油以规定压力喷入气缸，随即在燃烧室内形成混合气。在高温、高压的条件下，混合气自行着火燃烧，故混合气形成时间极短，而且存在喷油、蒸发、混合和燃烧重叠进行的过程，在柴油机压缩和做功过程中，气缸内气体压力 P 随曲轴转角变化的关系如图4-2所示。当曲轴转到上止点前 O 点的位置时，喷油泵开始供油。当曲轴转到稍后一些的 A 点位置时，喷油器开始喷油。O 点到上止点之间所对应的曲轴转角称为供油提前角（图4-2中虚线为不供油时气缸压力的变化曲线）。

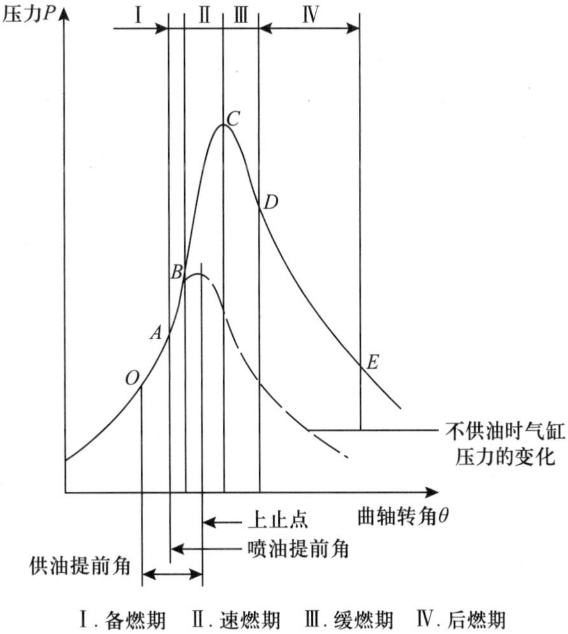

图4-2　气缸压力与曲轴转角的关系

2. 燃烧的四个阶段

根据气缸中压力和温度的变化特点，可将混合气的形成与燃烧过程按曲轴转角划分为四个阶段。

（1）第一阶段为备燃期　即喷油始点 A 至燃烧始点 B 之间所对应的曲轴转角。在此期间，喷入气缸的雾状柴油从气缸内的高温空气中吸收热量，逐渐蒸发、扩散，与空气混合，并进行燃烧前的化学准备。若备燃期时间过长，缸内积存的油量增多，一旦燃烧，会造成气缸内压力急剧升高，致使发动机噪声增大，工作粗暴，机件磨损加剧。因此，备燃期的长短是影响柴油发动机工作粗暴程度的重要因素。

（2）第二阶段为速燃期　即燃烧始点 B 与气缸内产生最大压力点 C 之间所对应的曲轴转角。从 B 点起，火焰自火源处向四周迅速传播，燃烧速度迅速增加，急剧放热，缸内温度和压力迅速上升，至 C 点时压力达到最高值。在此期间，早已喷入但尚未来得及蒸发的柴油，以及在燃烧开始后陆续喷入的柴油便能在已燃气体的高温作用下迅速蒸发、混合和燃烧。

（3）第三阶段为缓燃期　即从最高压力点 C 至最高温度点 D 为止的曲轴转角。在此阶段，温度继续升高，但由于氧气减少，废气增加，燃烧条件变差，故燃烧越来越慢。喷油过程一般在缓燃期内结束。

（4）第四阶段为后燃期　从 D 点起，燃烧在逐渐恶化的条件下于膨胀行程中缓慢进行，直到停止（E 点）。在此期间，压力和温度均降低。

由于柴油的蒸发性和流动性较差，且柴油机混合气形成时间极短，使得柴油难以在燃烧前彻底雾化蒸发并同空气均匀混合，即柴油机可燃混合气的品质较差。因此，柴油机采用较大的过量空气系数，使喷入气缸的柴油能够燃烧得比较完全。

为改善混合气形成条件，不致出现太长的备燃期，保证柴油机工作柔和，除了选用十六烷值较高的柴油，采用较高的压缩比（15～22），以提高气缸内空气温度、促进柴油蒸发等，还要求喷油器必须有足够的压力，一般在 10 MPa 以上，以利于柴油的雾化。此外，在燃烧室内形成强烈的空气运动，促进柴油与空气均匀混合。

二、燃烧室

微课 4-2　燃烧室

由于柴油机混合气的形成和燃烧均在燃烧室中进行，所以燃烧室的结构将直接影响混合气的形成与燃烧。对燃烧室的要求：一是配合喷油形成良好均匀的混合气，改善燃烧；二是燃烧室的结构紧凑，以减小散热损失，提高热效率。

柴油机燃烧室的种类较多，通常分为统一式燃烧室和分隔式燃烧室两大类。

1. 统一式燃烧室

统一式燃烧室由气缸壁和凹形活塞顶与气缸盖底面所包围的单一内腔构成，这种燃烧室一般用于多孔喷油器，柴油直接喷射到燃烧室中，借喷射油束的形状和燃烧室形状的配合以及燃烧室内的空气涡流运动，迅速形成可燃混合气，故此种燃烧室又称为直接喷射式燃烧室。直接喷射式燃烧室是利用在气缸盖上铸出的螺旋气道，使进入气缸的空气呈涡流状以促进油气混合，这是直接喷射式燃烧室的一大特点。空气经由螺旋进气道进入气缸时，会产生绕气缸轴线旋转的进气涡流，来帮助燃油与空气的混合。

常见的统一式燃烧室按结构分为“ω”形燃烧室、球形燃烧室和“U”形燃烧室，如图 4-3 所示。

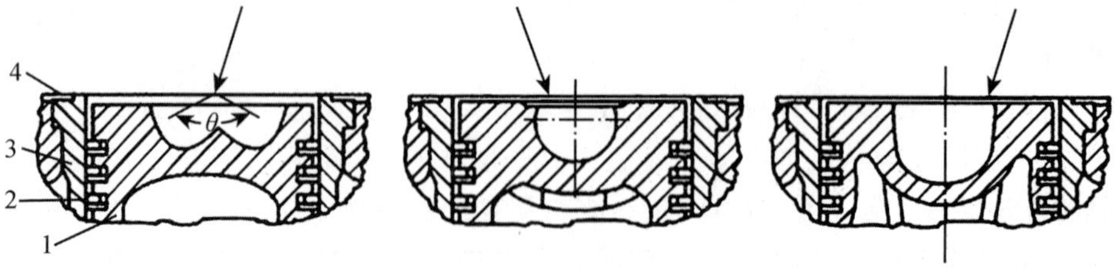

a. “ω”形燃烧室　b. 球形燃烧室　c. “U”形燃烧室

1. 活塞　2. 活塞环　3. 气缸套　4. 气缸盖　→表示柴油喷射方向

图 4-3　统一式燃烧室结构

目前，车用柴油机大都采用“ω”形燃烧室及其各种改进型。“ω”形燃烧室主要靠喷油形状与燃烧室形状相配合，利用进气涡流和挤流（在压缩行程上止点附近，活塞顶部的空气被挤入燃烧室时形成的气流）等空气运动，形成可燃混合气。这类燃烧室要求喷油系统喷油压力高，并采用小孔径多孔喷油器，喷出雾状的燃油均匀地分布在燃烧室空间，吸收空气的热量而蒸发，并借助气流运动迅速与空气混合，另有少量燃油被喷到燃烧室壁面，形成油膜，在燃烧开始后才迅速蒸发并参与燃烧。

"ω"形燃烧室形状较简单，易于加工，结构紧凑，散热面积小，热效率高，有利于冷机启动，对配套的燃料供给系统要求较高。

为了更好地提高直喷式燃烧室的燃烧过程，在传统"ω"形燃烧室的基础上，发展了多种新型燃烧室，新型燃烧室有各自的特点。

(1)挤流口式燃烧室　如图 4-4 所示。为降低柴油机噪声和改善排放而设计，主要缩小了燃烧室凹坑唇口处尺寸来产生强烈的压缩挤流，从而产生空气的紊流运动。其主要优点是：

①能防止燃气从活塞顶上碗形室过早地向燃烧室传播。

②可保持燃烧室壁温较高，以防止火焰熄灭并能促进油滴蒸发。

(2)四角"ω"形燃烧室　如图 4-5 所示。利用四角"ω"形凹坑组织二次扰动(除了进气涡流外，拐角处又形成小旋涡)来实现燃油和空气的良好混合，以提高燃烧速度。

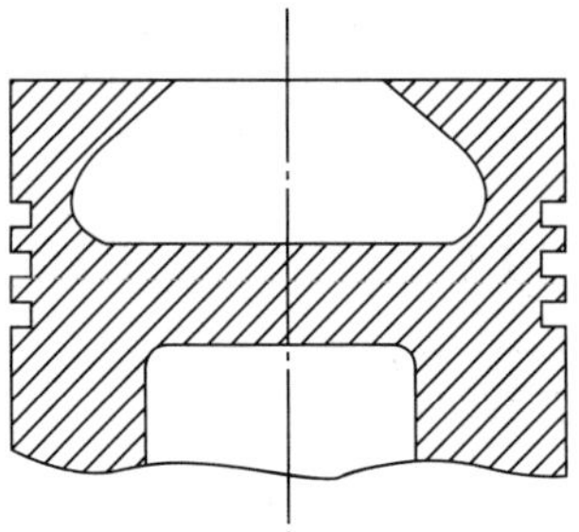

图 4-4　挤流口式燃烧室

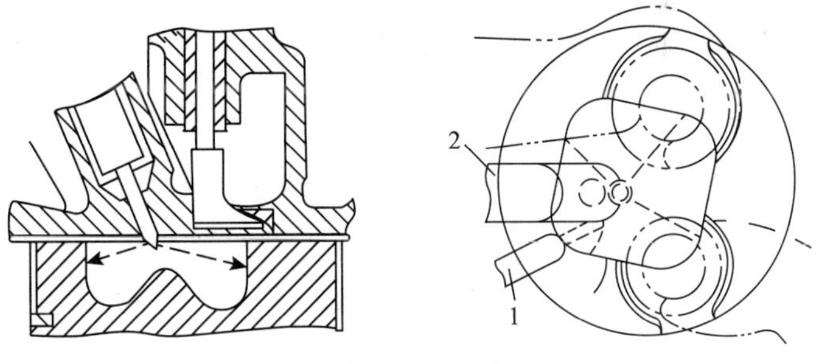

1. 电热塞　2. 喷油嘴

图 4-5　四角"ω"形燃烧室

(3)微涡流燃烧室　如图 4-6 所示。燃烧室由两部分组成：上部为四角形，下部为圆形，两部分经切削加工圆滑过渡。其兼具"ω"形燃烧室和四角"ω"形燃烧室二者的优点，同时又有缩口，增加了挤流的影响。

(4)花瓣形燃烧室　如图 4-7 所示。CA6110 型柴油机采用该燃烧室，基本结构与"ω"形燃烧室近似，仅横截面呈花瓣状。它利用花瓣形所具有的几何特点，选择进气涡流、喷油系统和燃烧室形状，将三者良好地匹配，可保证柴油机具有较低的燃油消耗率，经济运行区宽广，启动性能好，减小噪声、降低排污以获得较佳的综合指标。

2. 分隔式燃烧室

燃烧室由两部分组成：一部分由缸壁和活塞顶与缸盖底面构成，称主燃烧室；另一部分在气缸盖中，称副燃烧室。主、副燃烧室之间由一个或多个通道连通。分隔式燃烧室常见的形式有涡流室式和预燃室式两种，如图 4-8 所示。

(1)涡流室式燃烧室　副燃烧室是球形或圆柱形的涡流室，借与其内壁相切的孔道与主燃烧室连通，因此在压缩行程中，空气从气缸被挤入涡流室时形成强烈的有规则的涡流。在这种燃烧室中，柴油直接喷入涡流室空间，靠强烈的空气涡流作用，与空气迅速混合。大部分燃油在涡流室内燃烧，未燃烧部分在做功行程初期与高压燃气一起通过切向孔道喷入主燃烧室，进一步与主燃烧室空气混合、燃烧。

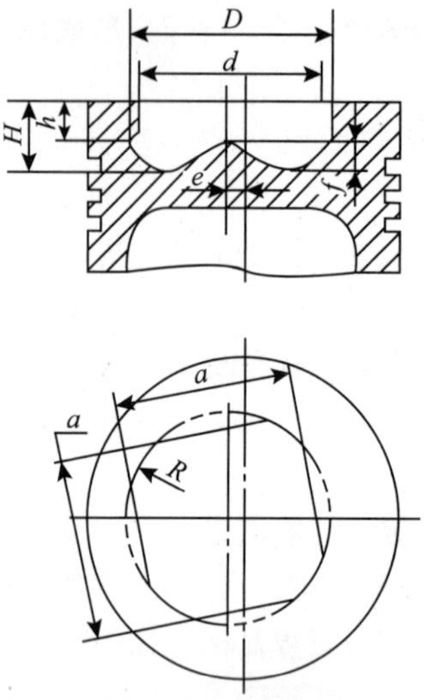

图 4-6 微涡流燃烧室

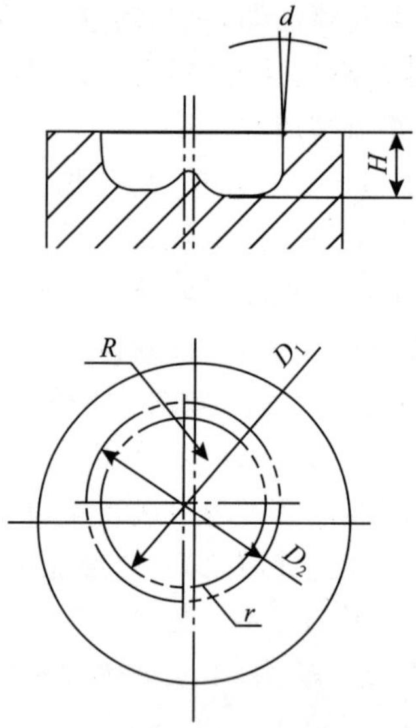

图 4-7 花瓣形燃烧室

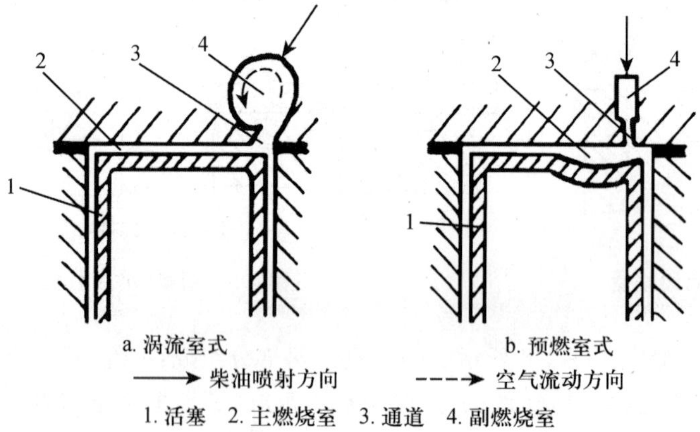

图 4-8 分隔式燃烧室

涡流室中产生的气流运动比上述直接喷射燃烧室中的进气涡流更强，因此可降低对喷雾质量的要求，即可采用喷油压力较低(12～14 MPa)的轴针式喷油器。

(2)预燃室式燃烧室　预燃室(辅助燃烧室)容积约为燃烧室总容积的 25%～40%，并用一个或几个小孔与主燃烧室连通。在压缩行程中，空气从气缸进入预燃室时即产生无规则的紊流运动。燃油喷入后，依靠空气的紊流运动与空气初步混合，并有小部分燃油发火燃烧，使预燃室的压力急剧升高，大部分未燃烧柴油连同燃气经小孔高速喷入主燃烧室，在主燃烧室内产生不规则的涡流运动，进一步与空气混合以实现完全燃烧。预燃室一般用耐热钢制造，嵌入气缸盖内。

分隔式燃烧室主要靠强烈的空气运动形成混合气，对空气的利用更加充分，因此过量空气系数可以小一些。转速增加有利于混合气的形成，可改善高速性能。分隔式燃烧室允许采用较大喷孔的轴针式喷油器及较低的喷射压力。由于混合气在辅助燃烧室燃烧后在主燃烧室再燃烧，发动机工作柔和，排气污染小。但分隔式燃烧室散热损失(因燃烧室散热面积大)和节流损失较大，启动性和经济性较差，必须用更高的压缩比而且要在辅助燃烧室中安装启动电热塞。

涡流室式燃烧室和预燃室式燃烧室多用于小型高速柴油机，缸径一般在 100 mm 以下。

知识点3 连接器及供油提前装置

一、连接器

1. 连接器的作用

连接器不仅起动力传递作用，而且还可以补偿安装时两轴之间的同轴度偏差，以及利用两轴间少量的相对角位移来调节喷油泵的供油正时，从而满足发动机的工作要求。

2. 喷油泵的驱动

喷油泵的驱动如图 4-9 所示。由曲轴的正时齿轮经中间传动齿轮驱动喷油泵正时齿轮。齿轮上均刻有正时啮合标记，必须按标记装配才能保证喷油泵的供油正时。

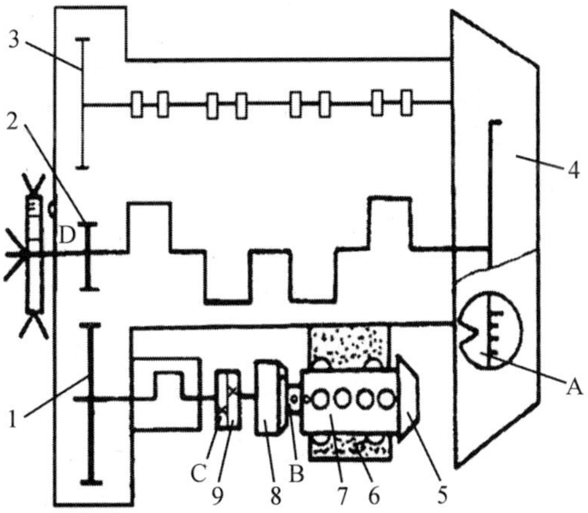

1. 喷油泵正时齿轮 2. 曲轴正时齿轮 3. 凸轮轴正时齿轮 4. 飞轮壳 5. 调速器 6. 托板 7. 喷油泵 8. 供油提前角自动调节器 9. 联轴节 A. 观测孔 B. 喷油泵与提前器的连接 C. 连接器的连接 D. 曲轴正时齿轮与喷油泵正时齿轮的传动

图 4-9 喷油泵的驱动和供油正时

喷油泵正时齿轮输出轴与喷油泵凸轮轴之间用连接器连接。有的喷油泵直接利用其壳体上的弧形槽，使泵体相对于喷油泵凸轮轴转动，以调节供油正时，省略了连接器。

3. 连接器的结构

常见的连接器有刚性十字胶木盘式和挠性钢片式两种。目前主要用挠性钢片式连接器，其结构如图 4-10 所示。连接器有两组传动钢片，即主动传动钢片组和从动传动钢片组，主要利用其圆形弹性钢片的挠性来补偿主、从动轴间少量的同轴度偏差。

4. CA6110 型柴油机喷油提前调节器与联轴器

CA6110 型柴油机喷油泵连接器即为挠性钢片式连接器，挠性刚片式连接器实际上是一个角度变化很小的万向联轴节，传动时可以对主、从动轴的同轴度误差起补偿作用。安装时要求驱动端与喷油泵凸轮轴端中心线同心度不大于 0.3 mm，摆角不大于 0.5°，伸长或压缩误差不大于±0.5 mm。

5. 喷油提前角调节装置的作用

喷油提前角是为了获得最佳时刻喷油，并获取最大的动力和较经济的油耗，是满足发动机

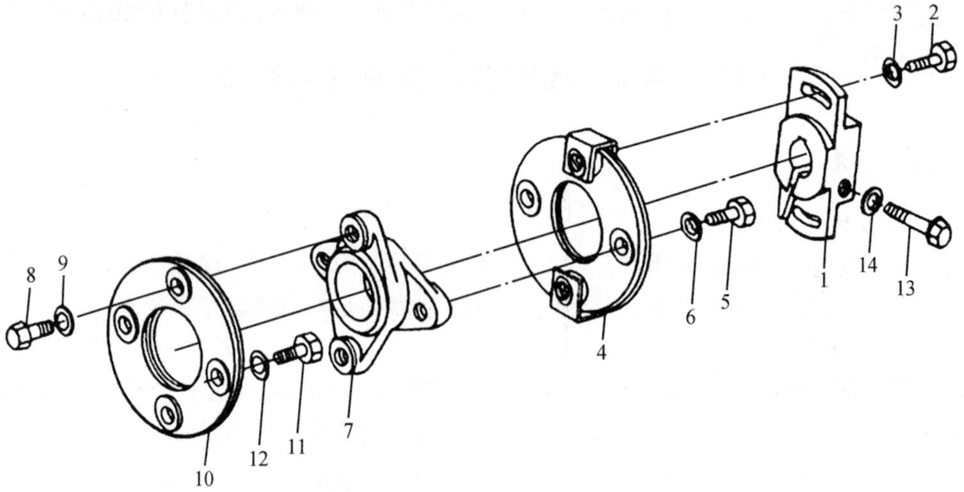

1. 连接盘　2、5、8、11、13. 螺钉　3、6、9、12、14. 垫圈　4、10. 钢片组　7. 十字架

图 4-10　柴油机喷油泵连接器

排放指标的一个重要调整参数，它对整机性能影响较大。

喷油提前角过大时，由于喷油时气缸内空气温度较低，混合气形成条件差，备燃期较长，柴油机工作粗暴（可以听到有节奏的清脆“嘎嘎”声），油耗增高，功率下降，怠速不稳和启动困难；如果喷油提前角过小，则燃油不能在上止点附近迅速燃烧，后燃期增加，燃烧温度升高及压力下降，发动机过热，热效率显著下降，排气管冒白烟，动力性、经济性变差。因此为保证发动机性能良好，必须选定最佳喷油提前角。

最佳喷油提前角是指转速和供油量一定的情况下，能获得最大功率和最低油耗率的喷油提前角。最佳喷油提前角是经过调试而获得，一般来说它随柴油机转速提高而增大。

喷油提前调节装置的作用是：在柴油机整个工作转速范围内，使喷油提前角（或供油提前角）自动随柴油机转速改变而相应变化，使柴油机始终在最佳或接近最佳喷油提前角的情况下运转工作。

二、供油提前角调节装置

1. 静态供油提前角的调整

静态调节，即在静态时把供油提前角调到合适值。柴油机出厂前及工作一段时间或拆装后，都需要进行供油提前角的检查与调整。柴油机曲轴前端扭转减震器（后端飞轮上）刻有上止点及曲轴旋转角度刻线，应与机体上（飞轮壳上）的标记相对，注意此时应保证是在第一缸压缩上止点附近。标记对正后，观察喷油泵的提前器壳体上的刻线与喷油泵泵体上刻线是否对齐。如果对齐，则说明供油提前角正确，否则需调整。

2. 供油提前角的调整位置

调整通过联轴器来进行，连接盘上开有腰形孔，与十字中间凸缘盘相对转动一定角度，使上述刻线对齐，紧固连接螺钉即可完成供油提前角的调整。

3. 供油提前角自动调节器

动态自动调节，即在柴油机运转时随转速变化自动改变提前角。在柴油机工作过程中，供油提前角自动调节器根据发动机转速的变化自动调节供油提前角，从而获得较合适的供油提前角，以改善发动机的动力性和经济性。

喷油泵上配用的供油提前角自动调节器绝大部分为机械离心式，其工作原理基本相同，如图 4-11 所示。

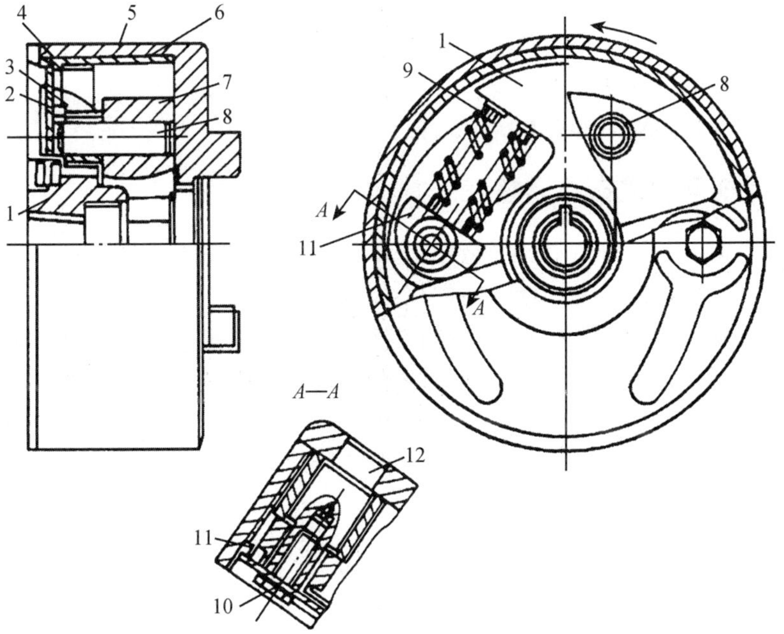

1. 从动盘臂　2. 内座圈　3. 滚轮　4. 密封圈　5. 驱动盘　6. 调节器从动盘　7. 飞块
8. 销钉　9. 弹簧　10. 螺钉　11. 弹簧座圈　12. 销轴

图 4-11　机械离心式供油提前角自动调节器工作原理

调节器安装于喷油泵凸轮轴前端。供油提前角自动调节器与十字架固定，连接盘与十字架通过腰形孔连接，并接受驱动，连接盘通过半圆键与空气压缩机曲轴连接。供油提前角自动调节器两端，制有圆孔和压装有飞块销钉的两个飞块介于驱动盘和从动盘之间。飞块通过圆孔空套在主动盘销钉上，其另一端则通过空套在飞块销钉上的滚轮内座圈、滚轮与从动盘弧形侧面相接触。从动盘平侧面则通过弹簧及由螺钉固定在主动盘销钉端头的弹簧座片与销钉弹性相抵。从动盘上还固定有筒状盘，其外圆面与驱动盘内圆面相配合，以保证驱动盘与从动盘的同心度。整个调节器为一密封件，内腔注入机油用以润滑。

柴油机工作时，驱动盘及飞块在曲轴驱动下，顺时针方向同步旋转。当柴油机转速升高时，飞块离心力增大，克服弹簧力，以主动销钉为转轴按顺时针方向向外甩开，飞块活动端滚轮迫使从动盘顺时针方向转过一个角度，并带动油泵凸轮轴按原来旋转方向相对于驱动盘转过一个角度，使供油提前角相应增大，直到弹簧的压缩力与飞块离心力相平衡时，从动盘连同凸轮轴与驱动盘同步旋转。显然，转速上升得越高，从动盘连同凸轮轴相对驱动盘转过的角度越大，即供油提前角越大。转速降低时，过程相反。

知识点 4 供油提前角的检查与调整技术

一、喷油泵总成的拆装

(1)拧下喷油泵固定螺母和螺栓。

(2)在喷油泵正时齿轮和惰轮齿上做好记号。

(3)在安装时找到并对正记号。

(4)紧固喷油泵固定螺母和螺栓。

二、供油提前角的检查与调整

(1)卸下第一缸高压油管,将出油阀紧座上平面的油用干净的棉布吸出。

(2)连接低压、高压油路,加注燃油并进行系统排气。

(3)摇转发动机曲轴,观察第一缸出油阀紧座上平面的油面变化,当油面刚刚上升,立即停转曲轴,观察发动机供油转角标记,读出此时供油提前角数值,并与规定参数比较,决定是否进行调整(如 CA6110 柴油机供油提前角为上止点前 $14° \pm 1°$)。

(4)如进行调整,松开提前器端钢片联轴器螺栓,按“顺减逆加”旋转提前器,并拧紧联轴器螺栓。

(5)重复进行检查,读出供油提前角数值,至符合要求为止。

(6)装复并紧固第一缸高压油管。

任务二 喷油器的拆卸、装配与调试

【任务目标】

✓ **知识目标**

1. 掌握喷油器的结构;
2. 掌握喷油器的工作原理;
3. 掌握喷油器的拆卸、装配与调试的理论知识。

✓ **能力目标**

1. 能够规范使用设备、工具;
2. 能够拆卸喷油器;
3. 能够装配喷油器;
4. 能够调试喷油器。

✓ **素质目标**

1. 严格执行喷油器的拆卸、装配与调试的安全操作规范;
2. 严格执行喷油器的拆卸、装配与调试的“6S”管理规范;
3. 培养团队协作意识、责任意识和爱岗敬业精神;
4. 培养学生自主学习、归纳总结、语言表达的能力;
5. 培养学生对“三农”发展的信心。

【任务工单】

任务工单见表4-2。

表4-2 喷油器的拆卸、装配与调试任务工单

专业			操作时长	40分钟		
班级			机型	农机4缸柴油发动机、喷油器		
学号			时间	年 月 日		
姓名			成绩			
喷油器的拆卸、装配与调试作业表						
序号	作业内容	作业要点	配分	评分标准	得分	备注
1	安全文明生产	(1)做好操作前的准备,包括检查和备齐所需的工具、量具与零件、设备; (2)遵守安全操作规程,正确使用工具,操作现场整洁	10	未达到要求,1次扣2分,扣完为止		
2	检查喷油器严密性	(1)将喷油器装夹在喷油器试验器上,应装夹牢固,不漏油; (2)将油压升至10 MPa时,喷油器喷口处应当无柴油聚集; (3)将喷油压力逐渐调高至23～25 MPa,用秒表计量压力从20 MPa降至18 MPa的时间,应符合规定	20	未能正确操作,1次扣2分,扣完为止		
3	喷油压力的试验与调整	(1)缓慢压油,观察开始喷油时的压力; (2)如不符合该机型压力值,通过调节螺钉(或垫片)调整,锁紧螺母	30	未能正确操作,1次扣2分,扣完为止		
4	判断喷雾质量	(1)雾化质量:喷出的油应呈细雾状,不成束; (2)喷油干脆:喷油开始与结束无滴油,响声清脆	30	未能正确操作,1次扣2分,扣完为止		
5	技术要求	(1)喷出燃油呈细雾状,喷油响声应清脆,喷油开始与结束应无滴油; (2)遵守安全操作规程,正确使用工具,操作现场整洁	10	未达到要求,1次扣2分,扣完为止		
评分说明		(1)工具及零件掉在地上每次扣1分; (2)量具掉在地上每次扣3分; (3)因操作失误造成零件及工具、量具损坏每次扣2分; (4)违反安全操作规程每次扣1～3分; (5)因违规操作发生重大人身或设备事故,按零分计				
学生签字			教师签字			

【相关知识点】

知识点 1 喷油器

微课 4-3 喷油器

喷油器的作用是将喷油泵供给的高压油以一定的压力、速度和方向喷入燃烧室，使喷入燃烧室的燃油雾化成细粒并分布在燃烧室中，以利于混合气的形成和燃烧。

根据混合气的形成与燃烧的要求，喷油器应具有一定的喷射压力、射程、合理的喷射锥角。此外，喷油器在规定的停止喷油时刻，针阀应能迅速地回落，以避免发生滴漏现象而引起爆燃。

目前，车用柴油机绝大多数采用闭式喷油器，即喷油器在不喷油时，喷孔被针阀关闭，将燃烧室与喷油器的油腔彻底分隔开。常用的闭式喷油器可分为孔式喷油器和轴针式喷油器两种。孔式喷油器多用于直接喷射式燃烧室，轴针式喷油器则主要用于分隔式燃烧室。

一、孔式喷油器

1. 孔式喷油器的结构

如图 4-12 所示，孔式喷油器由针阀、针阀体、顶杆、调压弹簧、调压螺钉及喷油器体等零件组成。

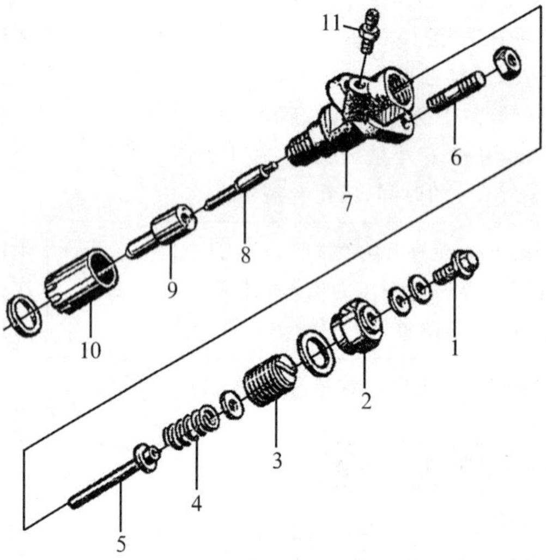

1. 接头螺栓 2. 调压螺钉盖 3. 调压螺钉 4. 调压弹簧 5. 顶杆 6. 双头螺柱
7. 喷油器体 8. 针阀 9. 针阀体 10. 喷油嘴紧帽 11. 进油管接头

图 4-12 柴油机孔式喷油器

2. 孔式喷油嘴的结构

孔式喷油嘴是用优质合金钢制成的针阀和针阀体成对精密偶件。针阀下端的圆锥面与针阀体下端的环形锥面共同起密封作用，如图 4-13 所示，用于打开或切断高压柴油与燃烧室的通路。针阀底部还有一环形锥面位于针阀体的环形油槽中，该锥面承受燃油压力，推动针阀向上运动。针阀顶部通过顶杆承受调压弹簧的预紧力，使针阀处于关闭状态。该预紧力决定针阀的开启压力或喷油压力，调整调压螺钉可改变喷油压力的大小(拧入时压力增大，反之压力减小)，通过调压螺钉盖将其锁紧固定。喷油器工作时从针阀偶件间隙中泄漏的柴油经回油管接头螺栓流回回油管。

3. 孔式喷油器的特点

孔式喷油器的特点是喷孔数目较多，一般为 1～8 个喷孔；喷孔直径较小，一般为 0.2～0.8 mm。喷孔数目和分布的位置根据燃烧室的形状和要求而定。

4. 孔式喷油器的工作原理

柴油机工作时，来自喷油泵的高压柴油经喷油器体与针阀体中的油道进入针阀中部周围的环状空间。油压作用在针阀的锥形承压环带上形成一个向上的轴向推力，此推力克服调压弹簧的预压力及针阀偶件之间的摩擦力使针阀向上移动，针阀下端锥面离开针阀锥形环带，打开喷孔，高压柴油喷入燃烧室。喷油泵停止供油时，高压油路内压力迅速下降，针阀在调压弹簧作用下及时回位，将喷孔关闭。如图 4-14 所示。

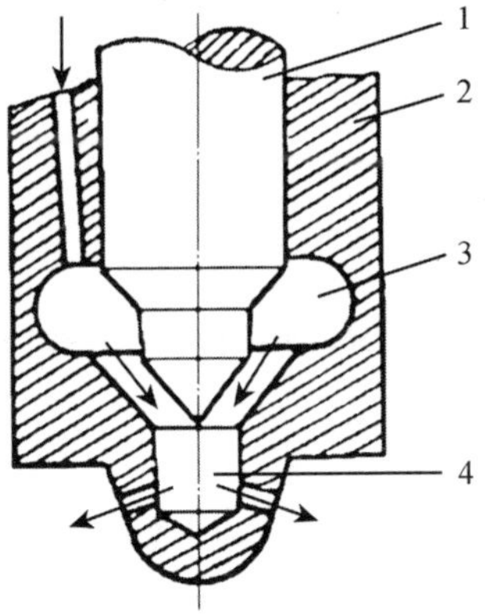

1. 针阀 2. 针阀体 3. 高压油腔 4. 压力室

图 4-13 孔式喷油嘴

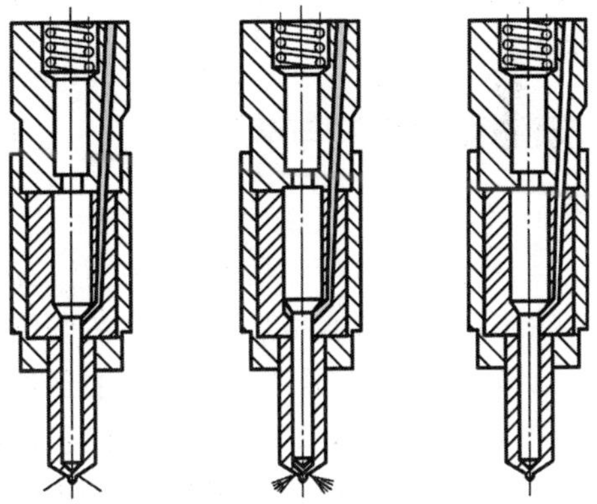

a. 喷油初始 b. 喷油量最大 c. 喷油终止

图 4-14 喷油器的工作原理图

二、轴针式喷油器

轴针式喷油器的工作原理与孔式喷油器相同，它的构造特点是针阀体下端的密封锥面以下还延伸出一个轴针，其形状可以是倒锥形和圆柱形，如图 4-15 所示。轴针伸出喷孔外，使喷孔成为圆柱状的狭缝(轴针与孔的径向间隙一般为 0.005～0.25 mm)，喷出的燃油呈空心的锥状或柱形。

轴针式喷油器喷孔直径一般在 1～3 mm 范围内，喷油压力为 10～14 MPa。喷孔直径大，加工方便。工作时由于轴针在喷孔内往复运动，能清除喷孔中的积炭和杂物，工作可靠。它适用于对喷雾要求不高的涡流室式燃烧室和预燃室式燃烧室。

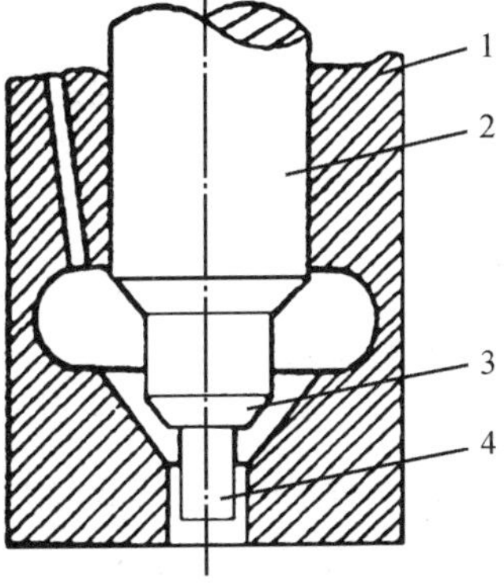

1. 针阀体 2. 针阀 3. 密封锥面 4. 轴针

图 4-15 轴针式喷油器

知识点 2 喷油器的拆卸、装配与调试技术

一、喷油器的拆卸

喷油器的固定方式有压板固定、空心螺套固定和利用自身的凸缘固定三种。

(1)首先拆下高压油管和固定螺母,取出总成。

(2)清洗外部,然后逐一在喷油器试验台上进行检验,检查喷射初始压力、喷油质量和雾化情况,如质量不好必须解体。

(3)先分解喷油器上部,旋松调压螺钉紧固螺母,取出调压螺钉、调压弹簧和顶杆。

(4)将喷油器倒夹在台钳上,旋下针阀体紧固套,取下针阀体和针阀。

(5)针阀偶件用清洁的柴油浸泡。分解过程中应注意保护针阀的精加工表面。

(6)喷油器垫片,在分解后应与原配喷油器体放在一起,喷油器与座孔间的锥形垫圈应与原喷油器体放在一起。

二、喷油器的装配与调试

1. 喷油器的装配

喷油器装配前应对喷油器的零件进行清洗;对针阀偶件进行检验;对喷油器体进行检验。喷油器零件经清洗检验合格后,必须在清洁场所装配。

(1)将针阀、针阀体、紧固套装到喷油器体上。

(2)将喷油器上部装入顶杆、调压弹簧、调压螺钉,拧上调压螺钉紧固螺母。

(3)装油管接头,总成调试完毕后,装护帽。

2. 在喷油器试验台上对喷油器进行调试

(1)喷油压力调整　CA6110 型柴油机喷油开启压力为(22±0.5)MPa,同台发动机的喷油压力相差范围为 0.25～0.5 MPa。

(2)喷雾质量与喷射响声检查　以每分钟 60～70 次的速度压动手柄,油雾应细微均匀,无油滴飞溅。喷油器停喷干脆、及时。

任务三 喷油泵的拆卸、装配与调整

【任务目标】

✓ **知识目标**

1. 掌握喷油泵的结构;
2. 掌握喷油泵的工作原理;
3. 掌握喷油泵的拆卸、装配与调整的理论知识。

✓ **能力目标**

1. 能够规范使用设备、工具;
2. 能够拆卸喷油泵;
3. 能够装配喷油泵;

4. 能够调整喷油泵。

✓ **素质目标**

1. 严格执行喷油泵拆卸、装配与调整的安全操作规范；
2. 严格执行喷油泵拆卸、装配与调整的“6S”管理规范；
3. 培养团队协作意识、责任意识和爱岗敬业精神；
4. 培养学生自主学习、归纳总结、语言表达的能力；
5. 培养学生对“三农”发展的信心。

【任务工单】

任务工单见表 4-3。

表 4-3　喷油泵的拆卸、装配与调整任务工单

专业		操作时长	40 分钟		
班级		机型	农机 4 缸柴油发动机、喷油泵		
学号		时间	年　月　日		
姓名		成绩			

喷油泵的拆卸、装配与调整作业表						
序号	作业内容	作业要点	配分	评分标准	得分	备注
1	安全文明生产	(1)做好操作前的准备,包括检查和备齐所需的工具、量具与零件、设备; (2)遵守安全操作规程,正确使用工具,操作现场整洁	10	未达到要求,1 次扣 2 分,扣完为止		
2	喷油泵的拆卸	(1)按步骤拆卸喷油泵; (2)插片插入挺柱体部件的正时螺钉与正时螺母之间,取出凸轮轴; (3)取出挺柱部件; (4)取出弹簧下座、柱塞弹簧、弹簧上座、油量控制套筒部件,旋出齿杆定位螺钉,取出调节齿杆; (5)旋出出油阀接头,用专用工具取出出油阀偶件,再取出柱塞偶件	20	未能正确操作,1 次扣 2 分,扣完为止		
3	喷油泵的装配	(1)装配顺序与分解顺序相反; (2)装配齿杆、柱塞套、出油阀及其压紧座、装配柱塞弹簧上座、柱塞弹簧、装挺柱部件和滚轮体总成、装凸轮轴、安装油底塞垫片和油底塞	30	未能正确操作,1 次扣 2 分,扣完为止		
4	质量检查	(1)安装结束后,齿杆在任何情况下都应滑动自如; (2)检查各缸供油次序是否正确	30	未能正确操作,1 次扣 2 分,扣完为止		

续表4-3

序号	作业内容	作业要点	配分	评分标准	得分	备注
5	技术要求	(1)装配前必须对零部件进行清洗、检验； (2)遵守安全操作规程，正确使用工具，操作现场整洁	10	未达到要求，1次扣2分，扣完为止		
评分说明		(1)工具及零件掉在地上每次扣1分； (2)量具掉在地上每次扣3分； (3)因操作失误造成零件及工具、量具损坏每次扣2分； (4)违反安全操作规程每次扣1～3分； (5)因违规操作发生重大人身或设备事故，按零分计				
学生签字			教师签字			

【相关知识点】

知识点1　喷油泵

微课4-4　喷油泵

喷油泵即高压油泵(简称油泵)，一般和调速器连成一体，其作用是使燃油通过喷油泵的工作形成高压，根据柴油机各种不同工况的要求，定时、定量、定压的将高压燃油送至喷油器，然后经喷油器喷入燃烧室。

一、对多缸柴油机喷油泵的要求

(1)保证定时　严格按照规定的供油时间开始供油，并保证一定的供油持续时间。

(2)保证定量　根据柴油机负荷的大小供给相应的油量，以满足负荷变化的要求。

(3)保证压力　向喷油器供给的柴油应具有足够的压力，以获得良好的喷雾质量。

(4)对于多缸柴油机，为保证各缸工作的均匀性，要求各缸的相对供油时间、供油量和供油压力等参数都相同。

(5)供油开始和结束要求迅速干脆，避免喷油器产生滴漏或滞后等不正常喷射现象。

二、喷油泵的结构

柴油机的喷油泵按作用原理不同大体可分柱塞式喷油泵和转子分配式喷油泵：

(1)柱塞式喷油泵　柱塞式喷油泵性能良好，使用可靠，目前大多数柴油机采用柱塞式喷油泵。

(2)转子分配式喷油泵　转子分配式喷油泵是依靠转子驱动柱塞实现燃油的增压(泵油)及分配，它具有体积小、质量轻、成本低、使用方便等优点，尤其是体积小，有利于发动机的整体布置。

三、柱塞式喷油泵泵油原理

柱塞式喷油泵利用柱塞在柱塞套内的往复运动实现吸油和压油，对于单缸柴油机，由一套柱塞偶件组成单体泵；对于多缸柴油机，则由多套柱塞偶件和泵油机构分别向各缸供油。中、小功率柴油机大多将各缸的泵油机构组装在同一壳体中，称为多缸泵，而其中每组泵油机构则称为分泵。图4-16为分泵的结构图，其泵油机构主要由柱塞偶件（柱塞和柱塞套）、出油阀偶件（出油阀和出油阀座）等组成。柱塞的下部固定有调节臂，可通过调节臂转动柱塞，使柱塞与柱塞套的相对位置改变，实现供油量的变化。

柱塞上部的出油阀由出油阀弹簧压紧在阀座上，柱塞下端与装在滚轮体中的垫块接触，柱塞弹簧通过弹簧座将柱塞推向下方，并使滚轮保持与凸轮轴上的凸轮相接触。

喷油泵凸轮轴由柴油机曲轴通过传动机构来驱动。对于四冲程柴油机，曲轴转两圈，喷油泵凸轮轴转一圈。

柱塞式喷油泵的泵油原理如图4-17所示。柱塞的圆柱表面上铣有直线形（或螺旋形）斜槽，斜槽和柱塞上部的孔道连通。柱塞套上有两个圆孔都与喷油泵体上的低压油腔相通。柱塞由凸轮驱动，在柱塞套内作往复直线运动，此外可通过调节臂绕自身轴线在一定角度范围内转动。

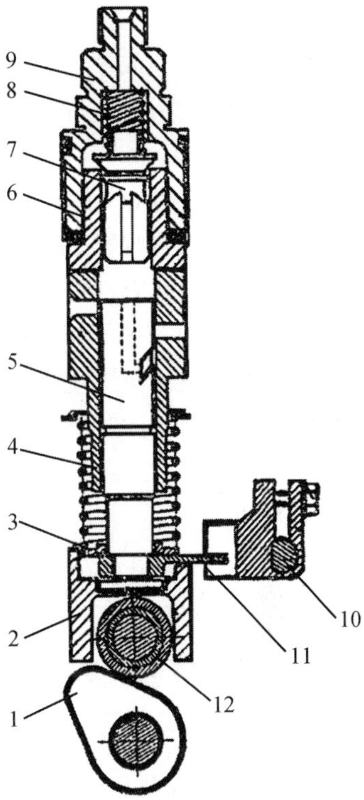

1. 凸轮　2. 滚轮体　3. 柱塞弹簧　4. 柱塞套　5. 柱塞
6. 出油阀座　7. 出油阀　8. 出油阀弹簧
9. 出油阀紧座　10. 供油拉杆
11. 调节臂　12. 滚轮

图 4-16　柱塞式喷油泵分泵

1. 吸油过程

当柱塞下移到如图4-17a所示位置时，燃油自低压油腔经进油孔被吸入并充满泵腔。

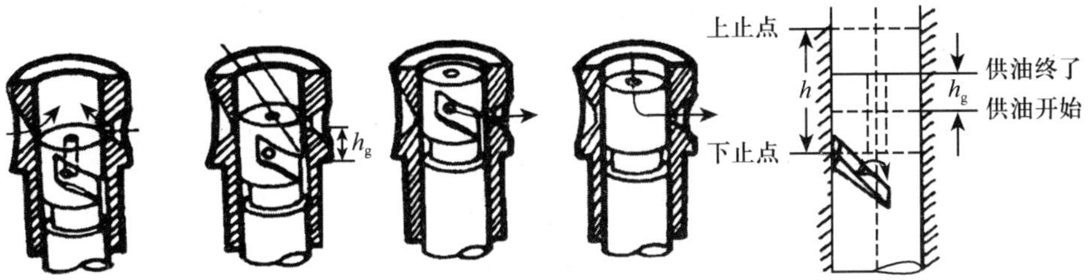

图 4-17　柱塞式喷油泵泵油原理

2. 压油过程

在柱塞自下止点上移的过程中，起初有一部分燃油从泵腔挤回低压油腔，直到柱塞上部的圆柱面将两个油孔完全封闭，如图4-17b所示。柱塞继续上升，柱塞上部的燃油压力迅速增高到足以克服出油阀弹簧的作用力，出油阀即开始上升。当出油阀的圆柱环形带离开出油阀座时，高压燃油便通过高压油管流向喷油器。当燃油压力高出喷油器的喷油压力时，喷油器则开始喷油。

3. 回油过程

当柱塞继续上移到如图 4-17c 所示位置时，斜槽与油孔开始接通，泵腔内油压迅速下降，出油阀在弹簧压力作用下立即回位，喷油泵停止供油。此后柱塞仍继续上行，直到凸轮达到最高升程为止，但不再泵油。

由上述泵油过程可知，由驱动凸轮轮廓曲线的最大矢径决定的柱塞行程 h（即柱塞的上、下止点间的距离）是一定的，如图 4-17e 所示。但并非在整个柱塞上移行程内都供油，喷油泵只在柱塞完全封闭柱塞套油孔之后到柱塞斜槽和油孔开始接通之前的这一部分柱塞行程 h_g 内才泵油。h_g 称为柱塞有效行程。显然，喷油泵每次泵出的油量取决于有效行程的长短，因此欲使喷油泵能随柴油机工况不同而改变供油量，只需改变有效行程。有效行程是通过改变柱塞斜槽与柱塞套油孔的相对位置来实现的，将柱塞转向图 4-17e 中箭头所示的方向，有效行程的供油量即增加；反之则减少。

4. 停供状态

当柱塞转到图 4-17d 所示位置时，柱塞斜槽与柱塞套油孔相通，因此有效行程为零，即喷油泵处于不泵油状态。

四、国产系列柱塞式喷油泵

柱塞式喷油泵根据柴油机单缸功率范围对喷油泵供油量的要求不同，以柱塞行程和结构为基础，把喷油泵分成几个系列，再分别配以不同尺寸的柱塞直径，组成若干种在一个工作循环内供油量不等的喷油泵，以满足各种柴油机的需要。喷油泵系列化有利于制造和维修。

目前，国产柴油机常用的柱塞式喷油泵主要有 A 型喷油泵和 P 型喷油泵。

柱塞式喷油泵一般由泵体、分泵、油量调节机构和传动机构组成。泵体有整体式和上下分体式两种结构。上下分体式泵体拆装比较方便，整体式泵体刚度好，强度高，可承受较高的喷油压力，有良好的密封性。

1. A 型喷油泵

A 型喷油泵（A 型泵）总成是国际上通用的一种系列产品，也是国内中、小功率柴油机使用最为广泛的柱塞式喷油泵。如图 4-18 所示。

A 型喷油泵的结构及特点：

喷油泵分泵数目与发动机缸数相等，各分泵的结构和尺寸完全相同。分泵主要由柱塞偶件、柱塞弹簧、上弹簧座、下弹簧座、出油阀偶件、出油阀弹簧、减容器、出油阀紧帽等零件组成。柱塞上部的圆柱表面铣有与轴线呈 45°夹角的直线斜槽，斜槽有径向孔，与柱塞上部轴向孔道相通。分泵的工作原理如前所述。

喷油泵的润滑方式有两种：一种通过油管与发动机的主油道相连，润滑后经回油管流回发动机油底；另一种从泵体注油口或油尺插孔处加入润滑油，以保证传动机构的润滑。泵体下腔内的润滑油与连接在喷油泵后端的调速器壳体内的润滑油是相通的。喷油泵凸轮轴的前端轴承外装有油封。CA6110 型柴油机就采用柱塞式喷油泵。

2. P 型喷油泵

P 型喷油泵（P 型泵）在安装尺寸不变的条件下，可获得较高的峰值压力（喷油泵工作时所能达到的最高压力），因而对柴油机的不断强化和向高速化发展有良好的适应性。由于它可用较大直径的柱塞，因此对柴油机缸径的适应范围大，在重型柴油机上广泛应用。

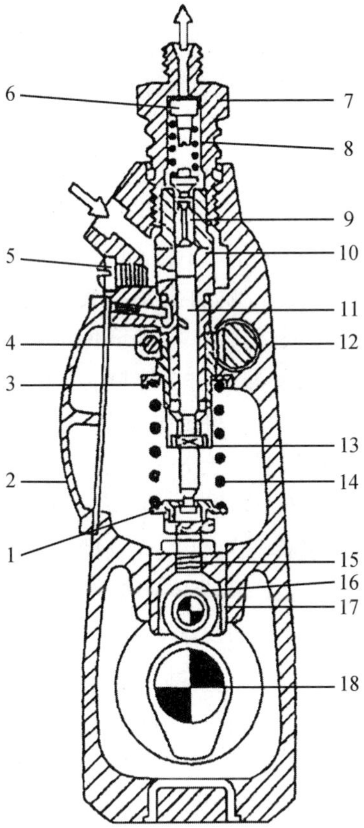

1. 弹簧下座　2. 检视窗侧盖　3. 弹簧上座　4. 齿圈螺钉　5. 挡油螺钉　6. 减容器　7. 出油阀紧帽
8. 出油阀弹簧　9. 出油阀　10. 柱塞套　11. 柱塞　12. 齿杆　13. 油量控制套筒　14. 柱塞弹簧
15. 正时螺钉　16. 滚轮　17. 挺柱体　18. 凸轮轴

图 4-18　A 型喷油泵示意图

P 型泵的工作原理与 A 型泵基本相同，其结构特点如下：

(1)全封闭箱式泵体　P 型泵采用全封闭箱式泵体，以提高刚度，防止泵体在较高的峰值压力作用下产生变形而使柱塞偶件磨损加剧，提高使用寿命。

(2)吊挂式柱塞套　柱塞套和出油阀偶件都装在凸缘套筒内，并利用出油阀压紧座拧紧，使之成为一个独立的组件。然后用两个螺塞将凸缘套筒固定在泵体的顶部端面上，形成一种吊挂式结构，以改善柱塞套的受力情况，并方便拆装。

(3)油量调节机构　每个柱塞的控制套筒上都装有一个与调节拉杆上的凹槽相啮合的小钢球，移动调节拉杆，钢球便带动各柱塞控制套筒使柱塞转动，从而改变供油量。P 型泵的供油时间调整可通过增减凸缘套筒下面的垫片来实现。

(4)压力润滑系统　P 型泵采用压力润滑。柴油机润滑系主油道的机油通过油管与泵体上的进油孔相连，润滑喷油泵的传动部件和调速器的部件。油面高度由泵体上回油孔的位置决定，多余的机油经回油孔流回油底壳。

五、调速器

调速器的作用是根据柴油机负荷及转速的变化对喷油泵的供油量进行自动调节，使柴油机能随负荷的变化稳定运行。

柴油机工作时，外界负荷经常变化，柴油机在外界负荷变化时应能具有较稳定的转速，但实际上喷油泵的速度特性(在油量调节拉杆位置不变时，供油量随转速变化的关系称为喷油泵的速度特性)无法满足这一要求。车用柴油机在运行时，由于路面的变化，负荷随之改变，此时转速也必然变化，要想维持原来的转速不变，就必须在负荷变化时增大喷油泵的供油量或减小喷油泵的供油量，但喷油泵在转速降低时，由于柱塞套回油孔的节流作用减小和柱塞副漏油量的增大，使得供油量也减小，由此必然使转速进一步降低，甚至熄火。反之，当外界负荷突然减小(如满载汽车从上坡行驶刚过渡到下坡行驶时)，则转速随之提高，应当减小喷油泵的供油量来保持原来的转速，但是喷油泵本身随转速上升而使柱塞套进油孔的节流作用增强和柱塞副漏油量减少，使喷油泵供油量反而上升，转速随之继续升高，发动机转速和供油量如此相互作用将导致发动机出现随负荷的变化使转速降低或升高的不良现象。因此要想维持柴油机稳定运转，就必须采用调速器这一专门装置来保证发动机在要求的转速范围内，随着柴油机负荷的变化而自动调节供油量，以满足汽车行驶的要求。

调速器通常可按其功能和转速传感的不同进行分类。

1. 按功能分类

(1)两极调速器　用于转速变化较频繁的柴油机，只稳定和限制柴油机的最低和最高转速。柴油机的工作转速由驾驶员通过加速踏板直接操纵喷油泵油量调节机构决定。

(2)全程调速器　用于负荷变化较大的柴油机，能控制从怠速到最高限制转速范围内任何转速下的喷油量，以维持柴油机在给定的任意转速下稳定运转，如用在拖拉机、工程机械、矿用车辆、船舶等。

(3)单速调速器　多用于工业用柴油机，如发电机所用的柴油机，要求其工作转速几乎是固定不变的，使用单速调速器后，喷油泵能随负荷变化自动控制喷油量以维持柴油机在所设定转速下稳定运转。

(4)综合调速器　此类调速器构造与全程调速器相似，调速器只控制最低与最高转速，但也兼备全程调速器的功能。

2. 按转速传感分类

(1)气动式调速器　利用膜片感知进气管真空度的变化，自动调节供油量以达到调速的目的。此种调速器结构简单，在各种转速下均能进行调速作用，属于全程调速器，多用于小功率柴油机。

(2)机械离心式调速器　利用喷油泵凸轮轴的旋转，使飞块产生离心力实现调速作用。此种调速器结构虽复杂，但工作可靠，性能良好，故在各种柴油机上得到广泛应用。

(3)复合式调速器　同时利用气动作用和机械离心作用自动控制供油量，而实现柴油机的调速。

知识点 2　喷油泵的拆卸、装配与调整技术

一、喷油泵的拆卸

拆卸喷油泵时,可按下列步骤进行:

(1)转动凸轮轴,当凸轮处于上止点时,用插片插入挺柱体部件的正时螺钉与正时螺母之间,采用垫片结构的油泵则用销钉锁住挺柱上的销孔,拆去轴承侧盖,取出凸轮轴,如图 4-19 所示。

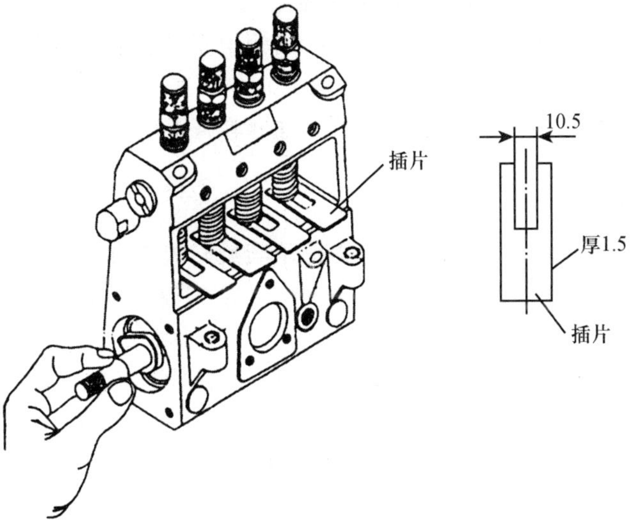

图 4-19　凸轮轴拆卸图(单位:mm)

(2)拆去油底塞及油底塞垫片,用挺柱顶持器顶起挺柱部件,拔出插片或销钉,取出挺柱部件,如图 4-20 所示。

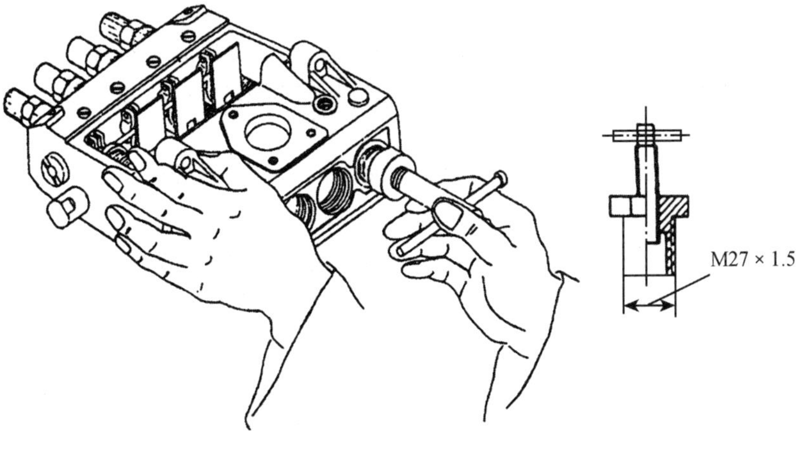

图 4-20　挺柱顶持器(单位:mm)

(3)取出弹簧下座、柱塞弹簧、弹簧上座、油量控制套筒部件,旋出齿杆定位螺钉,取出调节齿杆。

(4)旋出出油阀接头,用专用工具取出出油阀偶件,再取出柱塞偶件。

二、喷油泵的装配与调整

装配前必须对零部件进行清洗、检验。装配顺序与分解顺序相反。

(1)装配调节齿杆,A 型泵调节齿杆中心位置是 17.5 mm(由泵体驱动端测量)。

(2)安装柱塞套时,有定位槽的一面对准喷油泵体上的定位销。

(3)安装出油阀及其压紧座。拧紧力应适度,过紧会引起泵体开裂,柱塞咬死,密封垫破碎,齿杆卡滞等;过松会引起密封不良而泄漏柴油。

(4)装配调节齿圈,调节齿圈套在控制套筒上,槽中心对准小孔,调节齿杆位置记号与泵体侧面齿杆外套对齐。

(5)装配柱塞弹簧上座、柱塞弹簧,将柱塞及柱塞弹簧下座平稳装入柱塞套,注意装配记号朝向盖板。

(6)装滚轮体总成。

(7)装凸轮轴,凸轮轴装入泵体前,应先弄清楚其旋转方向和喷油顺序,以免装错,固定好中间轴,两端均匀装垫圈和调整垫,每边 0.65~0.95 mm,轴向间隙 0.02~0.1 mm。

(8)安装油底塞垫片和油底塞。

(9)安装结束后,齿杆在任何情况下都应滑动自如,并检查各缸供油次序是否正确。

三、两极调速器的拆卸

拆卸调速器之前,应先记录好调整数据,准备好必要的工具,拆卸场所应清洁,拆下的零件应用汽油清洗,依次排列,各零件配合面严禁碰撞划伤。

拆卸程序如下:

(1)将外表油污擦拭干净,拧下调速器壳底部的放油螺堵,放净润滑油。

(2)用专用扳手取出怠速装置。

(3)退出速度调整螺栓,以放松调速弹簧预紧力。

(4)拆下紧固后壳螺栓,分开前后壳,注意前后壳之间有橡胶石棉垫片,切勿损坏。

(5)取下启动弹簧,然后取下后壳总成(切勿在启动弹簧脱开前过分拉开后壳,以免拉坏启动弹簧)。

(6)取出速度调定杠杆、调速弹簧,从后壳里面拧出速度调整螺栓。

(7)从支持杠杆里脱出滑块,把导动杠杆总成整体从后壳总成中取出。

(8)拆下控制杠杆,从后壳中取出曲柄偏心轴,取下开口挡圈,即能卸下拨叉。

(9)用飞块拆卸专用工具从凸轮轴上拆出飞块部件。

四、两极调速器的装配

调速器的装配按照拆卸的逆顺序进行,但应特别注意以下几点:

(1)飞块部件在凸轮轴上的紧固力矩约 60 N·m。

(2)支持杠杆装配时,注意宽槽与窄槽安装的零件。

(3)导动杠杆上、下面孔中各有一衬套,切勿漏装。

(4)前后壳之间的橡胶石棉垫片厚度为 0.5 mm,装配时两面均需涂上密封胶。

任务四 输油泵的拆卸、装配与试验

【任务目标】

✓ **知识目标**

1. 掌握输油泵的结构与工作原理；
2. 掌握废气涡轮增压器的结构与工作原理；
3. 掌握输油泵拆卸、装配的理论知识。

✓ **能力目标**

1. 能够规范使用设备、工具；
2. 能够拆卸输油泵；
3. 能够装配输油泵；
4. 能够试验输油泵的性能。

✓ **素质目标**

1. 严格执行输油泵拆卸、装配与试验的安全操作规范；
2. 严格执行输油泵拆卸、装配与试验的“6S”管理规范；
3. 培养团队协作意识、责任意识和爱岗敬业精神；
4. 培养学生自主学习、归纳总结、语言表达的能力；
5. 培养学生对“三农”发展的信心。

【任务工单】

任务工单见表 4-4。

表 4-4 输油泵的拆卸、装配与试验任务工单

专业			操作时长	40 分钟		
班级			机型	农机 4 缸柴油发动机、输油泵		
学号			时间	年 月 日		
姓名			成绩			
输油泵的拆卸、装配与试验作业表						
序号	作业内容	作业要点	配分	评分标准	得分	备注
1	安全文明生产	(1)做好操作前的准备,包括检查和备齐所需的工具、量具与零件、设备； (2)遵守安全操作规程,正确使用工具,操作现场整洁	10	未达到要求,1 次扣 2 分,扣完为止		
2	输油泵的拆卸	(1)卸前用手推压滚轮做往复运动,判断活塞弹簧工作是否正常； (2)拔出挺柱、顶杆,拆下手泵部件和出油管接头； (3)取出活塞弹簧及活塞、拆卸输油泵部件	20	未能正确操作,1 次扣 2 分,扣完为止		

续表4-4

序号	作业内容	作业要点	配分	评分标准	得分	备注
3	输油泵的装配	(1)按拆卸的逆顺序装配输油泵； (2)装配过程中注意保持清洁； (3)活塞、顶杆、滚轮体装配时，表面涂抹适量机油润滑	30	未能正确操作，1次扣2分，扣完为止		
4	输油泵的试验	(1)总成密封检查：堵住出油口，向进油口供入0.4 MPa的压缩空气，然后把输油泵浸入柴油中，历时2 min，不得漏气； (2)输油泵性能检查，压动输油泵观察供油性能	30	未能正确操作，1次扣2分，扣完为止		
5	技术要求	(1)装配前须对零部件进行清洗、检验； (2)遵守安全操作规程，正确使用工具，操作现场整洁	10	未达到要求，1次扣2分，扣完为止		
评分说明		(1)工具及零件掉在地上每次扣1分； (2)量具掉在地上每次扣3分； (3)因操作失误造成零件及工具、量具损坏每次扣2分； (4)违反安全操作规程每次扣1～3分； (5)因违规操作发生重大人身或设备事故，按零分计				
学生签字			教师签字			

【相关知识点】

知识点1　柴油机燃料供给系统辅助装置

微课4-5　燃油供给系统的辅助装置

一、输油泵

1. 输油泵的作用和组成

输油泵的作用是将燃油从油箱内吸出，经燃油滤清器滤清后输送给喷油泵足够数量及一定压力的燃油。输油泵有活塞式、膜片式、齿轮式和叶片式等几种。活塞式输油泵由于工作可靠，目前广泛应用，如图4-21所示，主要由泵体、机械油泵总成、输油泵总成和油道等组成。

机械油泵总成由滚轮部件(包括滚轮、滚轮轴和滚轮架)、顶杆、活塞和弹簧等组成。

输油泵总成由泵体、活塞、手柄和弹簧等组成。

2. 输油泵的工作原理

如图4-22所示，喷油泵凸轮轴转动时，轴上的偏心轮驱动滚轮、滚轮架、推杆和活塞向下运动。泵腔Ⅰ内容积减小，油压升高，进油阀被关闭，出油阀被压开，柴油由泵腔Ⅰ通过出油阀流向泵腔Ⅱ。当喷油泵凸轮轴上的偏心轮转过时，在活塞弹簧的作用下，推动活塞向上运动，

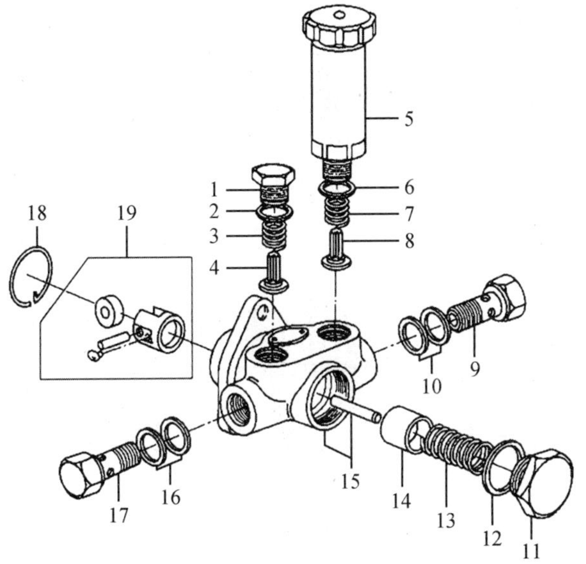

1、11. 螺塞 2、6、10、12、16. 垫片 3、7. 油阀弹簧 4. 出油阀 5. 输油泵 8. 进油阀 9. 进油螺钉 13. 活塞弹簧 14. 活塞 15. 顶杆 17. 出油螺钉 18. 卡环 19. 滚轮体

图 4-21 CA6110 型输油泵分解图

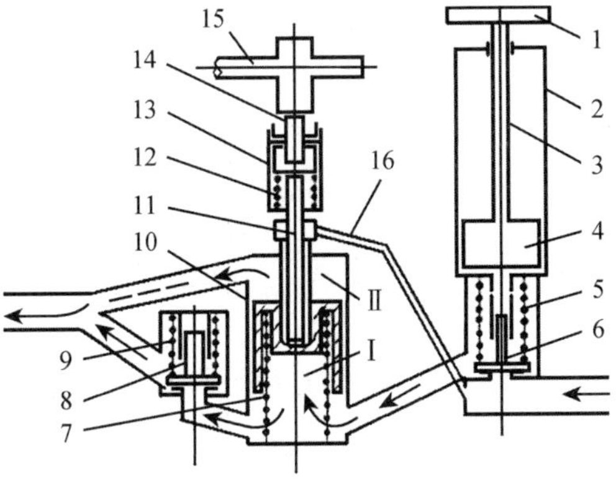

1. 手柄 2. 输油泵体 3. 输油泵杆 4. 输油泵活塞 5. 进油阀弹簧 6. 进油阀 7. 活塞弹簧 8. 出油阀 9. 出油阀弹簧 10. 活塞 11. 推杆 12. 滚轮弹簧 13. 滚轮架 14. 滚轮 15.喷油泵凸轮轴 16. 回油道

图 4-22 输油泵工作原理

泵腔Ⅱ内的油压升高，出油阀关闭，泵腔Ⅱ内的柴油经出油管输出；同时，由于泵腔Ⅰ内的容积增大，形成一定的真空度，将进油阀吸开，柴油经进油管和进油阀被吸入泵腔Ⅰ。

二、柴油滤清器

柴油在运输和贮存过程中难免会混入杂质和水分，若贮存较久，胶质还会增多，每吨柴油中的机械杂质含量多达 100～250 g，这会对燃油供给系统精密偶件产生极大危害，将会导致运动阻滞、磨损加剧，造成各缸供油不均、功率下降和油耗率增加。柴油中的水分将引起零件锈蚀，胶质可能导致精密偶件卡死。为保证喷油泵和喷油器可靠地工作，延长使用寿命，除使用前将柴油严格沉淀过滤外，在柴油机供油系统中还采用了滤清器，以便滤除柴油中的机械杂质和水分。

柴油滤清器有两种形式：一种为单级纸质滤清器（滤芯型号为 C0810）；另一种为双级旋装式滤清器（滤芯型号为 X0710）。

目前车用柴油机多数采用的是双级旋装式滤清器（滤芯型号为 X0710）。图 4-23 是 CA6110 型柴油滤清器总成。由输油泵来的柴油先进入第一级滤清器的外腔，穿过滤芯后进入内腔，再经盖内油道流向第二级滤清器，从而保证更好的滤清效果。

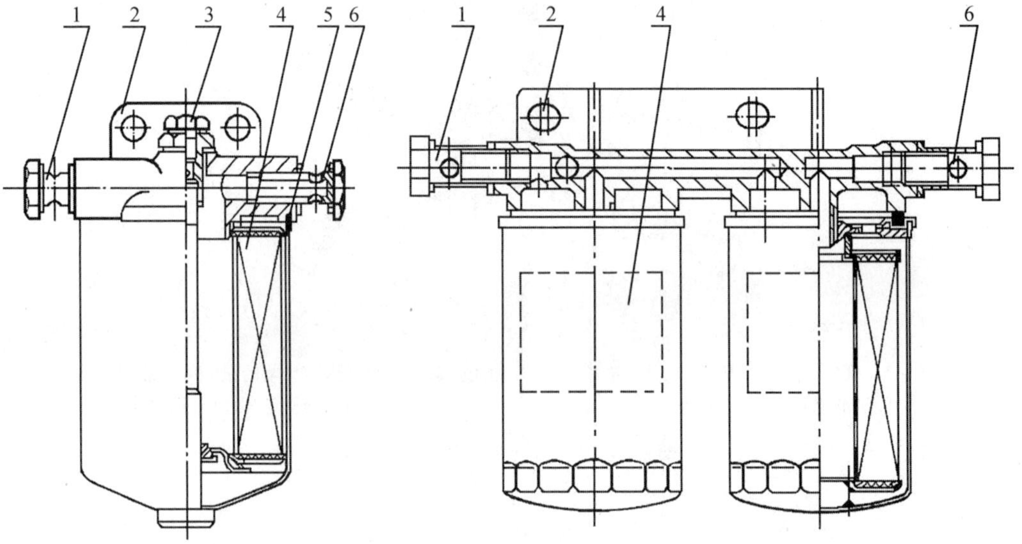

a. 单级纸质滤清器　　b. 双级旋装式滤清器

1. 进油接头　2. 底座　3. 放气螺钉　4. 滤芯　5. 壳体　6. 出油接头

图 4-23　两种形式的柴油滤清器

柴油滤清器的滤芯材料有棉布、绸布、毛毡、金属网及纸质等。纸质滤芯具有流量大、阻力小、滤清效果好、成本低等优点，目前被广泛采用。

柴油滤清器可以过滤燃油系统中的有害杂质和水分，保护发动机正常运行，减少磨损，避免堵塞，并延长发动机使用寿命。柴油滤清器的更换周期为 5 000～10 000 km。

知识点 2　废气涡轮增压器

一、废气涡轮增压器

1. 涡轮增压器的作用

废气涡轮增压技术是指采用由柴油机排气驱动的涡轮机同轴驱动压气机，从而提高气压、增加充气量。

提高柴油机功率最有效的措施是增加充气量和供油量。实践表明，柴油机采用废气涡轮增压技术可提高功率 10%～30%，同功率油耗下降 3%～10%，由于涡轮增压发动机油气燃烧较完全，排烟浓度降低，废气中有害物质明显减少，有利于减少汽车排气污染。此外，由于燃烧压力升高率降低，发动机工作较柔和，噪声比较小。

废气涡轮增压技术目前已成为柴油机重要发展趋势之一并得到广泛的应用。

2. 涡轮增压器的结构

涡轮增压器利用发动机排出的废气的能量，驱动涡轮高速旋转，带动与涡轮同轴的压气叶轮高速旋转，压气机将空气压缩进入发动机的气缸，增加了发动机的充气量，可供更多的燃油完全燃烧，从而提高了发动机的功率，降低了燃油的消耗，同时由于燃烧条件的改善，减少了废气中有害物的排放，还可降低噪声。

在高原地区，由于空气稀薄，自然吸气的发动机功率将会下降，采用涡轮增压器可补偿下降的功率。

目前，国内外使用的一种典型的车用柴油机径流脉冲式废气涡轮增压器的结构如图 4-24 所示。它由涡轮壳、中间壳、压气机壳、转子轴和浮动轴承等主要零件组成。

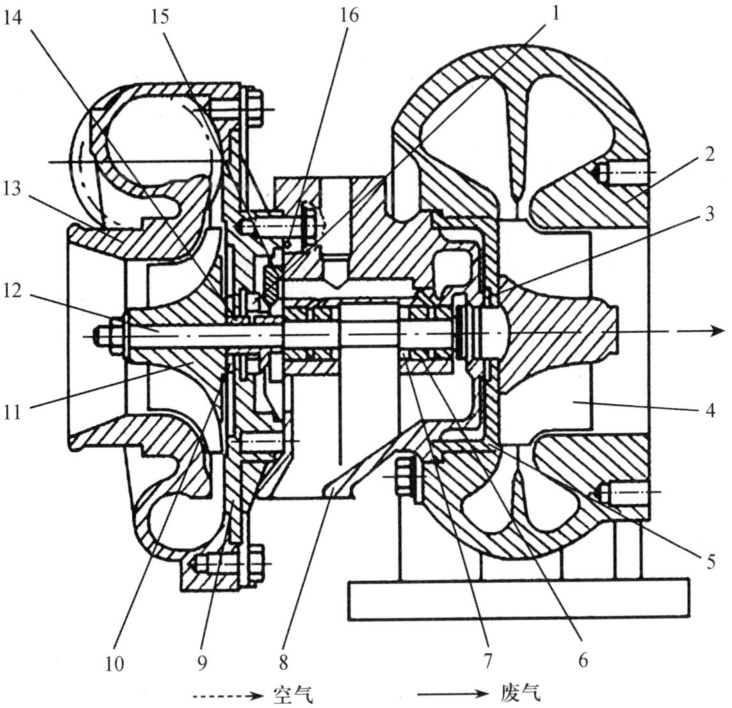

1. 推力轴承　2. 涡轮壳　3. 密封环　4. 涡轮　5. 隔热板　6. 浮动轴承　7. 卡环　8. 中间壳　9. 压气机后盖板
10. 密封环　11. 压气机叶轮　12. 转子轴　13. 压气机壳　14. 密封套　15. 膜片弹簧　16. “O” 形密封圈

图 4-24　废气涡轮增压器

涡轮壳与发动机排气管相连。压气机壳的进口通过软管接空气滤清器，出口则与发动机气缸相通。压气机壳与压气机后盖板之间的间隙构成压气机的扩压器，其尺寸可通过二者的选配来调整。转子体由转子轴、压气机叶轮和涡轮组成。涡轮焊接在转子轴上，压气机叶轮用螺母固定在转子轴上，转子轴则支承在两浮动轴承上高速旋转。转子轴高速旋转时，来自柴油机主油道并经精滤器再次滤清，润滑油充满浮动轴承与转子轴以及中间壳之间的间隙，使浮动轴承在内外两层油膜中随转子轴同时旋转，但其转速比转子轴低得多，从而使轴承对轴承孔和转子轴的相对线速度大大降低。

中间壳中设有密封件，以防止压气机端的压缩空气和涡轮端的废气漏入中间壳，同时防止中间壳的润滑油外漏。

二、增压器的使用与维护

为保证增压器正常工作，必须按下列要求进行安装。检查涡轮增压器型号是否与发动相匹配，用手转动增压器转子，如果叶轮滞转或有摩擦壳体的感觉，应查明原因后再安装增压器。检查空滤器是否清洁，空滤器不干净会引起增压器漏油。检查压气机进气管路和涡轮前发动机排气管道是否有杂物，以防杂物损坏叶轮。检查机油滤清器是否需要更换，更换后滤清器内应注满干净机油。检查增压器油管是否干净，进油管不能扭曲、堵塞。如果增压器进油口使用密封垫片，应检查垫片是否有腐蚀、变形现象，如有则更换垫片。检查机油是否干净，更换机油应在热态下进行，机油应使用发动机厂家指定牌号。

增压器安装到发动机上，暂不接油管，先从增压器进口加入干净的机油，并用手转动转子，使增压器轴承系统充满油后再连接进油管，安装增压器时，使用干净的发动机机油，注入进油口预润滑增压器，安装在发动机上时，中间壳的机油出口应向下，同时应使进油孔朝上，回油孔向下，进、回油孔中心线与垂直方向角度不大于 23°，中间壳位置定好后，拧紧涡轮端中间壳固定螺钉，压气机壳与涡轮不能相对转动。转动压气机壳使压气机壳出口能与发动机的排气管连接。

凡更换机油，机油滤清器或使用长期停放的发动机，启动发动机前应将增压器油管拆卸后注入润滑油或盘车数圈，预润滑增压器。启动发动机后，应怠速运转 3～5 min 再加负荷。运转中增压器进油压力应保持在 196～392 kPa。运转中注意增压器有无异响和明显振动。如有异响和明显振动应予排除。运转中注意增压器的油压、油温、涡轮进口温度及转速等均不得超过技术规范要求。

在高速及满负荷运转时，无特殊情况不可立即熄火，应逐步降速、降负荷，熄火前空转 5 min，以防因轴承缺油或机件过热而损坏增压器。严禁汽车采用“加速、熄火、空挡滑行”的操作方法。因为发动机在全负荷高温下突然熄火，润滑油泵停止工作，润滑油不能带走增压器内零件的热量，增压器将会因过热而损坏。

知识点 3　输油泵的拆卸、装配与试验技术

一、输油泵的拆卸

(1)拆卸前用手推压滚轮做往复运动，检查滚轮(及挺杆、顶杆偶件)和活塞的运动有无卡滞和行程过小现象，从活塞回弹能力强弱判别活塞弹簧工作是否正常。

(2)拔出挺柱、顶杆。

(3)拆下输油泵部件和出油管接头，取出进、出油口止回阀弹簧及止回阀。

(4)旋下输油泵螺塞，取出活塞弹簧及活塞。

(5)拆卸输油泵其余部件。

二、输油泵的装配与试验

1. 装配

按拆卸的逆序装配输油泵，在装配过程中注意保持清洁；活塞、顶杆、滚轮体装配时表面涂抹适量机油润滑；起密封作用的垫圈安装时应保证端面均匀。

2. 试验

(1)总成密封检查　堵住出油口,向进油口供入 0.4 MPa 的压缩空气,然后把输油泵浸入柴油中,历时 2 min,不得漏气。

(2)输油泵性能检查　压动输油泵观察供油性能。

项目五　柴油发动机共轨系统

项目目标

1. 掌握电控共轨系统的组成；
2. 能够进行传感器的检测；
3. 能够进行电控喷油器的检测。

项目任务

1. 传感器的检测；
2. 电控喷油器的检测。

任务一　传感器的检测

【任务目标】

✓ **知识目标**

1. 掌握柴油机共轨系统的概念；
2. 掌握共轨燃油系统的电控装置；
3. 掌握传感器检测的理论知识。

✓ **能力目标**

1. 能够规范使用设备、工具；
2. 能够进行传感器的检测。

✓ **素质目标**

1. 严格执行传感器检测的安全操作规范；
2. 严格执行传感器检测的“6S”管理规范；
3. 培养团队协作意识、责任意识和爱岗敬业精神；
4. 培养学生自主学习、归纳总结、语言表达的能力；
5. 培养学生对“三农”发展的信心。

【任务工单】

任务工单见表 5-1。

表 5-1　传感器的检测任务工单

专业		操作时长	40 分钟
班级		机型	农机 4 缸电控发动机

续表5-1

学号			时间	年　月　日		
姓名			成绩			
传感器的检测作业表						
序号	作业内容	作业要点	配分	评分标准	得分	备注
1	安全文明生产	(1)做好操作前的准备,包括检查和备齐所需的工具、量具与零件、设备; (2)遵守安全操作规程,正确使用工具,操作现场整洁	10	未达到要求,1次扣2分,扣完为止		
2	曲轴位置传感器	(1)正确连接柴油发动机解码仪; (2)读取发动机转速数据流; (3)查看曲轴位置传感器相关数据	20	未能正确操作,1次扣2分,扣完为止		
3	凸轮轴位置传感器	(1)正确连接柴油发动机解码仪; (2)读取发动机转速数据流; (3)查看凸轮轴位置传感器相关数据	20	未能正确操作,1次扣2分,扣完为止		
4	加速位置传感器	(1)正确连接柴油发动机解码仪; (2)读取发动机转速数据流; (3)查看加速位置传感器相关数据	20	未能正确操作,1次扣2分,扣完为止		
5	冷却液温度传感器	(1)正确连接柴油发动机解码仪; (2)读取发动机转速数据流; (3)查看冷却液温度传感器相关数据	20	未能正确操作,1次扣2分,扣完为止		
6	技术要求	(1)准确找到各传感器的安装位置; (2)遵守安全操作规程,正确使用工具,操作现场整洁	10	未达到要求,1次扣2分,扣完为止		
评分说明		(1)工具及零件掉在地上每次扣1分; (2)量具掉在地上每次扣3分; (3)因操作失误造成零件及工具、量具损坏每次扣2分; (4)违反安全操作规程每次扣1～3分; (5)因违规操作发生重大人身或设备事故,按零分计				
学生签字			教师签字			

【相关知识点】

知识点1　柴油机共轨系统概述

现代柴油机对进一步降低油耗、减少废气排放和降低噪声的要求越来越高。满足这些条件需要喷油系统具有很高的喷油压力、非常灵活的控制柔性、极准确的喷油过程和计量极精确的喷油量。在这种情况下,电控高压共轨系统应运而生。

微课5-1　柴油机共轨系统概述

高压共轨的含义是几个喷油器共用一个高压轨，轨内的压力由高压泵建立。在此喷油系统中，消除了传统供油系统中压力的产生与燃油喷射的相互影响，喷油压力的产生不完全依赖发动机转速与喷油量，燃油在压力下贮存在高压油轨中随时准备喷油。高压共轨电控柴油机的工作完全由电控单元(ECU)控制。ECU 根据当前发动机的转速、水温、大气压力及油门位置等情况确定发动机的运行工况。

高压共轨电控系统为发动机提供了理想的空气和燃油混合条件，使得柴油机排放能满足相关标准。

一、共轨系统的优点

(1)共轨系统发动机在全部的工作范围内均可以实现高压喷射，喷射压力比一般直列泵高出 1 倍，最高可达 200 MPa。因此，发动机有更高的功率输出和更低的尾气排放。

(2)燃油喷射压力完全独立于发动机转速，在低速低负荷工况下同样可以实现高压喷射，改善了发动机低速低负荷时的性能。

(3)系统通过对燃油喷射速率的控制，可以实现预喷射或多次预喷射，调节喷油速率，实现理想的喷油规律，对降低油耗和整机的噪声、改善排放都有好处。

(4)自由调节喷油定时和喷油量，可进一步提高发动机性能。

图 5-1　共轨式柴油发动机示意图

(5)具有良好的喷射特性，可以优化燃烧过程，使发动机油耗、噪声、烟度和排放等性能指标得到明显改善，同时有利于改进发动机的扭矩特性，实现低速时的大扭矩。

(6)通过各种传感器采集信号，经过 ECU 按照预定公式进行计算后，发出指令给各执行器，精确地计算出实时的喷油量、喷油时刻、喷油速率及喷油压力。

一个典型的高压共轨发动机的燃油系统构成如图 5-1 所示。

共轨式柴油发动机作为发动机本体，与其他类型的柴油发动机无任何区别，只是燃油供给系统有本质上的不同。共轨式柴油发动机使用燃油泵将低压油泵成中压油或高压油，然后将中压或高压油送入主油道，这个主油道被称之为共轨。储存在共轨中的稳定的中压柴油或高压柴油，再由共轨分别送入各缸喷油器。由此可知，共轨的一个最突出的特点就是取消了凸轮。

二、共轨系统的分类

微课 5-2　共轨式发动机控制系统

共轨系统分高压共轨和中压共轨。

1. 高压共轨

高压共轨是将柴油用油泵升压至 150 MPa，然后将高压的柴油送入一个储油的专用通道。因共轨内储存的柴油压力超高，所以共轨均用 10～12 mm 管径的锻造钢管，各缸喷油器均与此钢管(即称之为共轨的油道)相通。只要电控单元按点火顺序控制安装在各缸喷油器中的电磁阀通断电，便可使喷油器针阀进行开闭，高压柴油便以良好的雾化质量喷入各缸。其典型代表有：

(1)德国 BOSCH 集团开发的第四代高压共轨式喷油系统，其喷油压力增大到 220 MPa。

(2)日本电装公司开发的 ECD-U2 电控高压共轨式喷油系统。

2. 中压共轨

中压共轨是用机油泵将机油泵至 10～20 MPa 的压力，然后将其送入铸造在气缸盖上的油道(即共轨)内。由电控单元控制各缸喷油器上的电磁阀，按点火顺序和喷油提前角，将机油送入喷油器的高压柱塞腔，推动柱塞将喷油器内待命的柴油进行二次升压，高压柴油打开喷油器针阀，将高压柴油喷入各缸。其典型代表有：

(1)美国卡特彼勒公司开发的 HEUI 型电控喷油系统，用共轨油道内的中压机油来驱动燃油增压机构。最大喷油压力可达到 150 MPa。

(2)美国 BKM 公司开发的 Servojet 型电控喷油系统，用共轨油道内的中压燃油来驱动燃油增压机构。最大喷油压力超过 150 MPa。

知识点 2　共轨燃油系统的电控装置

共轨燃油系统的柴油机，其电控装置由传感器、ECU、执行器三部分组成。传感器部分用于采集发动机运行状况，它们将各种不同的物理参数转变为电信号。ECU 是整个电控系统的大脑，根据各种传感器的输入信号，由 ECU 经过比较、运算、处理后，计算得出最佳喷油时间和喷油量，向喷油器控制阀(电磁阀)发出开启或关闭指令，从而精确控制发动机的工作过程。执行器主要包括喷油器、喷油控制阀(电磁阀)、泵油控制阀(电磁阀)、蓄压器压力控制阀等。

微课 5-3　共轨燃油系统的电控装置

一、传感器

柴油机共轨燃油系统的各种传感器的功能见表 5-2。

表 5-2　共轨燃油系统各传感器的功能

传感器名称	功能描述
曲轴位置传感器	检测曲轴转角和输出柴油机转速信号
汽缸识别传感器	识别汽缸
凸轮轴位置传感器	检测凸轮轴位置
加速位置传感器	检测加速踏板的开度
进气温度传感器	检测进气(通过涡轮增压器后)温度
冷却液温度传感器	检测柴油机冷却液温度
燃油温度传感器	检测燃油温度
进气压力传感器	检测进气压力
大气压力传感器	检测大气压力

二、典型传感器工作原理

1. 温度传感器

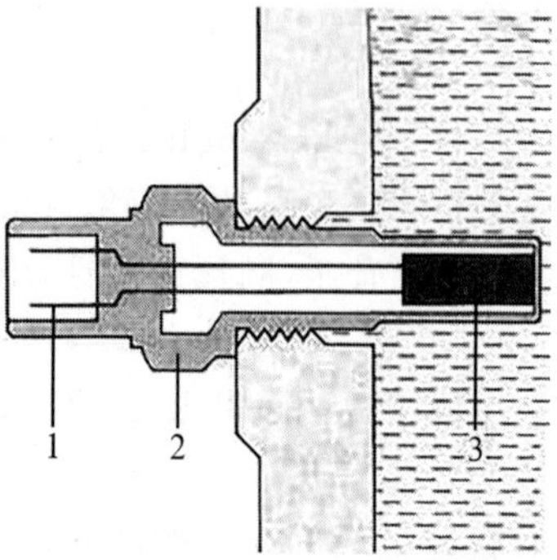

1. 电插头　2. 传感器外壳　3. 负温度系数(NTC)电阻

图 5-2　冷却水温度传感器

温度传感器如图 5-2 所示，可用在多个地方。用在冷却水回路中，以便从冷却水温度推算发动机的温度；用在进气道中，以测定吸入空气的温度；用在机油中，以测定机油温度(可选装)；用在燃油回路中，以测定燃油温度。

温度传感器中有一个电阻值随温度而变的负温度系数电阻，它是用 5 V 电压供电的一个分压器电路的一部分，其电压是温度的尺度，经模拟-数字转换器输入 ECU。在 ECU 的微处理器中存有一条负温度系数电阻特性曲线，对任何一个电压都给出相应的温度。

2. 加速器位置传感器

加速器位置传感器，如图 5-3 所示，可将加速踏板开度转换为电子信号，并将其输出到发动机控制器。用于柴油发动机的加速器位置传感器为非接触型传感器，有连杆与加速踏板一起转动，输出端子电压根据连杆转动角度而变化。

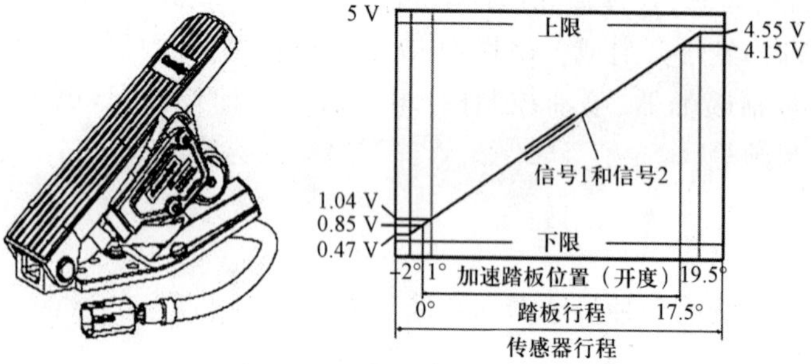

图 5-3　加速器位置传感器

任务二　电控喷油器的检测

【任务目标】

✓ **知识目标**

1. 掌握发动机共轨系统组成；
2. 掌握发动机共轨系统的主要零部件；
3. 掌握电控喷油器的结构。

✓ **能力目标**

1. 能够规范使用设备、工具；
2. 能够进行电控喷油器的检测。

✓ **素质目标**

1. 严格执行电控喷油器检测的安全操作规范；
2. 严格执行电控喷油器检测的“6S”管理规范；
3. 培养团队协作意识、责任意识和爱岗敬业精神；
4. 培养学生自主学习、归纳总结、语言表达的能力；
5. 培养学生对“三农”发展的信心。

【任务工单】

任务工单见表 5-3。

表 5-3　电控喷油器的检测任务工单

专业			操作时长	180 分钟		
班级			机型	农机 4 缸柴油发动机		
学号			时间	年　月　日		
姓名			成绩			
电控喷油器的检测作业表						
序号	作业内容	作业要点	配分	评分标准	得分	备注
1	安全文明生产	(1)做好操作前的准备,包括检查和备齐所需的工具、量具与零件、设备； (2)遵守安全操作规程,正确使用工具,操作现场整洁	10	未达到要求,1 次扣 2 分,扣完为止		
2	选择仪器设备	(1)选择 EPS200 测试喷油器性能； (2)选择喷油器供应商； (3)选择喷油器型号	20	未能正确操作,1 次扣 2 分,扣完为止		
3	测试项目	(1)滴漏测试； (2)全负荷喷油测试； (3)预喷射流测试； (4)怠速工况喷射测试	30	未能正确操作,1 次扣 2 分,扣完为止		
4	测试结果	(1)记录测试数据； (2)判断喷油器性能	30	未能正确操作,1 次扣 2 分,扣完为止		
5	技术要求	(1)遵守安全操作规程； (2)正确使用工具,操作现场整洁	10	未达到要求,1 次扣 2 分,扣完为止		
评分说明		(1)工具及零件掉在地上每次扣 1 分； (2)量具掉在地上每次扣 3 分； (3)因操作失误造成零件及工具、量具损坏每次扣 2 分； (4)违反安全操作规程每次扣 1～3 分； (5)因违规操作发生重大人身或设备事故,按零分计				
学生签字			教师签字			

【相关知识点】

知识点 1　柴油发动机共轨系统的组成及主要零部件

柴油发动机共轨系统包括低压油路、高压油路和电子控制系统，其基本组成如图 5-4 所示。

微课 5-4　柴油发动机共轨系统的组成及主要零部件

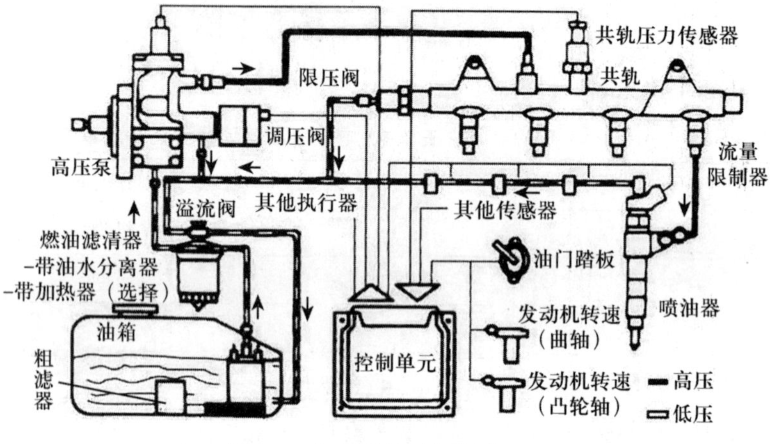

图 5-4　柴油共轨系统组成

一、低压油路

柴油共轨系统的低压供油部分包括燃油箱、输油泵、燃油滤清器及低压油管等。其主要组成部件如图 5-5 所示。

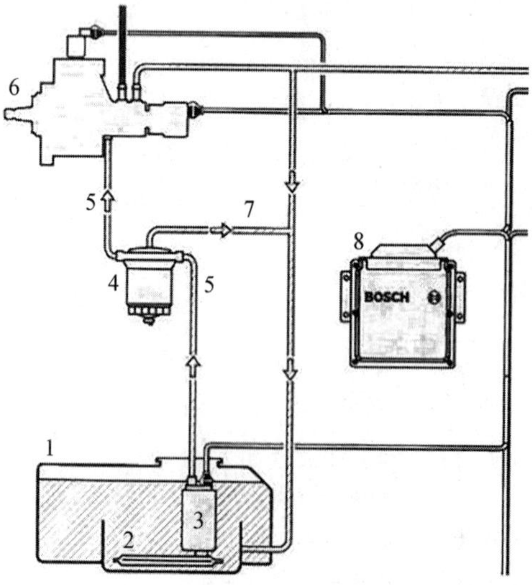

1. 燃油箱　2. 滤网　3. 输油泵　4. 燃油滤清器　5. 低压油管
6. 高压泵低压部分　7. 回油管　8. ECU

图 5-5　低压油路部分

1. 燃油箱

燃油箱必须抗腐蚀，且至少能承受2倍的实际工作油压，并在不低于0.03 MPa压力的情况下仍保持密封。如果油箱出现超压，需经过适当的通道和安全阀自动卸压。

2. 输油泵

输油泵的任务是在任何工况下，为燃油提供所需的压力，并在整个使用期内，向高压泵提供足够的燃油。

目前输油泵有2种类型，即电动输油泵（滚子叶片泵）和机械驱动的齿轮泵。

3. 燃油滤清器

燃油中的杂质可能使泵油元件、出油阀和喷油嘴损坏，因此使用满足喷油系统要求的燃油滤清器是保证发动机正常工作和延长使用寿命的前提条件。通常燃油中会含有化合形态（乳浊液）或非化合形态（温度变化引起的冷凝水）的水。如果这些水进入喷油系统，会对其产生腐蚀并造成损坏，因此与其他喷油系统一样，共轨喷油系统也需要带有集水槽的燃油滤清器，每隔适当时间必须将水放掉。

4. 低压油管

低压供油部分，除采用钢管外还可使用阻燃的包有钢丝编织层的柔性管。油管的布置必须能够避免机械损伤，并且在其上滴落的燃油既不能聚积，也不会被引燃。

二、高压油路

共轨系统的高压油路部分包括高压泵、高压油管、共轨管（带有共轨管压力传感器）、限压阀和流量限制器、喷油器、回油管等，如图5-6所示。

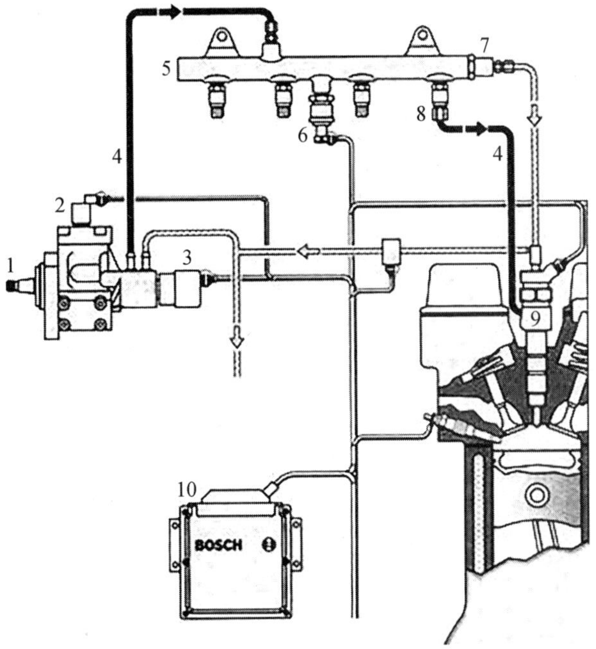

1. 高压泵　2. 柱塞偶件切断电磁阀　3. 调压阀　4. 高压油管　5. 共轨管
6. 共轨管压力传感器　7. 限压阀　8. 流量限制器　9. 喷油器　10. ECU

图5-6　高压油路部件

1. 高压泵

高压泵如图 5-7 所示，位于低压部分和高压部分之间，它的任务是在车辆所有工作范围和整个使用寿命期间，在共轨中持续产生符合系统压力要求的高压燃油，以及提供快速启动过程和共轨中压力迅速升高时所需的燃油储备。高压泵将燃油压送到共轨的压力为 135 MPa，高压燃油经高压油管进入管状的共轨中。

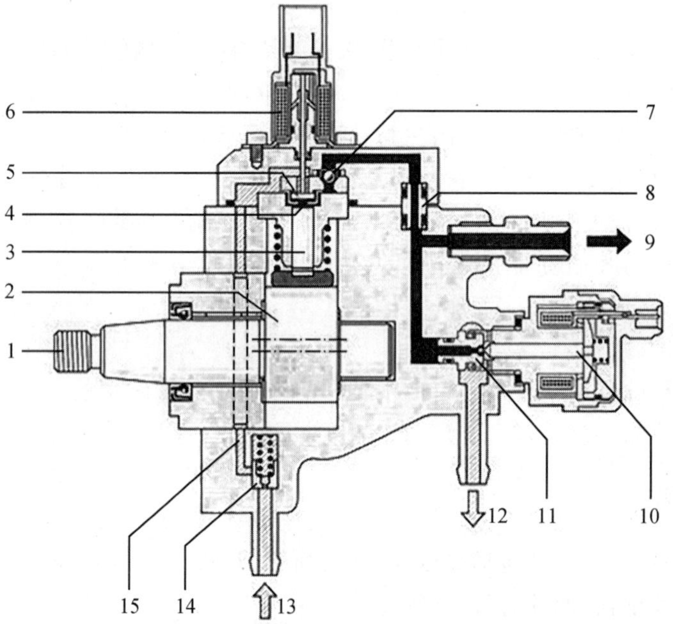

1. 驱动轴 2. 偏心凸轮 3. 柱塞泵油元件 4. 柱塞腔 5. 吸油阀 6. 柱塞偶件切断电磁阀 7. 排油阀 8. 密封件 9. 通向共轨的高压接头 10. 调压电磁阀 11. 球阀 12. 回油口 13. 进油口 14. 带节流孔的安全阀 15. 通往泵油元件的低压通道

图 5-7 高压泵纵剖面示意图

高压泵通常像普通分配泵那样装在柴油机上，以齿轮、链条或齿形皮带连接在发动机上，依靠燃油润滑。依安装空间大小，调压阀通常直接装在高压泵旁或固定在共轨上。燃油是由高压泵内 3 个相互成 120°径向布置的柱塞压缩的。由于每转 1 圈有 3 个供油行程，因此驱动峰值扭矩小，泵驱动装置载荷均匀。驱动扭矩为 16 N・m，仅为同等级分配泵所需驱动扭矩的 1/9 左右，所以共轨喷油系统对泵驱动装置的驱动要求比普通喷油系统低，泵驱动装置所需的动力随共轨压力和泵转速(供油量)的增加而增加。

燃油通过输油泵加压经带水分离器的滤清器送往安全阀，通过安全阀上的节流孔将燃油压到高压泵的润滑和冷却回路中。带偏心凸轮的驱动轴或弹簧根据凸轮形状相位的变化而将泵柱塞推上或压下。如果供油压力超过了安全阀的开启压力(0.05～0.15 MPa)，则输油泵可通过高压泵的进油阀将燃油压入柱塞腔(吸油行程)。当柱塞达到下止点后而上行时，则进油阀被关闭，柱塞腔内的燃油被压缩，只要达到共轨压力就立即打开排油阀，被压缩的燃油进入高压回路。到上止点前，柱塞一直泵送燃油(供油行程)。达到上止点后，压力下降，排油阀关闭。柱塞向下运动时，剩下的燃油降压，直到柱塞腔中的压力低于输油泵的供油压力时，吸油阀再次被打开，重复进入下一工作循环。

由于高压泵是按高供油量设计的，在怠速和部分低负荷工作状态下，被压缩的燃油会有冗余。通常这部分冗余的燃油经调压阀流回油箱，但由于被压缩的燃油在调压阀出口处压力降低，压缩的能量损失而转变成热能，使燃油温度升高，从而降低了总效率。若泵油量过多，使柱塞泵空，切断供应高压燃油可使供油效率适应燃油的需要量，可部分补偿上述损失。

柱塞被切断供油时，送到共轨中的燃油量减少。因为在柱塞偶件切断电磁阀时，装在其中的衔铁销将吸油阀打开，从而使供油行程中吸入柱塞腔中的燃油不受压缩，又流回到低压油路，柱塞腔内不增加压力。柱塞被切断供油后，高压泵不再连续供油，而是处于供油间歇阶段，因此减少了功率消耗。

2. 调压阀

调压阀的任务是根据发动机的负荷状况调整和保持共轨中的压力：共轨压力过高时，调压阀打开，一部分燃油经回油管返回油箱；共轨压力过低时，调压阀关闭，高压端对回油管封闭。

调压阀安装有法兰，如图 5-8 所示，用以固定在高压泵或共轨上。衔铁销将钢球压在密封座上，以使高压端对低压端密封。一方面弹簧将衔铁销往下压；另一方面电磁线圈还对衔铁销有作用力。为进行润滑和散热，整个电磁阀周围都有燃油流过。

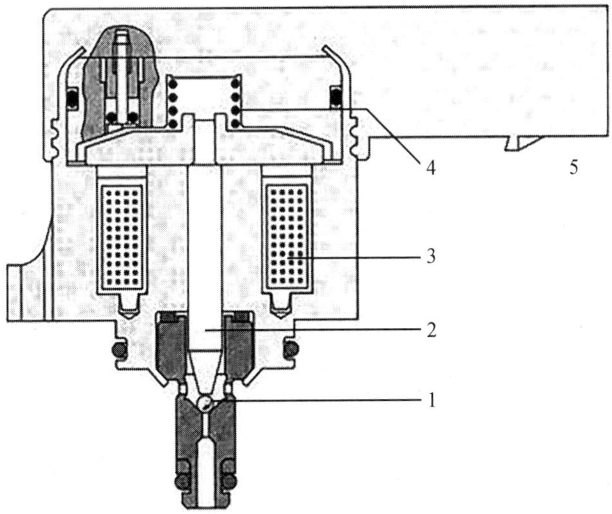

1. 球阀 2. 衔铁销 3. 电磁线圈 4. 弹簧 5. 电器接头

图 5-8 调压阀

调压阀有 2 个调节回路：低速电调节回路用于调整共轨中可变化的平均压力值；高速机械液压调节回路用于补偿高频压力波动。

共轨或高压泵出口处的高压燃油通过高压油进口作用在调压阀上。由于无电流的电磁线圈不产生作用力，燃油的高压力大于弹簧力，调压阀打开。根据供油量的大小，调压阀调整打开的开度。

如果要提高高压油路中的压力，就必须在弹簧力的基础上再建立电磁力。当电磁力和弹簧力与燃油高压力达到平衡时，调压阀停留在某个开启位置，燃油压力保持不变。泵油量的变化和燃油从喷油器中喷出时，调压阀通过不同的开度予以补偿。电磁阀的电磁力与控制电流成正比，而控制电流的变化通过脉宽调制来实现。脉宽的调制频率为 1 kHz，可避免衔铁销的运动干扰共轨中的压力波动。

3. 共轨油管

共轨油管如图 5-9 所示，它的任务是存储高压燃油，高压泵的供油和喷油所产生的压力波动由共轨的容积进行缓冲。在输出较大燃油量时，所有气缸共用的共轨压力也应保持恒定，从而确保喷油器打开时喷油压力不变。

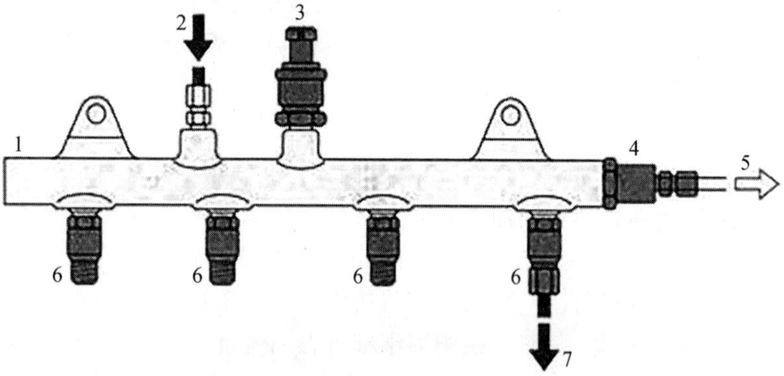

1. 共轨　2. 高压进油口　3. 共轨压力传感器　4. 限压阀
5. 回油管　6. 流量限制器　7. 通往喷油器的高压油管

图 5-9　共轨结构图

共轨中通常注满了高压燃油，充分利用高压对燃油的压缩来保持存储压力，并用高压泵来补偿脉动供油所产生的压力波动，因此即使从共轨中喷射出燃油，共轨中的压力也近似为恒定值。

4. 共轨压力传感器

共轨压力传感器如图 5-10 所示，它的任务是以足够的精度、在较短的时间内测定共轨中燃油的实时压力，并向 ECU 提供相应的电压信号。

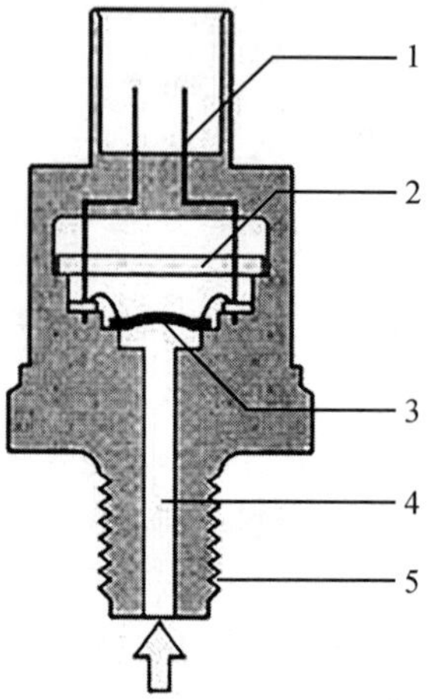

1. 电气接头　2. 求值电路　3. 带有传感元件的膜片
4. 高压接头　5. 固定螺纹

图 5-10　共轨压力传感器

燃油经共轨中的一个孔流向共轨压力传感器，传感器膜片将孔末端封住。在压力作用下的燃油经压力室孔流向膜片。在此膜片上装有传感元件，可以将压力转换成电信号。通过一根连接导线将产生的信号传输到向 ECU 提供放大测量信号的求值电路。

共轨压力传感器的工作原理：当由共轨燃油压力引起膜片形状发生变化（150 MPa 时约为 1 mm）时，其上的电阻值会随之变化，并在用 5 V 电压供电的电阻电桥中产生电压变化。根据燃油压力的不同，电压在 0～70 mV，并由求值电路放大到 0.5～4.5 V。

精确测量共轨中的燃油压力是喷油系统正常工作所必需的。为此，压力传感器在测量压力时的允许偏差很小，在主要工作范围内测量精度为最大值的±2%。一旦共轨压力传感器失效，具有应急行驶功能的ECU将以某个固定的预定值来控制调压阀的开度。

5. 限压阀

限压阀的任务相当于安全阀，它限制共轨中的压力，当压力过高时打开放油孔卸压。共轨内允许的短时最高压力为150 MPa。

限压阀如图5-11所示，它是按机械原理工作的，它包括具有便于拧在共轨上的外螺纹的外壳、通往油箱的回油管接头、可活动的活塞、压力弹簧。

外壳在通往共轨的连接端有一个孔，此孔被外壳内部密封面上的锥形活塞头部关闭。在标准工作压力(135 MPa)下，弹簧将活塞紧压在座面上，共轨呈关闭状态。只有当超过系统最大压力时，活塞才受共轨中压力的作用而压缩，于是处于高压下的燃油流出。燃油经过通道流入活塞中央的孔，然后经回油管流回油箱。随着阀的开启，燃油从共轨中流出，结果降低了共轨中的压力。

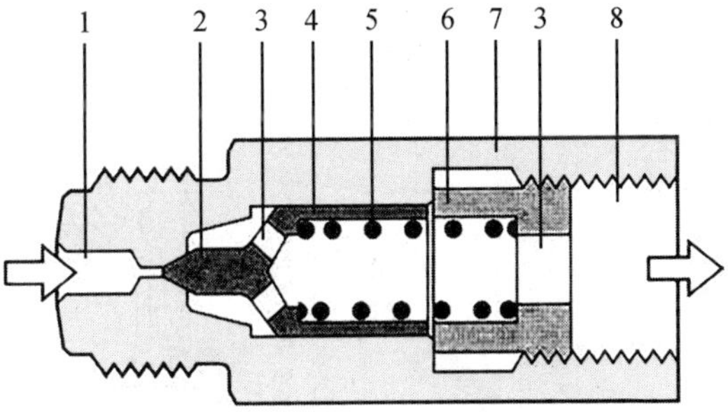

1. 高压接头　2. 锥形阀头　3. 通流孔　4. 活塞
5. 压力弹簧　6. 限位件　7. 阀体　8. 回油孔

图5-11　限压阀结构图

6. 流量限制器

流量限制器的任务是防止喷油器可能出现的持续喷油现象。为实现此任务，当从共轨中流出的油量超过最大油量时，流量限制器将流向相应喷油器的进油管路关闭。

流量限制器外壳上有外螺纹，一端拧装在共轨上，另一端的外螺纹用来拧入喷油器的进油管。外壳两端有孔，与共轨或喷油器进油管建立液压连接。压力弹簧将内部的活塞向共轨方向压紧，活塞对外壳壁部密封。活塞上的纵向孔连接进油和出油口，其直径在末端是缩小的，这种缩小结构的作用就像流量精确规定的节流孔一样。

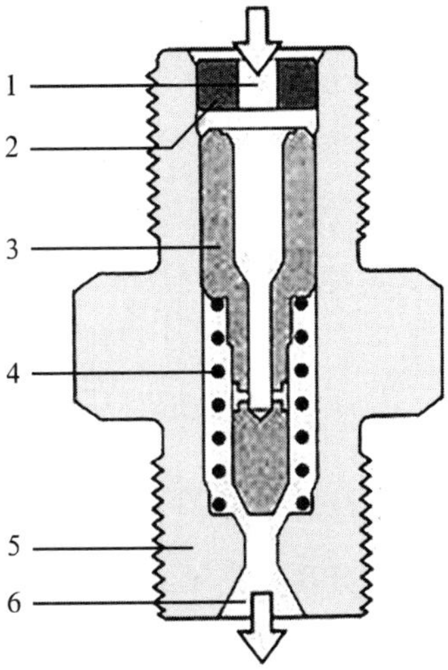

1. 通向共轨的接头　2. 限位件　3. 活塞　4. 压力弹簧
5. 外壳　6. 通向喷油器的接头

图5-12　流量限制器示意图

其正常工作状态如图5-12所示，活塞处在静止位置，即在共轨端的限位件上。一次喷油后，喷油器端的压力下降，活塞向喷油器方向运动。活塞压下的容积补偿了喷油器喷出的燃油容积。在喷油终止，活塞停止运动，不关闭密封座面，弹簧将活塞推回到静止位置，燃油经节流孔流出。

泄油量过大的故障工作状态：由于流过的油量大，活塞从静止位置被推向出油端的密封座面，一直到发动机停机时靠到喷油器端的密封座面上，从而关闭通往喷油器的进油口。

泄油量过小的故障工作状态：由于产生泄油，活塞不再能达到静止位置。经过几次喷油后，活塞向出油处的密封座面移动，并停留在一个位置上，一直到发动机停机时靠到喷油器端的密封座面上，从而关闭通往喷油器的进油口。

知识点2　电控喷油器

柴油发动机共轨系统的喷油始点和喷油量用电子控制喷油器进行调整，它替代了普通喷油系统中的喷油嘴和喷油器总成。与直喷式柴油机中的喷油器体相似，喷油器用卡夹装在气缸盖中。共轨喷油器在直喷式柴油机中的安装不需要汽缸盖在结构上有很大改变。

喷油器由孔式喷油嘴、液压伺服系统、电磁阀组件构成。如图5-13所示，燃油从高压接头经进油通道送往喷油器，并经过进油节流孔进入阀控制室，而阀控制室经由电磁阀控制的回油节流孔与回油孔相通。

微课5-5
电控喷油器

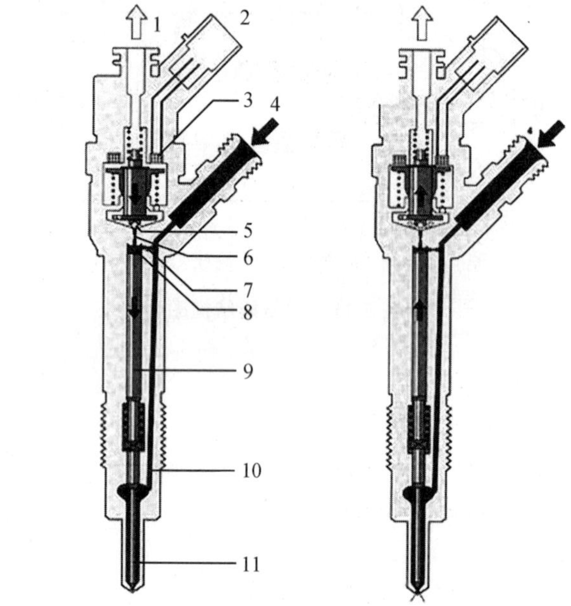

a. 喷油器关闭（禁止）状态　　b. 喷油器打开（喷油）状态

1. 回油孔　2. 电气接头　3. 电磁阀　4. 高压进油孔　5. 球阀
6. 回油节流孔　7. 进油节流孔　8. 阀控制室　9. 阀控制柱塞
10. 至喷嘴的进油道　11. 喷油嘴针阀

图5-13　喷油器示意图

出油节流孔在关闭状态时，作用在阀控制活塞上的液压大于作用在喷油嘴针阀承压面上的力，喷油嘴针阀被压在其座面上，紧紧关闭通往喷油孔的高压通道，因而没有燃油喷入燃烧室。

电磁阀动作时，打开回油节流孔，阀控制室内的压力下降，只要作用在阀控制活塞上的液压小于作用在喷油嘴针阀承压面上的力，喷油嘴针阀立即打开，燃油经过喷孔喷入燃烧室。用电磁阀不能直接产生迅速关闭针阀所需的力，因此采用经液压放大系统间接控制喷油嘴针阀。其间除喷入燃烧室的燃油量之外，附加的控制油量经控制室的回油节流孔进入回油通道，此外还有针阀导向和阀活塞导向部分的泄油。这种控制油量和泄油量经集油管（溢流阀、高压泵和调压阀也与集油管接通）的回油通道返回油箱。

在发动机和高压泵工作时，喷油器可分为4个工作状态：喷油器关闭（依靠其中存有的高压）、喷油器打开（喷油开始）、喷油器完全打开、喷油器关闭（喷油结束）。

上述工作状态是通过喷油器构件上力的分配产生的。发动机不工作和共轨中没有压力时，喷油嘴弹簧将喷油器关闭。

1. 喷油器关闭（静止状态）

电磁阀在静止状态不被控制，因此是关闭的。回油节流孔关闭时，衔铁的钢球通过阀弹簧压在回油节流孔的座面上。阀控制室内建立起共轨高压，同样的压力也存在于喷油器的内腔中。共轨压力在控制柱塞端面上施加的力和喷油嘴弹簧力使针阀克服作用在其承压面上的开启力而处于关闭状态。

2. 喷油器打开（喷油开始）

喷油器处于静止状态时，一旦电磁线圈通入吸动电流，电磁线圈的吸力大于阀弹簧力，衔铁就将回油节流孔打开。磁路的空隙较小，因此有可能在极短的时间内，急剧升高的吸动电流转换成较小的电磁阀保持电流。随着回油节流孔的打开，燃油从阀控制室流入其上面的空腔，并经回油通道返回油箱，使阀控制室内的压力下降，而进油节流孔可防止压力完全平衡，导致阀控制室内的压力小于喷油嘴内腔中的压力，从而针阀被打开，开始喷油。

3. 喷油器完全打开

针阀的开启速度取决于进、回油节流孔之间的流量差。控制柱塞达到其上极限位置，并固定在进、回油节流孔之间的燃油垫上。此时喷油器完全被打开，燃油以近似共轨压力喷入燃烧室。喷油器上的力分布大致等于开启阶段中的力分布。

4. 喷油器关闭（喷油结束）

如果电磁阀控制电流结束，则衔铁在弹簧的作用下向下将钢球压在阀座上，关闭回油节流孔。衔铁被设计成两部分，虽然衔铁盘由衔铁销带着一起向下运动，但它是压着回位弹簧一起向下运动的，因此衔铁和钢球的落座没有较大的向下冲击力。

由于回油节流孔的关闭，进油节流孔的进油又使控制室中建立起与共轨中相同的压力，从而使作用在控制活塞上的力增加，再加上弹簧力，超过了喷油嘴内腔中的压力，于是针阀关闭。

项目六　冷却系统的构造与维修

项目目标

1. 能解释冷却系统的组成、功能及工作原理；
2. 正确拆装冷却系统各装置及部件；
3. 能进行相关部位的检验和调整；
4. 能分析和排除冷却系统故障。

项目任务

1. 冷却系统循环路线的认知；
2. 冷却系统的检修。

任务一　冷却系统循环路线的认知

【任务目标】

✓ **知识目标**

1. 掌握冷却系统的功能和分类；
2. 掌握冷却系统的组成；
3. 掌握冷却系统循环路线。

✓ **能力目标**

1. 能够规范使用设备、工具；
2. 能够认知冷却系统循环路线。

✓ **素质目标**

1. 严格执行冷却系循环路线认知的安全操作规范；
2. 严格执行冷却系循环路线认知的“6S”管理规范；
3. 培养团队协作意识、责任意识和爱岗敬业精神；
4. 培养学生自主学习、归纳总结、语言表达的能力；
5. 培养学生对“三农”发展的信心。

【任务工单】

任务工单见表 6-1。

表 6-1　冷却系统循环路线的认知任务工单

专业		操作时长	40 分钟
班级		机型	农机 4 缸柴油发动机

续表6-1

学号			时间	年　月　日		
姓名			成绩			
冷却系统循环路线的认知作业表						
序号	作业内容	作业要点	配分	评分标准	得分	备注
1	安全文明生产	(1)做好操作前的准备,包括检查和备齐所需的工具、量具与零件、设备; (2)遵守安全操作规程,正确使用工具,操作现场整洁	10	未达到要求,1次扣2分,扣完为止		
2	冷却系统零部件识别	(1)能够识别发动机冷却系统零部件; (2)掌握发动机冷却系统零部件功能; (3)一人一组,独自完成	20	未能正确操作,1次扣2分,扣完为止		
3	冷却系统循环路线(小循环)	(1)冷却系统小循环路线指认; (2)能够掌握节温器的工作原理; (3)一人一组,独自完成	30	未能正确操作,1次扣2分,扣完为止		
4	冷却系统循环路线(大循环)	(1)冷却系统大循环路线指认; (2)能够正确指认发动机的冷却系统循环路线; (3)能够掌握散热器的工作原理; (4)一人一组,独自完成	30	未能正确操作,1次扣2分,扣完为止		
5	技术要求	(1)遵守安全操作规程; (2)正确使用工具,操作现场整洁	10	未达到要求,1次扣2分,扣完为止		
评分说明		(1)工具及零件掉在地上每次扣1分; (2)量具掉在地上每次扣3分; (3)因操作失误造成零件及工具、量具损坏每次扣2分; (4)违反安全操作规程每次扣1～3分; (5)因违规操作发生重大人身或设备事故,按零分计				
学生签字			教师签字			

【相关知识点】

知识点1　冷却系统的功能和分类

一、冷却系统的作用

发动机冷却系统的主要任务是使工作中的发动机维持正常的工作温度。发动机在工作中,气体燃烧产生的部分热量不可避免地传给发动机机体,从而使得发动机机体温度升高,充气系数下降,影响发动机的动力性;同时,过高的温度会使润滑油黏度下降,导致发动机润滑不良;高温使机件之间的配合间隙过小,影响发动机的正常工作,因此必须对发动机进行适

微课6-1
冷却系统的构造

度的冷却。发动机温度过低，对发动机的正常工作也是不利的。发动机的冷却强度可以根据发动机工作温度进行调节，以维持发动机适宜的工作温度。

二、冷却系统的分类

柴油发动机的冷却系统有水冷和风冷两种。水冷是靠发动机冷却水在机体中循环来降低发动机的温度，利用冷却水吸收高温机件的热量，再将这些吸收了热量的冷却水送至散热器，通过散热器将热量散发到大气中去。由于水冷系统冷却均匀、效果好，目前大部分农机柴油发动机上采用的是水冷散热系统。如图 6-1 所示。

一些柴油机和大部分摩托车发动机采用发动机风冷系统，如图 6-2 所示。风冷系统是把发动机中高温零件的热量直接散入大气而进行冷却的装置。

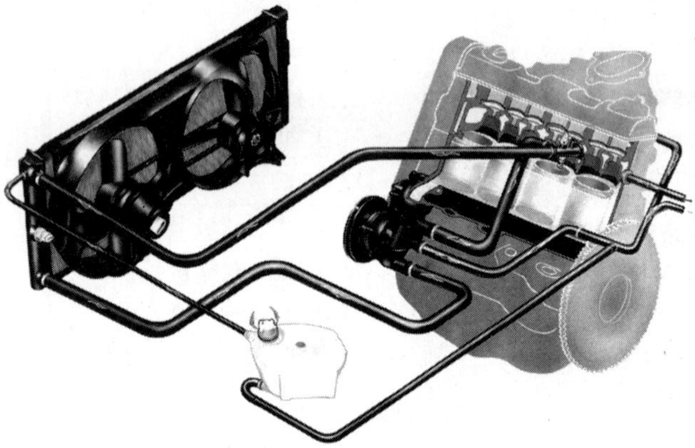

图 6-1　发动机水冷系统

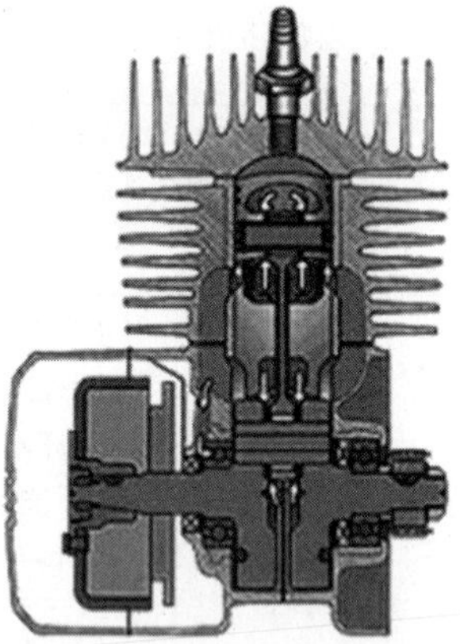

图 6-2　发动机风冷系统

三、冷却液

1. 普通冷却水

水冷发动机冷却水应使用清洁的软水，如雨水、自来水等；而井水、河水等硬水中含有矿物质，在高温下易生成水垢，使缸体、气缸盖传热效果差，发动机容易发生过热，故不能作为发动机冷却水。

2. 防冻液

由于水的冰点较高，在 0 ℃就要结冰，为防止在冬季寒冷地区因冷却水结冰而发生散热器、气缸体、气缸盖变形或胀裂的现象，需在冷却水中加入一定量的防冻液以达到降低冰点、提高沸点的目的。防冻液可以分为以下 3 种：

（1）乙二醇-水型防冻液　乙二醇是一种无色微黏的液体，沸点是 197.4 ℃，冰点是－11.5 ℃，能与水以任意比例混合，混合后改变了冷却水的蒸气压，冰点显著降低。其降低的程度在一定范围内随乙二醇的含量增加而下降。当乙二醇的含量为 68%时，冰点可降低到－68 ℃，超过这个限量时，冰点反而上升。乙二醇防冻液在使用中易生成酸性物质，对金属有腐蚀。因此，应加入适量的磷酸氢二钠等以防腐蚀。乙二醇有毒，但由于其沸点高，不会产生蒸气被人吸入体内而引起中毒。乙二醇的吸水性强，贮存的容器应密封，以防吸水后溢出。由于水的沸点比乙二醇低，使用中被蒸发的是水，当缺冷却水时，只要加入蒸馏水便可以继续使用。

(2)酒精-水型防冻液　酒精的沸点是 78.3 ℃,冰点是 −114 ℃。酒精与水可以任意比例混合,组成不同冰点的防冻液。酒精的含量越高,冰点越低。酒精是易燃品,当防冻液中的酒精含量达到 40%以上时,就容易产生酒精蒸气而着火。因此,防冻液中的酒精含量不宜超过 40%,冰点限制在 −30 ℃左右。酒精-水型防冻液具有流动性好、散热快、取材方便、配制简单等优点。它的缺点是容易着火、酒精沸点低、蒸发损失大。酒精蒸发后,防冻液成分改变,冰点升高。

(3)甘油-水型防冻液　甘油沸点高,不易挥发和着火,对金属腐蚀性也小,但甘油降低冰点的效率低,配制同一冰点的防冻液时,比乙二醇、酒精的用量大。因此,这种防冻液用得较少。

知识点 2　冷却系统的组成

以水冷系统为例,发动机水冷系统主要由水泵、节温器、风扇和散热器等组成。如图 6-3 所示。

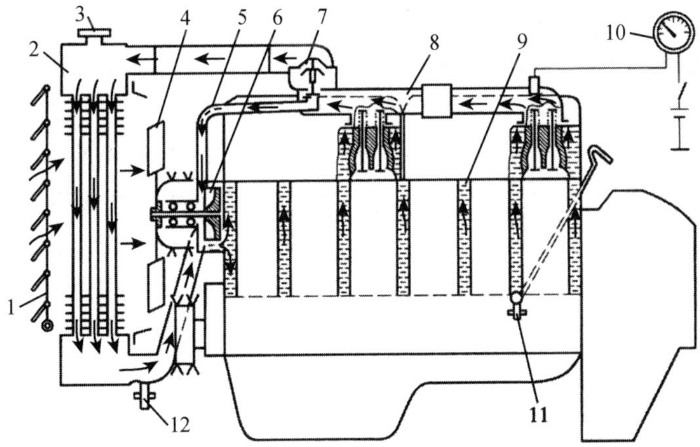

微课 6-2
水冷系统的组成

1. 百叶窗　2. 散热器　3. 散热器盖　4. 风扇　5. 小循环水管　6. 水泵　7. 节温器　8. 出水管
9. 水套　10. 水温表和传感器　11. 水套放水开关　12. 散热器放水开关

图 6-3　水冷系统的组成

大部分农机柴油发动机采用强制闭式循环水冷系统,气缸盖采用横流式冷却,有利于受热机件温度场的均匀分布、排放的控制及柴油机性能的进一步强化。

一、水泵

水泵固定于发动机缸体的前端,由发动机曲轴通过"V"形带驱动。水泵的进水口通过软管与散热器下水室连通,水泵的出水口直接与分水管或者水套连通。

水泵的作用是对冷却液进行加压,维持其在冷却系统内快速循环流动。柴油发动机采用离心式水泵,其结构简单、尺寸小、排水量大。

离心式水泵由泵体、叶轮和进、出水管组成,如图 6-4 所示。进水管位于水泵中央,出水管位于水泵外缘,叶轮在外力带动下旋转。当叶轮旋转时,水泵中的冷却液随叶轮一起旋转、加压,在离心力的作用下,向叶轮的边缘甩出,经出水管输出水泵。叶轮中央处由于压力降低,产生真空吸力,将散热器中的冷却液源源不断地吸入水泵。

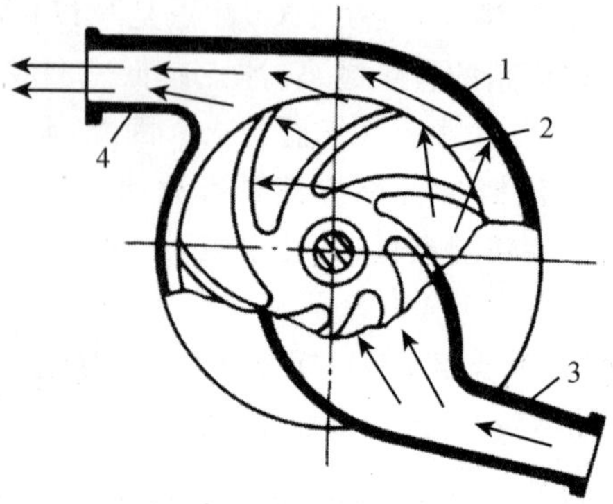

1. 泵体 2. 叶轮 3. 进水管 4. 出水管

图 6-4 离心式水泵

二、节温器

节温器是一个由发动机冷却液温度控制的阀门，位于发动机缸盖出水管与软管连接处，用来控制冷却液的循环路线。目前，发动机上采用蜡式节温器。

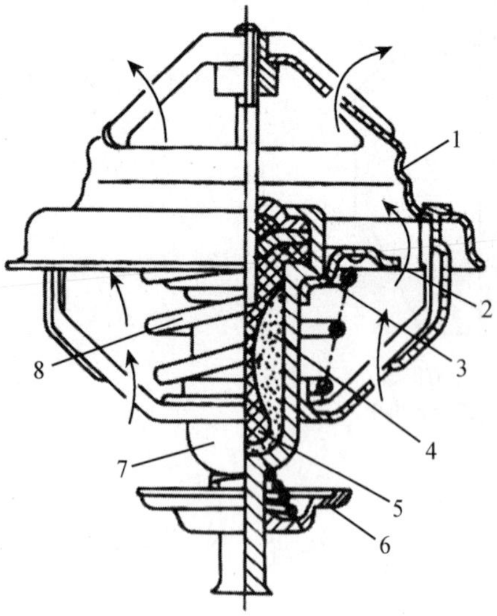

1. 支架 2. 主阀门 3. 推杆 4. 石蜡 5. 胶管 6. 副阀门 7. 节温器 8. 弹簧

图 6-5 蜡式节温器的结构

如图 6-5 所示，节温器的上支架上有孔与通往散热器上水室的软管相通，下支架上有孔与出水管相通。出水管同时与通往水泵进水口的旁通管相通。上、下支架通过阀座连成一体，并固定于出水管内。上支架固定有中心杆，中心杆上套装有可以沿中心杆上下移动的感应体。主阀门位于感应体上部，用来控制出水管与软管之间的通路。副阀门位于感应体的下部，用来控制出水管与旁通管之间的通断。两个阀门通过弹簧单向固定于感应体，随感应体外壳同步移动。

蜡式节温器的工作原理是利用石蜡受热体积急剧膨胀的特性。当发动机温度很低时，感应体内的石蜡凝固成固态，体积缩小，弹簧的弹力将主阀门连同感应体、副阀门一起向上推，直至主阀门完全关闭、副阀门完全打开。此时，出水管内的冷却液通过副阀门进入旁通阀，完全进行小循环，如图 6-6a 所示。

当冷却液温度达到或大于(76±2)℃时，石蜡随着温度升高而逐渐变成液态，体积随即增大。石蜡体积增大产生对胶管的推力，推力作用于中心杆锥面上，产生使胶管下移的作用力。在此力作用下，感应体与阀门下移，主阀门开始打开，副阀门开度开始缩小。此时，冷却液同时进行大、小循环。大、小循环的比例与冷却液温度有关，温度越高，主阀门开度越大，副阀门开度越小，大循环的冷却液也就越多。

当冷却液温度达到 86 ℃时，大循环阀门开度达到最大值，而小循环阀门完全关闭，冷却液全部流向散热器进行大循环，如图 6-6b 所示。

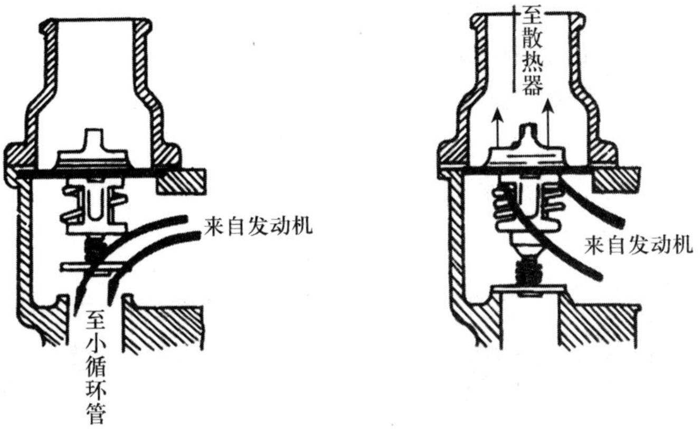

a. 小循环工作状态　　b. 大循环工作状态

图 6-6　蜡式节温器工作原理

三、散热器

散热器总成如图 6-7 所示，安装在车架上，用来对从发动机水套流出的高温冷却液进行散热，使之温度降低，继续循环使用。散热器由上水室、下水室和连接上、下水室的散热器芯组成。上水室设有水箱盖，但平时水箱盖不打开。上水室的进水管接头通过软管与水泵进水管连通。下水室设有放水开关，用来放掉散热器中的冷却液。

图 6-7　散热器

散热器芯如图 6-8 所示，是散热器的核心，一般由铝制材料制成，形状分为管片式和管带式两大类。管片式由若干扁形或圆形冷却管组成，空气吹过扁形冷却管和散热片，使管内流动的水得到冷却。管片式散热器因结构刚度较好广为发动机所使用。管带式由若干扁平冷却管组成，水管与散热器相间排列，在散热器带上常开有形似百叶窗的孔，以破坏气流在散热器表面上的附面层，提高散热能力。

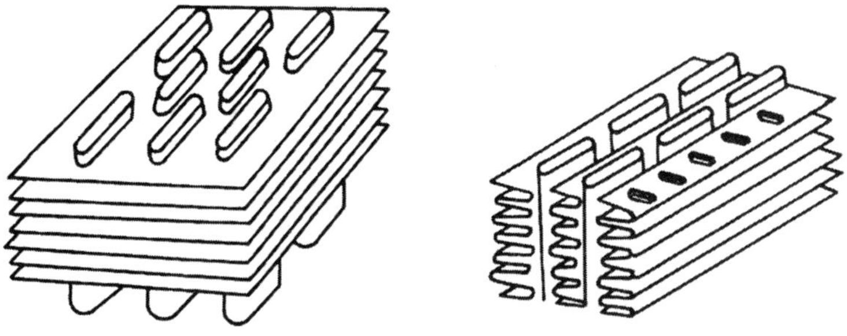

a. 管片式　　b. 管带式

图 6-8　散热器芯

散热器的散热器盖上有一个限压阀，当散热器压力达到一定范围时，限压阀就打开，以降低散热器内压力。其工作原理如图 6-9 所示。

发动机热态正常时，两阀门关闭，将冷却系统与大气隔开。因水蒸气的产生使冷却系统内的压力稍高于大气压力，提高了冷却水的沸点，改善了冷却效能。当散热器内部压力达到 126～137 kPa 时，蒸汽阀开启而使水蒸气从通气孔排出；当水温下降，冷却系统内部的真空度低于 10～20 kPa 时，空气阀打开，空气从通气孔进入冷却系统，以防散热器及芯管被大气压瘪。

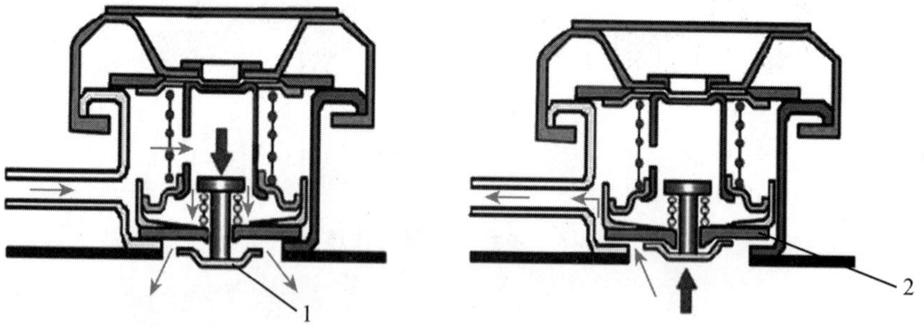

1. 压力阀　2. 真空阀

图 6-9　散热器盖工作原理

四、风扇与硅油风扇离合器

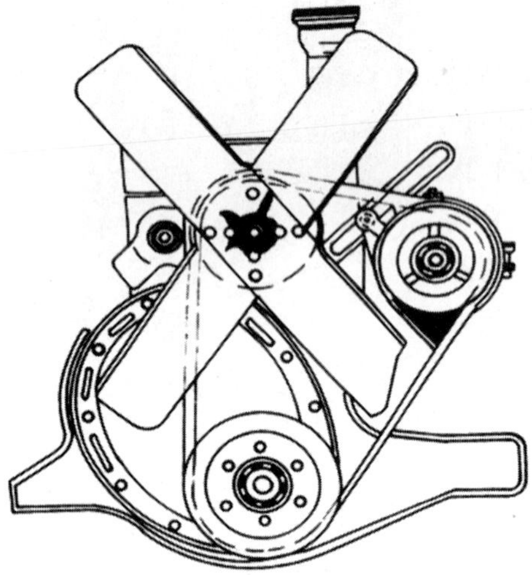

图 6-10　冷却风扇

风扇的作用是提高流经散热器的空气流速和流量，以增强散热器的散热能力，一般安装在散热器后面，并与水泵同轴，和发电机同时由曲轴带轮通过"V"形带驱动。如图 6-10 所示。风扇常用的材料是钢板，经冲压成型。

硅油风扇离合器如图 6-11 所示，位于冷却系统风扇与风扇带轮之间，用来根据发动机的工作温度控制风扇的转速。

硅油风扇离合器的前盖、壳体和从动板用螺钉组成一体，靠轴承安装在主动轴上。风扇固定于离合器壳体上。为了加强硅油的冷却效果，前盖板上铸有散热片。从动板与前盖之间空腔为储油腔，其中装有硅油，从动板与离合器壳体之间的空腔为工作腔。主动板固定于主动轴的端面上，主动轴与水泵轴连接。主动板与工作腔壁之间有一定的间隙，用毛毡密封圈密封以防硅油漏出。从动板上有进油孔，平时由阀片关闭，若偏转阀片，则进油孔即可打开，阀片的偏转靠螺旋状双金属感温器控制。从动板上有凸台，限制阀片的最大偏转角。感温器外端固定于前盖上，内端固定于阀片轴上。从动板外缘有回油孔，中心有漏油孔，上设有进油孔，以防静态时从阀片轴周围泄漏硅油。

当发动机温度低于 338 K 时，阀片将进油孔关闭，工作腔内没硅油。此时，主动板通过毛毡密封圈带动离合器壳体和风扇缓慢旋转。

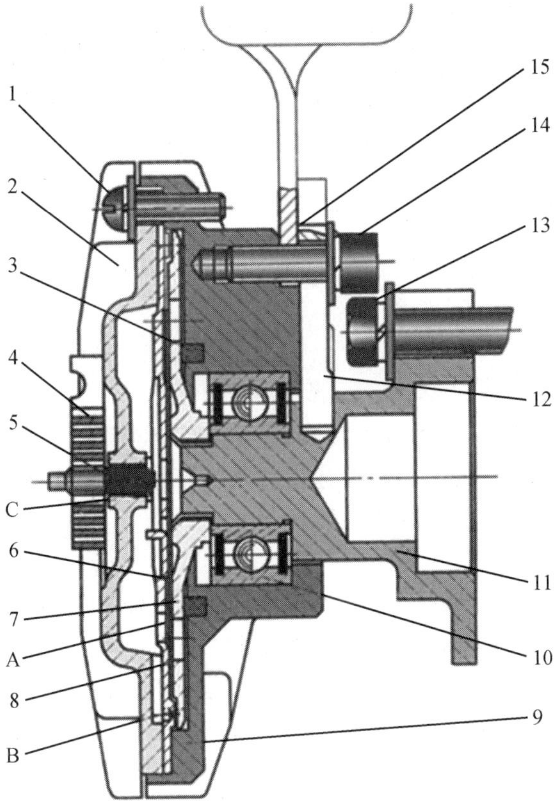

A. 进油孔　B. 回油孔　C. 漏油孔　1. 螺钉　2. 前盖　3. 毛毡密封圈　4. 螺旋状双金属感温器
5. 阀片轴　6. 阀片　7. 主动板　8. 从动板　9. 壳体　10. 轴承　11. 主动轴
12. 锁止板　13. 螺栓　14. 内六角圆柱头螺钉　15. 风扇

图 6-11　硅油风扇离合器

当发动机温度高于 338 K 时，感温器产生变形，带动阀片轴和阀片旋转，将进油孔打开，储油腔内的硅油进入工作腔，旋转的主动板通过硅油带动从动板快速旋转起来。由于是液压传动，从动部分及风扇转速总是低于主动轴的转速。工作腔内的硅油受离心力的作用被甩向工作腔外缘，通过回油孔回到储油腔内，储油腔内的硅油又通过进油孔补充到工作腔，因此硅油在工作腔与储油腔之间循环流动。

五、膨胀水箱

膨胀水箱用透明塑料制成，安装位置高于散热器。膨胀水箱的上端通过出气管分别与散热器上水室和发动机出水管连通，其下端通过补充水管与水泵进水口连通。膨胀水箱设有加液口，用来补充冷却液。

当冷却系统产生蒸汽后，蒸汽从出水管或者散热器上水室进入膨胀水箱上部空间。由于膨胀水箱温度低，蒸汽冷凝。膨胀水箱还通过补充水管将冷却液送入水泵进水口，以保持水泵进水口处的高压。膨胀水箱可以使水汽分离，避免冷却液的损失。同时，还可有效地防止柴油机气缸套穴蚀的产生。

知识点 3　冷却系统循环路线

冷却系统设有冷却强度调节装置，根据发动机的工作温度，调节冷却强度，使发动机维持在一个适宜的工作温度。冷却强度的调节通常有以下两种。

一、调节冷却液的循环路线

微课 6-3　冷却系统的循环

根据冷却液的温度，通过节温器调整冷却液的循环路线，如小循环、大循环和混合循环。

1. 小循环

如图 6-12a 所示，当发动机温度低于 76 ℃时，节温器关闭通往散热器的通路，从发动机水套流出的冷却液经节温器、旁通管直接进入水泵，并重新进入水套。由于没有经过散热器散热，冷却液的温度没有降低，以使发动机的工作温度尽快提高。

2. 大循环

如图 6-12b 所示，当冷却液温度高于 86 ℃时，从水泵输出的冷却液经分水管进入缸体水套，经缸体与缸盖之间的小孔进入缸盖水套。冷却液从气缸壁和燃烧室吸收热量后，温度升高，经缸盖水套出水口进入出水管。出水管经过节温器、软管与散热器上水室连通，冷却液通过节温器、软管进入散热器上水室。上水室内的冷却液经过散热器芯散热后，温度降低，进入散热器下水室。进入散热器下水室的冷却液在水泵的抽吸下进入水泵经水泵加压后重新进入水套。

3. 混合循环

当冷却液温度为 76～86 ℃时，节温器使大、小两种循环都存在。

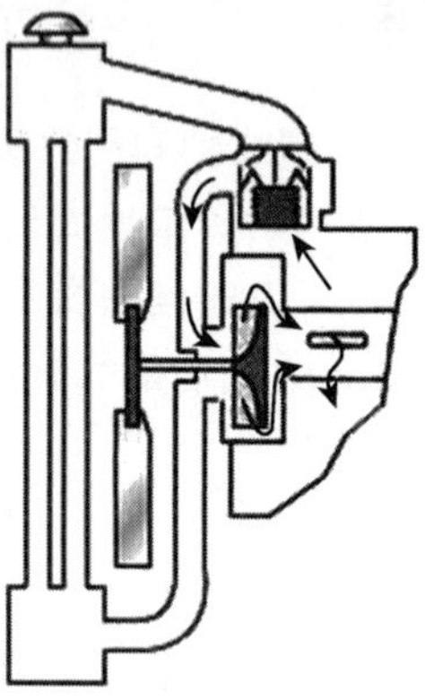

a. 小循环

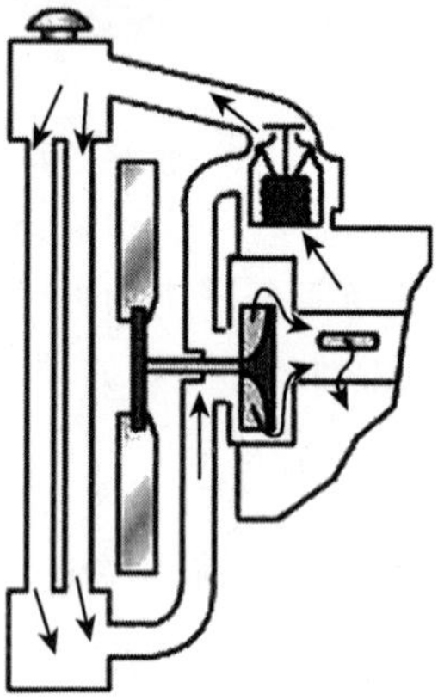

b. 大循环

图 6-12　冷却系统大、小循环路径

二、调节散热器的散热强度

根据发动机的工作温度，通过风扇离合器调整风扇转速，使通过散热器的空气流速、流量根据发动机的温度而变化，继而调节散热器的散热强度。

任务二　冷却系统的检修

【任务目标】

✓ 知识目标

1. 掌握冷却系统的主要故障；
2. 掌握冷却系统拆装的理论知识；
3. 掌握冷却系统检查的理论知识。

✓ 能力目标

1. 能够规范使用设备、工具；
2. 能够进行冷却系统的检修。

✓ 素质目标

1. 严格执行冷却系统检修的安全操作规范；
2. 严格执行冷却系统检修的“6S”管理规范；
3. 培养团队协作意识、责任意识和爱岗敬业精神；
4. 培养学生自主学习、归纳总结、语言表达的能力；
5. 培养学生对“三农”发展的信心。

【任务工单】

任务工单见表 6-2。

表 6-2　冷却系统的检修任务工单

专业			操作时长	40 分钟		
班级			机型	农机 4 缸柴油发动机		
学号			时间	年　月　日		
姓名			成绩			
冷却系统的检修作业单						
序号	作业内容	作业要点	配分	评分标准	得分	备注
1	安全文明生产	(1)做好操作前的准备，包括检查和备齐所需的工具、量具与零件、设备； (2)遵守安全操作规程，正确使用工具，操作现场整洁	10	未达到要求，1 次扣 2 分，扣完为止		
2	水温过高故障	(1)水泵皮带调整不当使皮带过松； (2)节温器失效造成冷却液只能进行小循环； (3)冷却系统容量不足； (4)散热器散热面积不足； (5)水泵工作能力下降	20	未能正确操作，1 次扣 2 分，扣完为止		

续表6-2

序号	作业内容	作业要点	配分	评分标准	得分	备注
3	水泵的检修	(1)检查油封与水封; (2)检查轴承间隙; (3)检查壳体、叶轮及带轮损伤	20	未能正确操作,1次扣2分,扣完为止		
4	散热器的检修	(1)散热器的渗漏检查; (2)仔细检查芯管	20	未能正确操作,1次扣2分,扣完为止		
5	节温器的检修	(1)将节温器放入水中,对水进行加热; (2)用温度计测量水的温度; (3)观察节温器主阀门的打开温度; (4)若阀门打开时的温度不符合要求,则应更换节温器	20	未能正确操作,1次扣2分,扣完为止		
6	技术要求	(1)遵守安全操作规程; (2)正确使用工具,操作现场整洁	10	未达到要求,1次扣2分,扣完为止		
评分说明		(1)工具及零件掉在地上每次扣1分; (2)量具掉在地上每次扣3分; (3)因操作失误造成零件及工具、量具损坏每次扣2分; (4)违反安全操作规程每次扣1～3分; (5)因违规操作发生重大人身或设备事故,按零分计				
学生签字			教师签字			

【相关知识点】

知识点1　冷却系统的检修

一、水泵的检修

微课6-4　冷却系常见故障

水泵出现泵水能力不足、漏水以及水泵轴“摇头”严重时,应对水泵进行修理。水泵零部件的检修有以下内容:

(1)壳体、叶轮及带轮不能有裂纹与损伤;叶轮轴孔的磨损应在规定范围内;壳体与盖的接合平面变形过大时,应进行修整,防止装配后出现漏水现象。

(2)水泵轴不应有弯曲变形,轴颈磨损程度应在规定范围内,轴端螺纹无损伤。

(3)检查轴承间隙,应在规定范围内。如轴承的轴向间隙大于0.50 mm,径向间隙大于0.15 mm,则应予以更换。

(4)检查油封与水封,如出现损伤,应进行更换。

二、散热器的检修

散热器的检查主要是渗漏检查，可以向散热器内充入 50～100 kPa 的压缩空气后进行密封，然后放入水中，检查渗漏部位。散热器存在渗漏时，可以进行焊接修理。有时，可能存在由于芯管漏水而临时将漏水芯管折断堵漏的现象。如果折断的芯管过多，则会造成散热器的散热能力下降，故应仔细对芯管进行检查。

三、节温器的检修

如图 6-13 所示，将节温器放入水中，对水进行加热。一边用温度计测量水的温度，一边观察节温器主阀门的打开温度。若阀门打开时的温度不符合要求，则应更换节温器。

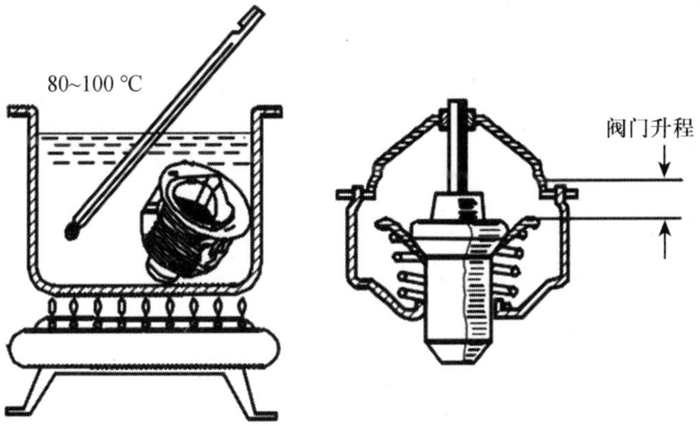

图 6-13　节温器的检修

四、水泵皮带松紧度的检查

应经常检查皮带的松紧度，防止由于皮带打滑而使水泵工作不良。如图 6-14 所示，用手以 9～29 N 的力在皮带中部按下，皮带的下移量应以 3～6 mm 为宜。

图 6-14　水泵皮带的检查

知识点2 冷却系统的拆装与检查

一、节温器的拆卸、检查与安装

1. 拆卸

(1)放掉冷却液,拧紧放液螺塞。

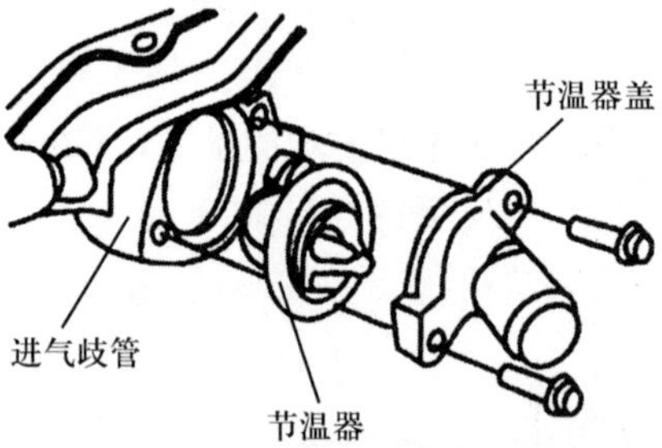

图 6-15 节温器的分解

(2)拆卸节温器盖处的散热器进水软管。

(3)拆卸节温器盖,节温器盖位置在进气歧管一侧,如图 6-15 所示。

(4)拆卸节温器。

2. 检查

(1)确认节温器放气阀已清洗干净。如果此阀门堵塞,发动机将会过热。

(2)检查确认阀门座无异物,有异物会妨碍阀门座的拧紧。

(3)检查节温器密封圈有无泄漏、老化或其他任何损坏。

(4)按如下步骤检查节温器蜡丸的运动:

①把节温器浸入水中,逐步加热。

②检查阀门是否在规定温度开始打开。

如果阀门实际打开温度低于或高于规定的温度,应更换新的节温器,否则有可能引起发动机过冷或过热。

3. 安装

(1)把节温器装入进气歧管时,确保能露出放气阀(注意向上标记)。

(2)把节温器盖装到进气歧管上。

(3)连接散热器进水软管。

(4)向系统内加注冷却液。

(5)接上蓄电池负极电缆。

(6)安装完毕,检查每个部件有无泄漏。

二、水泵皮带的拆卸与安装

1. 拆卸

(1)断开蓄电池负极电缆。

(2)拆卸空气滤清器总成。

(3)拆下机油标尺螺栓,从机油泵上拔下导向管。

(4)松开水泵驱动皮带调整螺栓和发电机枢轴螺栓。

(5)移动发电机以松动皮带,然后卸下。

2. 安装

(1)把皮带装到水泵皮带轮、曲轴皮带轮和发电机皮带轮上。

(2)在机油标尺“O”形环上涂机油后,再装导向管。

(3)调整皮带张紧力。

(4)拧紧水泵皮带调整螺栓和发电机枢轴螺栓。

(5)接上蓄电池负极电缆。

三、散热器的拆卸

(1)松开散热器放液螺塞,如图 6-16 所示,放掉系统冷却液。如果发动机为热车状态,应待发动机冷却后进行此步骤。

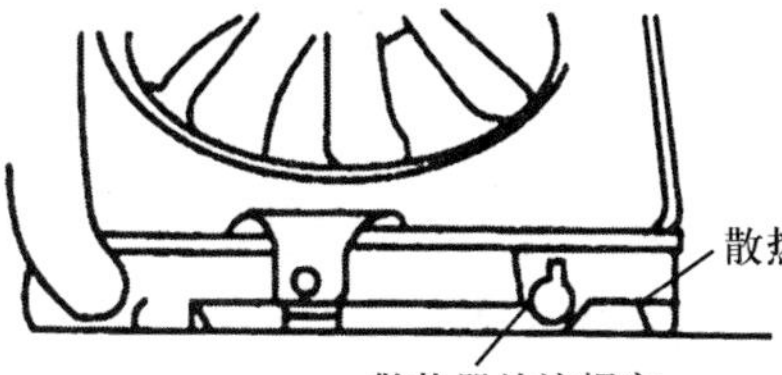

图 6-16 散热器的放液位置

(2)断开散热器进水软管和出水软管以及至储液罐的软管。

(3)检查散热器片有无弯曲变形,检查散热器芯和密封垫是否泄漏。

(4)检查散热器软管有无裂纹等损坏。

四、水泵的拆卸、检查与安装

1. 水泵的拆卸

(1)断开蓄电池负极电缆。

(2)放掉冷却液。

(3)松开风扇叶紧固螺栓,拆下风扇皮带、风扇叶、风扇皮带盘。

(4)松开发电机调整臂紧固螺栓,取下风扇皮带。

(5)松开水泵紧固螺栓,拆下水泵总成。如图 6-17 所示。

2. 水泵的检查

(1)用手转动水泵,检查水泵是否运转自如。如果水泵不能运转自如或产生异常噪声,应更换。检查水封是否有漏水现象,如漏水则更换水泵。

(2)检查水泵驱动叶轮有无损坏,根据需要更换,如图 6-18 所示。

图 6-17 水泵的拆卸

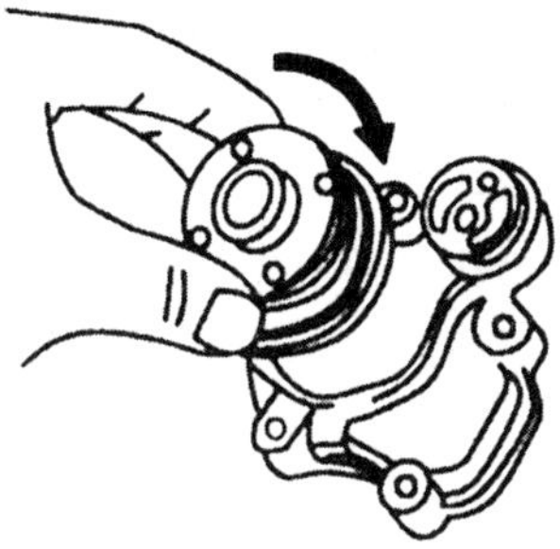
图 6-18 水泵的检查

3. 水泵的安装

(1)安装新的密封垫至缸体。

(2)把水泵装到缸体上并按规定扭矩拧紧。

(3)安装风扇皮带、风扇叶。

(4)调整发电机调整臂紧固螺栓以使皮带的松紧度至规定值。

(5)接上蓄电池负极电缆。

项目七　润滑系统的构造与维修

项目目标

1. 正确拆装润滑系统各装置及部件；
2. 进行相关部位的检验和调整；
3. 能分析和排除润滑系统故障；
4. 能解释润滑系统的组成、功能及工作原理。

项目任务

1. 润滑系统循环路线的认知；
2. 润滑系统的检修。

任务一　润滑系统循环路线的认知

【任务目标】

✓ 知识目标

1. 掌握润滑系统的构造；
2. 掌握润滑系统的润滑油路；
3. 掌握润滑系统的主要部件。

✓ 能力目标

1. 能够规范使用设备、工具；
2. 能够认知润滑系统的循环路线。

✓ 素质目标

1. 严格执行润滑系统循环路线认知的安全操作规范；
2. 严格执行润滑系统循环路线认知的“6S”管理规范；
3. 培养团队协作意识、责任意识和爱岗敬业精神；
4. 培养学生自主学习、归纳总结、语言表达的能力；
5. 培养学生对“三农”发展的信心。

【任务工单】

任务工单见表 7-1。

表 7-1　润滑系循环路线的认知任务工单

专业		操作时长	40 分钟
班级		机型	农机 4 缸柴油发动机

续表7-1

学号			时间	年　月　日		
姓名			成绩			
润滑系统循环路线的认知作业表						
序号	作业内容	作业要点	配分	评分标准	得分	备注
1	安全文明生产	(1)做好操作前的准备,包括检查和备齐所需的工具、量具与零件、设备; (2)遵守安全操作规程,正确使用工具,操作现场整洁	10	未达到要求,1次扣2分,扣完为止		
2	润滑系统零部件识别	(1)能够识别发动机润滑系统零部件; (2)掌握发动机润滑系统零部件功能; (3)一人一组,独自完成	20	未能正确操作,1次扣2分,扣完为止		
3	润滑系统循环路线	(1)润滑系统的油路循环路线指认; (2)能够掌握润滑油泵的工作原理; (3)一人一组,独自完成	30	未能正确操作,1次扣2分,扣完为止		
4	润滑系统零件润滑方式	(1)压力润滑; (2)飞溅润滑; (3)重力润滑; (4)综合润滑	30	未能正确操作,1次扣2分,扣完为止		
5	技术要求	(1)遵守安全操作规程; (2)正确使用工具,操作现场整洁	10	未达到要求,1次扣2分,扣完为止		
评分说明		(1)工具及零件掉在地上每次扣1分; (2)量具掉在地上每次扣3分; (3)因操作失误造成零件及工具、量具损坏每次扣2分; (4)违反安全操作规程每次扣1～3分; (5)因违规操作发生重大人身或设备事故,按零分计				
学生签字			教师签字			

【相关知识点】

知识点1　润滑系统的构造和润滑油路

一、润滑系统概述

发动机工作时,各运动零件均以一定的力作用在另一个零件上并且发生高速的相对运动,有了相对运动,零件表面必然产生摩擦,加速磨损。因此,为了减轻磨损,减小摩擦阻力,延长使用寿命,发动机上必须装有润滑系统。

微课7-1
润滑系统概述

1. 润滑系统的作用

(1)润滑作用　润滑油在运动零件表面之间形成连续的油膜,以减小零件之间的摩擦。

(2)冷却作用　润滑油在润滑系统内循环带走摩擦产生的热量,起到冷却作用。

(3)清洗作用　润滑油在润滑系统内不断循环,清洗摩擦表面,带走磨屑和其他异物。

(4)密封作用　在运动零件之间形成油膜,提高它们的密封性,有利于防止漏气或漏油。

(5)防锈蚀作用　在零件表面形成油膜,对零件表面起保护作用,防止腐蚀生锈。

2. 润滑方式

根据发动机中各运动副的不同工作条件,可采用以下三种不同的润滑方式。

(1)压力润滑　对于曲轴轴承、凸轮轴轴承等承受载荷大、运动速度高的零部件,润滑系统利用机油泵,将具有一定压力的润滑油连续不断地送到摩擦表面间隙中,使之在零件表面形成具有一定强度的油膜,以保证零部件间的润滑。

(2)飞溅润滑　利用发动机工作时运动零件飞溅起来的油滴或油雾来润滑摩擦表面的润滑方式称为飞溅润滑。可使裸露在外面承受载荷较轻的气缸壁、相对滑动速度较小的活塞销,以及配气机构的凸轮表面、挺柱等得到润滑。

(3)润滑脂润滑　对于负荷较小的发动机辅助装置则只需定期、定量加注润滑脂进行润滑。例如,水泵及发电机轴承等,它不属于润滑系统的工作范畴。近年来,在发动机上采用含有耐磨润滑材料(如尼龙、二硫化钼等)的轴承来代替加注润滑脂的轴承。

二、润滑系统的组成和润滑油路

微课 7-2　润滑系统的构造与润滑油路

1. 润滑系统的组成

润滑系统一般由油底壳、机油泵、机油滤清器、机油冷却器和润滑油道等组成。油底壳用来储存机油。机油泵用来在润滑系统油路内建立起足够的油压,使润滑油在润滑系统内不断循环,对零部件进行润滑。机油滤清器对机油进行过滤,防止金属磨屑、机械杂质和机油氧化物进入油道,包括机油粗滤器和机油细滤器。机油冷却器用来对机油进行冷却散热。发动机缸体上铸有油道,通过油道可将机油送到各摩擦表面间隙处。

2. 润滑系统的油路

柴油机润滑油路,如图 7-1 所示。发动机采用机油进行润滑,机油储存在固定于发动机缸体下端面的油底壳内。机油泵由正时齿轮驱动旋转。集滤器安装在机油泵进油孔处,对进入机油泵的机油中的大杂质进行过滤。从机油泵出油孔输出的机油进入机油滤清器,过滤掉杂质后,进入机油冷却器进行冷却。冷却后的机油进入发动机的纵向主油道,通过油道输送机油,对需要润滑的零部件进行润滑。

压力润滑部位:通过横向油道进入曲轴各道主轴承间隙,对主轴承进行润滑;同时,通过曲轴内部的斜向油道,机油进入连杆轴承间隙,对连杆轴承进行润滑。进入正时齿轮室,对正时齿轮室内的各齿轮进行润滑。对凸轮轴轴承进行润滑。凸轮轴轴承座孔处设有油道与配气机构中空的摇臂轴连通,通过该油道,对摇臂进行润滑。对废气涡轮增压器、空气压缩机、喷油泵等部位进行润滑。

飞溅润滑部位:从各轴承间隙处喷射出的滴状和雾状机油,落在暴露零部件的表面,如气缸壁、活塞销等处,对这些部位进行飞溅润滑。为了使活塞销处润滑可靠,同时对活塞进行冷却,主油道设有喷嘴,对活塞底部进行喷油润滑、冷却。

润滑油路压力的保证:在机油泵上设有限压阀(又称安全阀),当机油泵输出压力较高

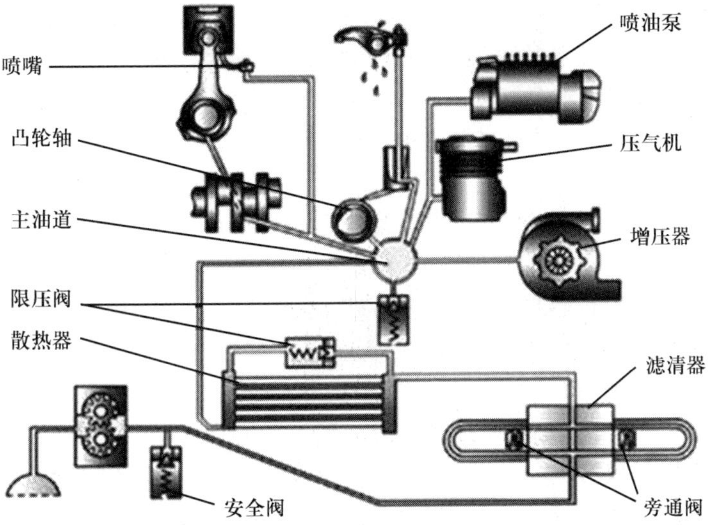

图 7-1　柴油机润滑油路

时，限压阀打开，将机油直接送回油底壳，防止进入主油道的机油压力过高。滤清器、冷却器等处的进油孔与出油孔之间设有旁通阀。当上述装置堵塞造成通过能力下降时，旁通阀打开，机油直接进入主油道，以保证主油道的机油压力。主油道上设有溢流阀，当主油道压力过高时，溢流阀打开，机油直接流回油底壳。

3. 润滑剂

发动机的润滑剂分为润滑油和润滑脂两种。

(1)润滑油的性能指标　润滑油黏度即通常所称的油液稀稠程度，是柴油机润滑油最主要的性能参数，也是柴油机润滑油分类的主要依据。润滑油黏度对柴油机正常工作与磨损的影响极为显著，如果黏度过大，则润滑油的循环流动性就差，对运动零件的冷却和清洗效果也就不好；而如果黏度过小，则容易流动和冷却，但油膜不易保持，承载能力低。因此，选择合适的润滑油，对柴油机是极其重要的。

(2)凝点　在给定条件下，柴油机润滑油开始完全失去流动性时的温度称为凝点。凝点是在低温条件下保证柴油机润滑油流动性和过滤性的指标。柴油机润滑油的凝点在－20～0 ℃。一般黏度大的润滑油，其凝点也较高。

(3)氧化安全性　氧化安全性是指柴油机润滑油在高温时抵抗氧化变质的能力。柴油机润滑油在使用过程中不断被空气氧化变质，生成酸性物质和沥青等，色泽暗黑，黏度与酸值增加，最后析出胶状沉积物。这些胶状沉积物会引起机油滤清器堵塞、活塞环在环槽中被黏结以及活塞与活塞环过热。因此，要求柴油机润滑油有一定的抗氧化性能。氧化安全性好的柴油机润滑油的使用寿命长，润滑油消耗率也较低。

(4)防腐性　润滑油在使用过程中不可避免地被氧化而生成各种有机酸。这类酸性物质对金属零件有腐蚀作用，可使由铜铅和镉镍合金制成的轴承表面出现斑点、麻坑或使合金层剥落。

(5)闪点　润滑油加热时表面会形成油气，当加热到某一温度时，散布在油面上的油气一旦遇到外界明火即开始燃烧，这个开始燃烧的最低温度称为润滑油的闪点。闪点低的润滑油易于蒸发。闪点是润滑油在储存、运输和使用中的安全指标。柴油机润滑油的闪点为 140～215 ℃。

(6)残炭　柴油机润滑油在规定条件下加热蒸发，形成的焦炭残留物即残炭。残炭反映了柴油机润滑油倾向于产生结炭的程度，以及产生结炭的多少。残炭中的主要成分为胶质、沥青质、游离碳、机械杂质以及灰分等。由于结炭会造成活塞环咬死、轴承轴瓦表面擦伤以及润滑油变质等故障，故要求柴油机润滑油中的残炭越少越好。

4. 润滑油添加剂

为了提高润滑油某些方面的品质，现代柴油机的润滑油中都加有添加剂，如增加润滑油黏度的增黏剂。在低黏度润滑油中添加增黏剂，就可以得到黏温特性曲线平坦的稠化柴油机润滑油，特别适于改善柴油机冷启动的性能。另外，还有降低润滑油凝点的降凝剂，抗氧化和抗腐蚀的抗氧、抗腐蚀添加剂，防止润滑油形成大块胶状沉淀的浮游添加剂，以及改善柴油机润滑油多种性能的多效添加剂等。

加入添加剂后，可以有针对性地改善润滑油的性能，以适应不同的使用要求。但是，加入添加剂的量要按规定加以控制，否则会适得其反。另外，不同的柴油机润滑油不能混合使用，同一种添加剂对不同来源的润滑油作用各有不同，某一添加剂可能对某种润滑油不起作用，甚至起反作用。此外，使用有添加剂的柴油机润滑油时，轴承轴瓦表面会形成暗色保护膜，这是正常现象，不要刮去。

5. 润滑油的选用

确定润滑油性能的指标很多，其中最主要的是黏度。由于润滑油黏度与温度有关，故在冬天或寒冷地区，尤其是高寒地区，要使用黏度较小的润滑油。否则，将因润滑油黏度过大、流动性差而不能输送到零件摩擦面的间隙中去；而且，黏度大还会影响启动性能，使得柴油机冬季启动特别困难。夏天或热带地区，则要使用黏度大一些的润滑油，否则将因使用的润滑油黏度过小，润滑油压力下降，油压送不到所有的工作部位，发动机得不到可靠的润滑。

我国采用国际上通用的 SAE 黏度分类法和 API 使用分类法。

(1)SAE 黏度分类法将发动机油分为两组黏度等级系列：W 组黏度等级系列有 0W、5W、10W、15W、20W 和 25W 六个低温黏度等级，“W”表示 winter(冬季)，其前面的数字越小说明机油的黏度越低，流动性越好，代表可供使用的环境温度越低，在冷启动时对发动机的保护能力越好；非 W 组黏度等级系列有 20、30、40、50 和 60 五个高温黏度等级，数值越大说明机油在高温下的保护性能越好。

发动机油按黏度级划分牌号，有单级油和多级油之分，只满足一种高温(或低温)性能的润滑油叫单级油；同时满足高、低温性能要求的润滑油叫多级油。如 40、50 这样只有一组数值的是单级机油，不能在寒冷的冬季使用。15W/40、5W/40 为多级油牌号，15W 表示冬天时，机油黏度为 15 号，40 表示夏天机油具有 40 号机油的黏度，适合从低温到高温的广泛区域，黏度值会随温度变化，给予发动机全面的保护。

(2)API 使用分类法将发动机油分为两个系列：Q 系列(汽油机油)迄今有 QA、QB、QC、QD、QE、QF、QG 和 QH 八个级别；C 系列(柴油机油)有 CA、CB、CC、CD、CD Ⅱ和 CE 等级别。

使用时，应根据农机说明书的要求，全面对照油的名称，既看品种，又看牌号，合理选择使用。柴油机常用的润滑油牌号为 20W/40、15W/40、10W/30、5W/20 和 2W/20 五种。

柴油机润滑油的含硫量及酸值比汽油机的高，而且柴油机工作过程中易于结炭，容易污染润滑油。此外，柴油机的机械负荷和热负荷要比同等排量的汽油机大，因此，对润滑油的品质要求要高一些。为此，柴油机润滑油中加有特殊成分的添加剂。

柴油车使用说明书对所选用的润滑油牌号按冬、夏季分别做出了规定，用户必须按规定加注润滑油，不可随意改变。只有按规定的牌号和黏度加注润滑油，才能保证有良好的润滑，又使润滑油消耗不大。

国家标准《柴油机油》(GB 11122—2006)列出了各种牌号的润滑油及其适用范围，如表 7-2 所示。必须明确，高档润滑油不一定适合柴油机的工作条件。例如，航空用润滑油，其质量相当高，但没有柴油机润滑油所需的添加剂，故一般不适用于柴油机，对于新购或刚经过大修的柴油机，应在柴油机运转 50 h 后更换润滑油；对于正常运转的柴油机，应在柴油机累计运转 150 h 后更换润滑油，这将延长柴油机的使用寿命。

表 7-2　柴油机润滑油的适用范围

牌号	适用范围
2W/20	适用于寒冷地区
5W/20	适于长江以北地区全年与寒冷地区夏季使用
10W/30	适于长江以南地区全年与全国夏季使用
15W/40	适用于高速车用柴油机
20W/40	适用于增压柴油机

6. 润滑脂

润滑脂是将稠化剂掺入液体润滑剂中制成的一种稳定的固体或半固体产品，其中可以加入旨在改善润滑脂某种特性的添加剂。润滑脂在常温下可附着于垂直表面而不流淌，并能在敞开或密封不良的摩擦部位工作，具有其他润滑剂所不能代替的特点。

知识点 2　润滑系统的主要部件

一、机油泵

农机发动机常用的机油泵有齿轮式和转子式两种。机油泵通常安装在发动机曲轴箱内，有些重型柴油机的机油泵安装在发动机缸体外。

微课 7-3　润滑系统的主要部件

1. 齿轮式机油泵

齿轮式机油泵的结构如图 7-2 所示。机油泵的主动轴支承于油泵壳体座孔内，可以转动。主动轴的后端通过键和钢丝挡圈，安装固定着主动齿轮。主动轴的前端伸出壳体，上面通过键固定安装驱动齿轮，与曲轴正时齿轮啮合传动。从动轴固定于油泵壳体，上面松套着从动齿轮。前、后泵盖分别固定于油泵壳体的前、后端面，将油泵泵腔密封起来。

进油管安装于泵体一侧，与机油泵的进油腔连通。集滤器固定在进油管的端口，对进入机油泵的机油进行过滤。机油泵出油腔与前端盖的出油管连通，出油管直接与缸体主油道连通。限压阀安装于出油管一侧。

在泵盖内侧与齿轮啮合部位相对的位置开有卸荷槽，用来将齿轮啮合间隙中的机油导出，防止产生对齿轮轴的压力。油泵壳体与泵盖之间设有金属垫片，既可防止油泵漏油，又可对齿轮端面与泵盖之间的间隙进行调整。

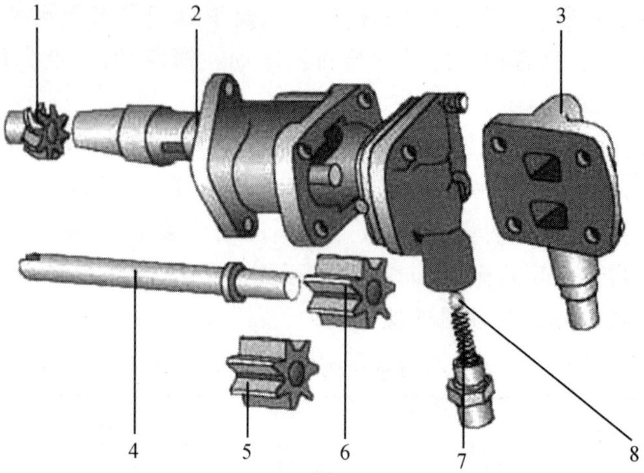

1. 油泵驱动齿轮　2. 泵体　3. 泵盖　4. 主动齿轮轴　5. 从动齿轮　6. 动齿轮　7. 限压阀弹簧　8. 限压阀

图 7-2　齿轮式机油泵机构

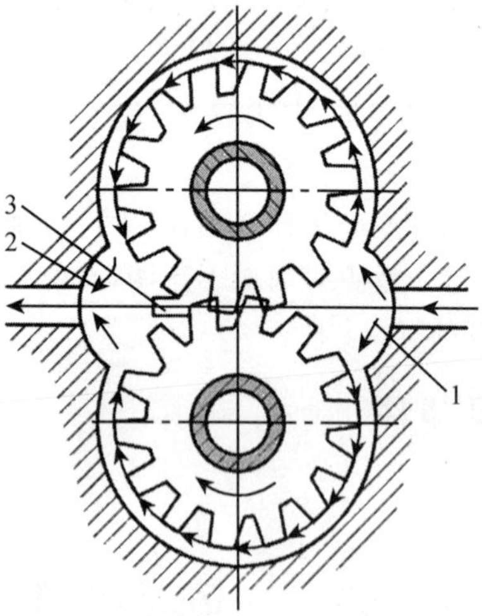

1. 进油腔　2. 出油腔　3. 卸压槽

图 7-3　齿轮式机油泵工作原理

齿轮式机油泵工作原理如图 7-3 所示。机油泵工作时，主动齿轮旋转时带动从动齿轮反方向旋转。在进油腔，由于齿轮脱离啮合的方向运动而使容积增大，产生吸力，将机油抽入进油腔。齿轮在旋转时，轮齿从进油腔向出油腔运动，把存在齿间的机油源源不断地带到出油腔。在出油腔，由于轮齿的进入而使容积减小，致使出油腔内机油的压力升高，并被压出机油泵。

2. 转子式机油泵

转子式机油泵如图 7-4 所示。由壳体、内转子、外转子和壳体等组成。内转子用键或销子固定在转子轴上，由曲轴齿轮直接或间接驱动，内转子和外转子中心的偏心距为 e，内转子带动外转子一起沿同一方向转动。内转子有 4 个凸齿，外转子有 5 个凹齿，这样内、外转子同向不同步地旋转。

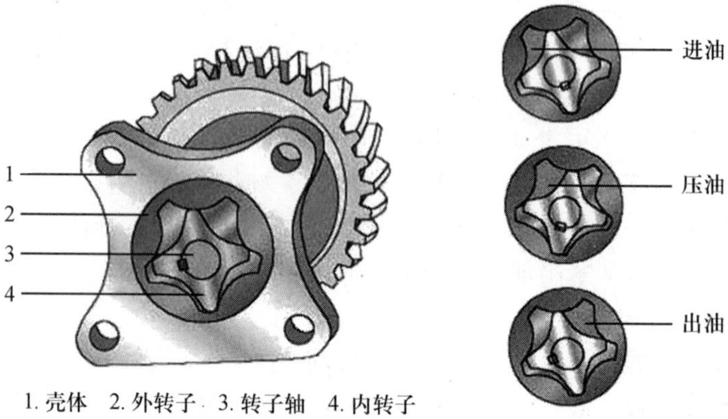

1. 壳体　2. 外转子　3. 转子轴　4. 内转子

图 7-4　转子式机油泵

当内转子旋转时，带动外转子旋转。内外转子间便形成四个工作腔。某一工作腔从进油孔转过时容积增大，产生真空，机油便经进油孔吸入。转子继续旋转，当该工作腔与出油孔相通时，腔内容积减小，油压升高，机油经出油孔压出。

二、机油滤清器

机油滤清器的功能是滤除润滑油中的金属磨屑、机械杂质和润滑油氧化物。如果这些杂质随同润滑油进入润滑系统，将加剧发动机零件的磨损，还可能堵塞油道。

为了保证润滑油的滤清效果，一般润滑系统中装有几个具不同滤清能力的滤清器：机油集滤器、机油粗滤器和机油细滤器。与主油道串联的滤清器称为全流式滤清器，一般为粗滤器；与主油道并联的滤清器称为分流式滤清器，一般为细滤器，过油量为10%～30%，如图7-5所示。

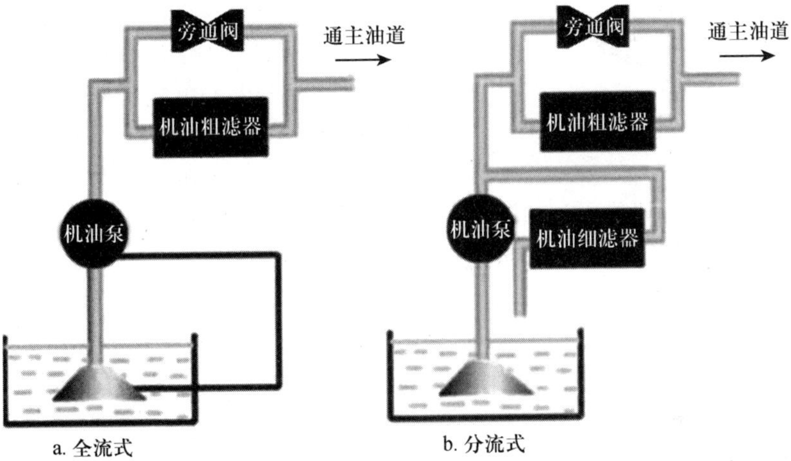

图7-5 机油滤清方式

1. 机油集滤器

机油集滤器与进油管相连，固定于机油泵的进油孔中。集滤器主要由喇叭形的吸油孔和覆盖吸油孔的滤网组成。滤网可以拆卸，用卡环固定于吸油口。发动机使用的集滤器目前分为浮式集滤器和固定式集滤器两种。

浮式集滤器如图7-6所示，飘浮于机油表面，保证油泵吸入最上层较清洁的机油，但油面上的泡沫易被吸入，使机油压力降低，润滑欠可靠。固定式集滤器淹没在油面之下，吸入的机油清洁度较差，但可防止泡沫吸入，润滑可靠，结构简单。

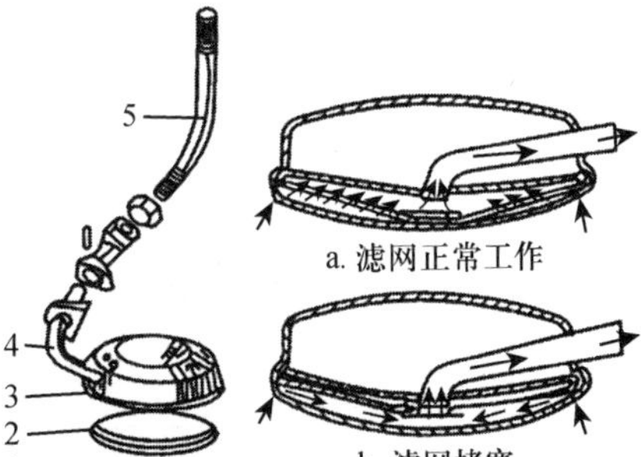

1. 罩 2. 滤网 3. 浮筒 4. 吸油管 5. 固定管

图7-6 浮式集滤器

2. 机油粗滤器

机油粗滤器用以滤去机油中粒度较大（直径为0.05～0.1 mm及以上）的杂质，它对机油的流动阻力较小，属于全流式滤清器。国产柴油发动机一般采用纸质或锯末作为粗滤器的滤芯。纸质滤芯式滤清器结构简单，滤清效果好，更换方便，得到了广泛应用。

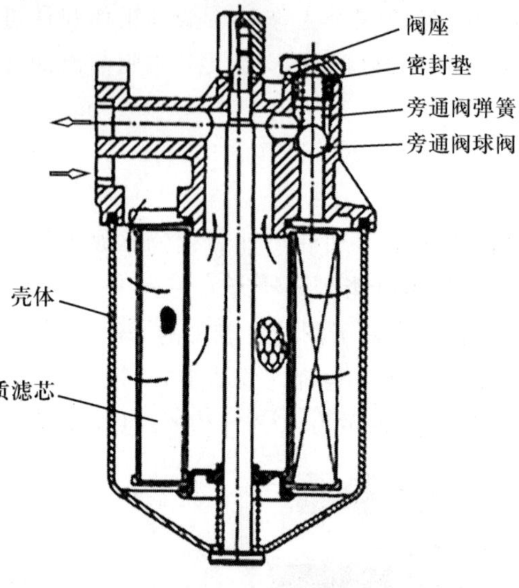

图 7-7　纸质滤芯式粗滤器

机油粗滤器如图 7-7 所示，采用纸质滤芯，由壳体、纸质滤芯、旁通阀、进油口和出油口等组成。滤芯由经过树脂处理的多孔滤纸折叠而成，滤芯的两端有环形密封圈，滤芯内有金属网或带有网眼的薄铁皮作为滤芯的骨架。

当粗滤器工作时，机油经进油口进入纸质滤芯的外表面，经滤清后由出油口流出。滤清器盖上装有旁通阀，当纸质滤芯堵塞，进、出油口的压差达到 150～180 kPa 时，旁通阀的球阀被顶开，机油直接进入主油道。

3. 机油细滤器

机油细滤器用以清除细小的杂质(直径在 0.001～0.005 mm)，它对机油的流动阻力较大，多数做成分流式，与主油道并联，只有少量的机油通过它滤清后又回到油底壳。细滤器有过滤式和离心式两种，过滤式机油细滤器存在着滤清能力与通过能力的矛盾，而离心式则有滤清能力高、通过能力大，且不受沉淀物影响等优点，因此柴油发动机多采用离心式细滤器。

离心式细滤器的结构如图 7-8 所示。壳体上固定着带中心孔的转子轴，转子轴上端套装

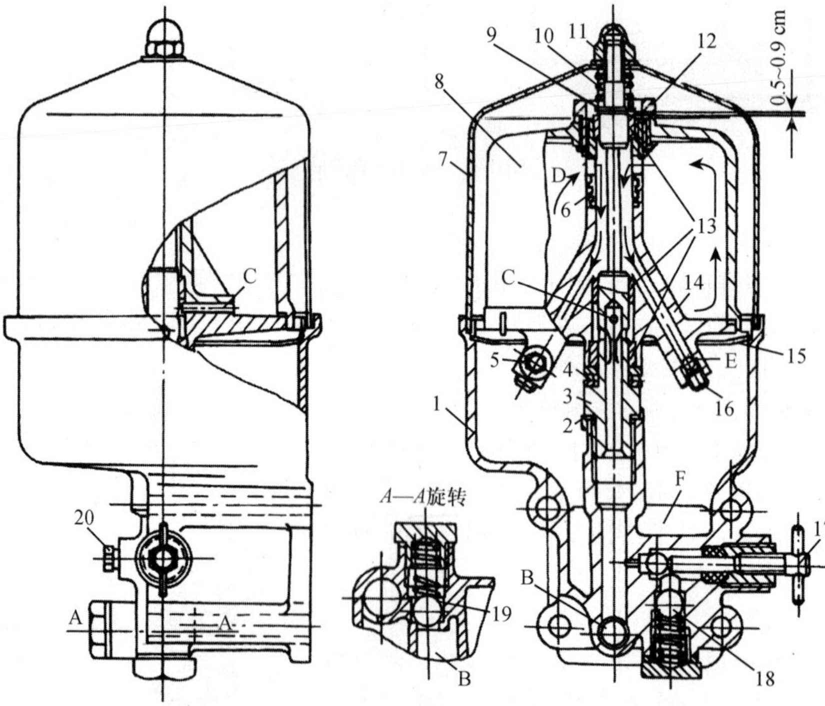

1. 壳体　2. 锁片　3. 转子轴　4. 推力球轴承　5. 喷嘴　6. 转子体端套　7. 滤清器盖　8. 转子盖　9. 支承垫圈　10. 弹簧　11. 压紧螺套　12. 压紧螺母　13. 衬套　14. 转子体　15. 挡板　16. 螺塞　17. 调整螺钉　18. 旁通阀　19. 进油限压阀　20. 管接头　A. 剖切面　B. 滤清器进油孔　C. 转子体出油孔　D. 转子体进油孔　E. 喷嘴油道　F. 滤清器出油孔

图 7-8　离心式机油细滤器

着滤清器盖，并用盖形螺母固定。转子体与转子体端套连成一体，转子盖通过压紧螺母固定在转子体上，转子体中心孔内压装着3个衬套。转子体套装在转子轴上，下端与转子轴之间装有止推轴承，可自由转动。在转子上端面与滤清器盖之间装有支承垫和压紧弹簧，以防止转子发生轴向窜动。转子体下端装有2个按中心对称安装的喷嘴。发动机工作时，从机油泵输出的一小部分润滑油经气缸体上的油道到达滤清器进油孔。当油压低于0.1 MPa时，限压阀关闭，机油泵输出的润滑油不经过细滤器分流，而全部经粗滤器进入主油道。

当油压高于0.1 MPa时，限压阀被顶开，润滑油沿壳体中转子轴内的中心油道，经转子体出油孔进入转子内腔，然后经转子体进油孔、通喷嘴油道从两喷嘴喷出，于是转子在喷射反作用力的推动下高速旋转，如图7-9所示。在离心力的作用下，转子腔内的润滑油中的杂质被甩向转子壁，清洁的机油由转子体进油孔进入，这部分润滑油经喷嘴喷出后，再经滤清器出油孔直接流回油底壳。

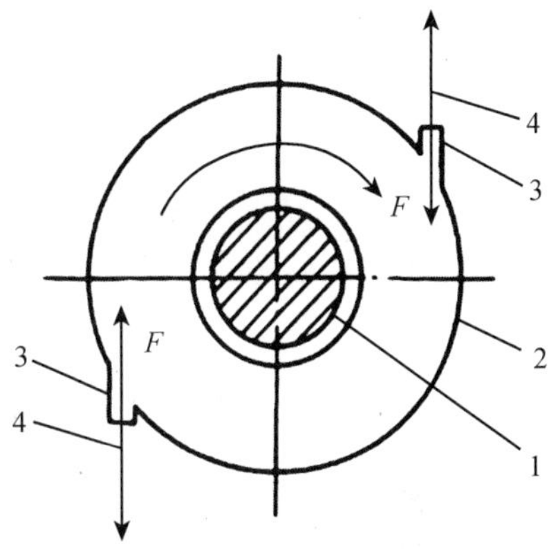

1. 转子轴　2. 转子体　3. 喷嘴　4. 喷射出的油柱

图7-9　转子旋转原理

当油压高于0.4 MPa时，机油散热器安全阀（旁通阀）被顶开，使部分润滑油经安全阀流回油底壳，以降低流经机油散热器的润滑油压力，防止因油压过高而导致机油散热器损坏。

4. 复合式滤清器

为了简化发动机结构、便于更换，目前很多发动机采用复合式滤清器。这种滤清器的细滤芯与粗滤芯串联，而且装在同一个外壳内，如图7-10所示。

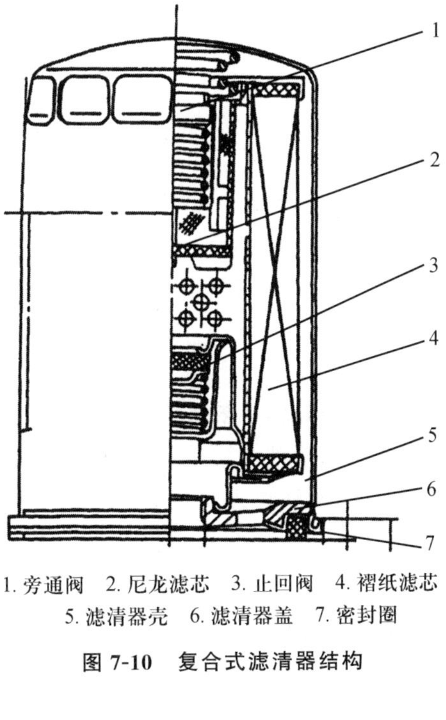

1. 旁通阀　2. 尼龙滤芯　3. 止回阀　4. 褶纸滤芯
5. 滤清器壳　6. 滤清器盖　7. 密封圈

图7-10　复合式滤清器结构

复合式滤清器的工作流程如图 7-11 所示。

从油底壳来的脏机油从端盖周边的机油孔进入滤清器内，从外向内依次通过粗滤芯（褶纸滤芯）和细滤芯（尼龙滤芯）进入滤清器的中心油腔。当机油压力大于止回阀的弹簧弹力时，止回阀打开，机油经过滤后流向发动机。

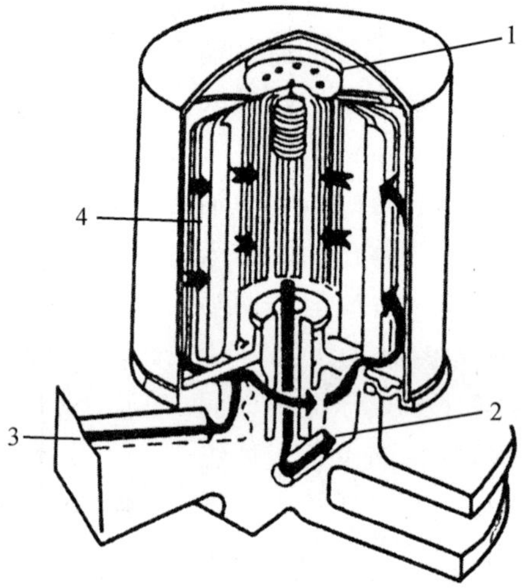

1. 旁通阀　2. 发动机的清洁润滑剂
3. 从油底壳来的脏机油　4. 褶纸滤芯

图 7-11　复合式滤清器的工作流程

当滤清器内部的滤芯被堵塞，油压将随之增大，这时会使旁通阀打开，使机油绕过滤芯直接进入中心油腔，以保证正常润滑。

这种滤清器成本低、结构紧凑、工作可靠且无须维修，只要定期更换滤芯即可。

三、机油散热器

热负荷较大的发动机，为保持机油具有一定的黏度，装有机油散热器以便对机油进行强制性冷却。使机油保持在最有利的温度范围内工作。

机油散热器有风冷式和水冷式两种形式。风冷式一般安装在发动机冷却系统散热器的前面，利用冷却风扇的风力使机油冷却。这种机油散热器与主油道并联，利用空气流经散热器时带走热量，使散热器内的机油得到冷却。机油泵工作时，一方面将机油供给主油道；另一方面经限压阀、机油散热器开关、进油管进入机油散热器内，冷却后从出油管流回油底壳，如此循环流动。

水冷式机油散热器也叫作机油冷却器，一般安装在发动机的一侧。将机油冷却器置于冷却水路中，利用冷却水的温度来控制润滑油的温度。当润滑油温度高时，靠冷却水降温，发动机启动时，则从冷却水吸收热量使润滑油迅速提高温度。为了加强冷却，管外又套装了散热片。冷却水在管外流动，润滑油在管内流动，两者进行热量交换。也有使油在管外流动，而水在管内流动的结构。

任务二　润滑系统的检修

【任务目标】

✓ **知识目标**

1. 掌握润滑系统的常见故障；
2. 掌握润滑系统拆装的方法与步骤；
3. 掌握润滑系统的检修的要点。

✓ **能力目标**

1. 能够规范使用设备、工具；
2. 能够进行润滑系统的拆装；
3. 能够进行润滑系统的检修。

✓ **素质目标**

1. 严格执行润滑系统检修的安全操作规范；
2. 严格执行润滑系统检修的“6S”管理规范；
3. 培养团队协作意识、责任意识和爱岗敬业精神；
4. 培养学生自主学习、归纳总结、语言表达的能力；
5. 培养学生对“三农”发展的信心。

【任务工单】

任务工单见表 7-3。

表 7-3　润滑系统的检修任务工单

专业			操作时长	40 分钟		
班级			机型	农机 4 缸柴油发动机		
学号			时间	年　月　日		
姓名			成绩			
润滑系统的检修作业表						
序号	作业内容	作业要点	配分	评分标准	得分	备注
1	安全文明生产	(1)做好操作前的准备，包括检查和备齐所需的工具、量具与零件、设备； (2)遵守安全操作规程，正确使用工具，操作现场整洁	10	未达到要求，1 次扣 2 分，扣完为止		
2	机油压力过低	(1)机油泵工作不良，机油油路严重泄漏； (2)机油滤清器堵塞； (3)曲轴箱机油黏度低或机油不足	20	未能正确操作，1 次扣 2 分，扣完为止		

续表7-3

序号	作业内容	作业要点	配分	评分标准	得分	备注
3	机油压力过高	(1)机油滤清器芯堵塞,旁通阀不开启; (2)机油压力表或与油压传感器工作不良; (3)机油黏度过大,限压阀卡住或调整不当	30	未能正确操作,1次扣2分,扣完为止		
4	机油消耗过大	(1)油路有渗漏现象; (2)活塞环磨损或损坏; (3)润滑油的黏度过低	30	未能正确操作,1次扣2分,扣完为止		
5	技术要求	(1)遵守安全操作规程; (2)正确使用工具,操作现场整洁	10	未达到要求,1次扣2分,扣完为止		
评分说明		(1)工具及零件掉在地上每次扣1分; (2)量具掉在地上每次扣3分; (3)因操作失误造成零件及工具、量具损坏每次扣2分; (4)违反安全操作规程每次扣1～3分; (5)因违规操作发生重大人身或设备事故,按零分计				
学生签字			教师签字			

【相关知识点】

知识点1　润滑系统故障检修

一、机油压力过低故障

1. 故障现象

(1)发动机启动后,机油压力迅速降低。

(2)发动机在运转过程中,机油压力低于规定值。

2. 故障原因分析

(1)曲轴箱机油黏度低或机油不足。

(2)限压阀弹簧过软或折断。

(3)机油滤清器旁通阀弹簧过软和折断。

(4)润滑油进油管接头松动或油管破裂。

(5)机油泵工作不良,机油油路严重泄漏。

(6)气缸衬垫损坏,冷却水漏入曲轴箱,使润滑油变质,黏度下降。

(7)曲轴主轴承、连杆轴承及凸轮轴承配合间隙过大而泄漏。

(8)机油滤清器堵塞,使旁通阀开启压力过高或卡住,机油不能进入主油道。

(9)机油集滤器堵塞。

3. 维修方法

(1)首先拔出机油尺,检查曲轴箱内机油油面。

(2)检查机油传感器。

(3)发动机运转时,机油压力突然降低,应及时停车熄火,检查有无机油泄漏,如机油滤清器衬垫损坏、油管断裂等。

(4)拆下传感器(或压力开关)并短暂发动,若机油喷出无力,应检查机油滤清器、集滤器及机油泵等。

二、机油压力过高故障

1. 故障现象

(1)接通点火开关,机油压力表指示为 196 kPa,发动后上升至 490 kPa 以上。

(2)发动机运转中机油压力突然增高。

(3)机油滤清器胀裂或机油传感器冲裂。

2. 故障原因分析

(1)机油黏度过大,限压阀卡住或调整不当。

(2)气缸体主油道堵塞。

(3)机油滤清器芯堵塞,旁通阀不开启。

(4)机油压力表或与油压传感器工作不良。

(5)曲轴主轴承,连杆轴承间隙过小。

(6)曲轴箱机油加注过多,机油太脏。

3. 维修方法

(1)首先检查机油油量。拔出量油尺,检视油面是否过高,察看机油黏度是否过大。

(2)机油油压突然增高,应检查机油滤清器芯是否堵塞,旁通阀弹簧是否过硬,润滑油道是否堵塞,机油泵限压阀是否卡死。

(3)接通点火开关,机油表有压力指示,应检查机油表传感器是否完好。

三、机油变质故障

1. 故障现象

(1)机油变黑并有杂质。

(2)油滴外缘呈黄色,而核心呈黑色。

(3)机油严重稀释,出现燃油气味,机油高温氧化,有刺激性气味。

2. 故障原因分析

(1)机油高温氧化,含有酸性物质、胶质铁屑、沥青等杂质。

(2)外部灰尘渗入曲轴箱,因与机油搅动形成油泥。

(3)燃烧室油废气和未燃混合气漏入曲轴箱,使机油稀释。

(4)机油滤清器性能不佳。

(5)选用的机油品质不佳或牌号不符。

3. 维修方法

(1)防止脏物、杂质侵入润滑系统,在保管和加注时,应注意保洁,加注润滑油口的盖要严密。

(2)定期更换机油和机油滤清器,必要时清洗油道。

(3)曲轴箱通风装置要完好有效,要定期检查并清洗通风阀、通风管,防止机油过热和汽油冲淡机油。

(4)正确诊断机油变质情况,查看机油黏度,颜色,判断有无汽油、水分和杂质渗入。可用手捻油,检视机油是否变黑,或同时滴一滴机油在滤纸上,观察其扩散情况,中心为粗粒杂质沉淀区,若机油受到严重污染,呈黑色,并有金属粒或沙粒。若机油没有污染,其扩散越宽,油质越好。若机油有水,会出现明显的水痕。

(5)正确选择机油,重视其品质和黏度要求。

四、机油消耗过大

1. 故障现象

(1)发动机在使用过程中机油消耗过多(机油消耗率超过 0.1～0.5 L/km),需经常添加机油。

(2)排气管冒蓝烟。

2. 故障原因分析

(1)活塞与气缸壁间隙过大,导致飞溅的润滑油从缝隙处上窜到燃烧室而被燃烧,引起润滑油消耗量剧增。

(2)活塞环磨损或损坏,活塞环对口或装反。

(3)进气门导管磨损过甚,以及气门杆油封失效,导致进气行程在进气管真空度的作用下,润滑油从气门杆与导管孔的配合间隙处大量进入气缸而被燃烧。

(4)润滑油的黏度过低,易上窜,且油膜薄,易被烧掉;另外,黏度低的润滑油易挥发。

(5)油路有渗漏现象。油封损坏、管路破裂、结合处不密封等均会引起润滑油泄漏,使机油消耗量增加。

(6)曲轴箱通风装置堵塞,使曲轴箱内气体压力和润滑油的温度升高,不但造成润滑油的渗漏、蒸发,而且使油底壳衬垫或气门盖边盖衬垫被冲破。

3. 维修方法

(1)检查有无渗漏油处。检查曲轴的前、后油封处、机油滤清器有无渗漏,润滑油管有无破裂漏油现象。油封漏油常因油封破损、装配不当、老化或曲轴皮带轮与油封接触表面磨损过甚引起。

(2)检查曲轴箱的通风情况,有无堵塞现象。

(3)观察是否存在排气管大量冒蓝烟现象。当加大油门发动机高速运转时,若排气管大量冒蓝烟,机油加注口也会大量冒烟或脉动冒烟,说明活塞、活塞环与气缸壁磨损过甚,使机油窜入燃烧室而燃烧,应拆下活塞连杆组进行检查分析;另外,需检查第一道环的端隙、背隙和侧隙,若这些间隙过大,会使泵油现象加重。

当发动机大负荷运转时,排气管冒浓蓝烟,但加机油口并不冒烟,这是飞溅到气门室内的机油沿气门导管间隙被吸入燃烧室的结果。

若短时间冒蓝烟,而曲轴箱机油量不减,表明空气滤清器堵塞或油面过高。

知识点 2　润滑系统的拆装

一、机油泵的拆装

拆卸机油泵按以下步骤进行：

(1)放尽油底壳的机油后，拆卸油底壳。

(2)拆下机油泵总成紧固螺栓，将总成一起拆卸下来。

(3)拆卸机油泵粗集滤器、连接管(吸油管组)。

(4)拆卸机油泵盖组，检查泵盖上的限压阀组。

(5)分解主、从动齿轮，再分解齿轮和轴。

(6)清洗、检查、测量所有零件。

清洗各零件后，按拆卸时相反顺序进行装复。完成后，主动轴应转动灵活，限压阀柱塞装入阀孔中，应转动灵活，无卡滞现象。

二、机油粗滤器拆装方法与步骤

1. 拆卸

(1)松开紧固螺母，分解底座和外壳推杆总成。

(2)取出密封垫圈、滤芯压紧弹簧垫圈和弹簧。

(3)松开阀座取出旁通阀弹簧和钢球，仔细观察旁通阀的工作情况。

2. 装复

清洗各零件后，按拆卸时相反顺序装复粗滤器。注意不要损坏各密封圈。

三、离心式机油细滤器拆装

1. 拆卸

(1)松开外罩上盖形螺母，取下密封垫圈、外罩、止推弹簧和止推片。

(2)将转子转动到喷嘴对准挡油盘缺口时，取出转子体总成。

(3)松开转子罩上紧固螺母，分解转子总成，仔细观察转子的工作情况。

(4)松开进油阀座，拆卸阀座垫圈、进油阀弹簧、进油阀柱塞。

2. 装复

清洗观察各零件后。按拆卸时的相反顺序装复细滤器。装配注意事项：

(1)转子总成装配时必须把转子罩和转子座两箭头记号对准，否则将破坏转子总成的平衡。密封橡胶垫应装好，否则将会漏油，并会使转子不转。锁紧螺母不能旋得过紧(旋紧力矩不得超过 30～50 N·m)，否则将影响转子的正常工作。

(2)装止推弹簧下面的止推片时，应将光面对着转子，切勿装反或漏装，以免影响转子旋转。

(3)装复外罩时，应把底座密封圈槽内的泥沙清除干净，外罩下若有泥沙会引起转子轴的变形。

项目八　柴油发动机的装配与综合故障分析

项目目标

1. 能够装配柴油发动机；
2. 能够综合分析柴油发动机故障；
3. 了解发动机试验分类。

项目任务

1. 柴油发动机的装配；
2. 柴油发动机综合故障分析。

任务一　柴油发动机的装配

【任务目标】

✓ 知识目标

1. 掌握发动机试验分类与性能标定；
2. 掌握柴油发动机装配的步骤；
3. 掌握柴油发动机装配后的磨合。

✓ 能力目标

1. 能够规范使用设备、工具；
2. 能够进行发动机的装配。

✓ 素质目标

1. 严格执行发动机装配的安全操作规范；
2. 严格执行发动机装配的“6S”管理规范；
3. 培养团队协作意识、责任意识和爱岗敬业精神；
4. 培养学生自主学习、归纳总结、语言表达的能力；
5. 培养学生对“三农”发展的信心。

【任务工单】

任务工单见表 8-1。

表 8-1　柴油发动机的装配任务工单

专业		操作时长	360 分钟
班级		机型	农机 4 缸柴油发动机

续表8-1

学号			时间	年　　月　　日		
姓名			成绩			
柴油发动机的装配作业表						
序号	作业内容	作业要点	配分	评分标准	得分	备注
1	安全文明生产	(1)做好操作前的准备,包括检查和备齐所需的工具、量具与零件、设备; (2)遵守安全操作规程,正确使用工具,操作现场整洁	10	未达到要求,1次扣2分,扣完为止		
2	气缸套的装配	(1)把“O”形橡胶密封圈置于气缸体的环槽内; (2)在气缸套下部的外表面均匀涂以肥皂水; (3)平稳地把气缸套压入气缸体中	20	未能正确操作,1次扣2分,扣完为止		
3	曲轴的装配	(1)将气缸体倒置,使气缸体下平面朝上; (2)将主轴瓦的上片放入气缸体轴承孔内; (3)用专用吊具将曲轴吊起,平稳地放入气缸体中的主轴瓦上; (4)安装主轴承盖,拧紧主轴承螺栓,应从中间开始向两端交叉进行,并分次拧紧	20	未能正确操作,1次扣2分,扣完为止		
4	活塞和连杆的装配	(1)同一台发动机上的活塞连杆总成应为同一组的四配套件; (2)活塞销表面涂润滑油后对准销孔和衬套轻轻推入; (3)用专用工具将活塞销挡圈装入槽内,必须使挡圈完全入槽	20	未能正确操作,1次扣2分,扣完为止		
5	活塞环的安装	(1)安装活塞环时应注意使用专用工具; (2)安装活塞环时应注意方向; (3)活塞环的开口避开销轴方向和侧压力方向	20	未能正确操作,1次扣2分,扣完为止		
6	活塞连杆组总成的装配	(1)装配前,需要将活塞涂以润滑油; (2)活塞环端口错开120°或180°; (3)连杆端螺母按规定力矩拧紧	20	未能正确操作,1次扣2分,扣完为止		
7	曲轴前端的装配	(1)前油封压入油封座; (2)将曲轴的定位平键放入键槽内; (3)装好油封座用螺栓固装在气缸体前端	10	未能正确操作,1次扣2分,扣完为止		

续表8-1

序号	作业内容	作业要点	配分	评分标准	得分	备注
8	凸轮轴的装配	(1)安装止推片、半圆键和正时齿轮； (2)将锁紧垫片套入并使其锁舌插进正时齿轮的键槽中； (3)安装凸轮轴总成	10	未能正确操作，1次扣2分，扣完为止		
9	飞轮壳及飞轮的安装	(1)安装飞轮壳到气缸体； (2)安装飞轮，使飞轮销孔与销钉对应； (3)把垫圈和锁片套在飞轮螺栓上拧入曲轴后端，按照规定拧紧力矩	10	未能正确操作，1次扣2分，扣完为止		
10	集滤器油底壳安装	(1)安装机油泵及集滤器； (2)将油底壳固装到机体上； (3)为保证密封应使各螺栓扭矩均匀	10	未能正确操作，1次扣2分，扣完为止		
11	气缸盖的安装	(1)将挺柱放入缸体挺柱孔中； (2)安装气缸垫总成； (3)安装气缸盖，注意对准定位销孔	10	未能正确操作，1次扣2分，扣完为止		
12	摇臂总成的组装	(1)把推杆装到推杆孔中； (2)将摇臂轴总成，摇臂及摇臂轴支架组合件放在气缸盖上； (3)气缸盖螺栓按照顺序紧固	10	未能正确操作，1次扣2分，扣完为止		
13	调整气门间隙	调整气门间隙，冷态时，进气门的间隙为0.30 mm，排气门间隙为0.35 mm	10	未能正确操作，1次扣2分，扣完为止		
14	外部总成的安装	安装启动机、空气压缩空气机、高压油泵、机油粗滤器、机油细滤器等外部总成	10	未能正确操作，1次扣2分，扣完为止		
15	技术要求	(1)装配前须对零部件进行清洗、检验； (2)遵守安全操作规程； (3)正确使用工具，操作现场整洁	10	未达到要求，1次扣2分，扣完为止		
评分说明		(1)工具及零件掉在地上每次扣1分； (2)量具掉在地上每次扣3分； (3)因操作失误造成零件及工具、量具损坏每次扣2分； (4)违反安全操作规程每次扣1～3分； (5)因违规操作发生重大人身或设备事故，按零分计				
学生签字			教师签字			

【相关知识点】

知识点1 发动机试验分类与性能标定

一、发动机的试验分类

1. 定型与验证试验

凡是新产品、改进或变型产品,以及转厂生产的产品,为检验发动机的性能指标是否达到设计或改进的要求,需要对其进行试验,以评价其可靠性、耐久性。其中新产品、改进或变型产品的试验称为定型试验;转厂生产的产品试验为验证试验。

微课8-1 发动机试验分类与性能标定

2. 可靠性试验

发动机在试验台上进行全负荷、标定转速连续运转,以考核发动机动力性、经济性的稳定程度和零部件的耐用性。

3. 验收试验

验收单位检验发动机性能是否符合技术文件规定而进行的试验。它可与抽查试验结合进行。

4. 出厂试验

制造厂为了保证产品质量,每台发动机出厂前在台架上进行主要性能的试验,以检验产品质量是否符合要求。

5. 抽查试验

成批或大量生产的发动机应根据批量大小,抽取一定数量的产品进行性能试验和功能检验。必要时进行可靠性、耐久性试验,以衡量发动机制造质量的稳定性。

二、发动机的功率标定

同一型号的发动机,在不同的使用条件下,铭牌上所标定的功率及相应的转速可以不同。发动机铭牌上标出的功率均为使用中允许的最大功率。按发动机用途和使用特性以及允许连续运转的时间,标定功率分为四种:15 min功率、1 h功率、12 h功率和持续功率。按使用特性在发动机铭牌上可标明其中1～2种功率。

1. 15 min功率

这一功率为发动机允许连续运转15 min的最大功率,适用于需要有较大的功率储备或瞬时需要发出最大功率的汽车、摩托车、快艇所用的发动机。

2. 1 h功率

这一功率为允许连续运转1 h的最大功率。适用于需要有一定功率运转,以克服突然增加的负荷的轮式拖拉机、机车、船舶等所用的发动机。

3. 12 h功率

这一功率为允许连续运转12 h的最大功率。适用于需要在12 h内连续运转,且负荷大的拖拉机、机车、工程机械、农用排灌机械和电站等所用的发动机。

4. 24 h 持续功率

这一功率为允许长期连续运转的最大功率。适用于需要长期连续运转的农用排灌、电站、船舶等所用的发动机。

知识点 2　柴油发动机的装配过程

一、气缸套的装配

先把“O”形橡胶密封圈置于气缸体的环槽内，然后选用同一尺寸分组的气缸套，倒置放入气缸体的缸套孔中，检查气缸套的凸出量，气缸套上端台肩凸出缸体顶面 0.085～0.165 mm，相邻的缸套高度差不大于 0.03 mm，各缸凸出量应一致。

同时，在气缸套下部约 50 mm 范围内的外表面均匀涂抹肥皂水，平稳地把气缸套压入气缸体中。装配后应检查“O”形密封圈是否被剪断和刮伤，如有损伤，应换用新的密封圈重新安装。气缸套装配后，缸体水腔须经 294～392 kPa 的水压试验，在 3～5 min 内不得渗漏。

二、曲轴的装配

首先将气缸体倒置使气缸体下平面朝上，分别将主轴瓦的上片放入气缸体轴承孔内，使瓦片凸肩嵌入缸体轴承座孔凸肩槽内，注意观察缸体上的油孔是否在轴瓦油槽范围内。将轴瓦内表面涂润滑油，然后将止推轴承片用两个圆柱销装在最后一个轴承座后端止推面上，止推轴承片带有油槽面朝向外端面。

用专用吊具将曲轴吊起，用压缩空气把曲轴全部油孔吹干净，全部轴径轴肩擦拭干净。平稳地放入气缸体中的主轴瓦上，并向主轴径上涂以机油。

主轴承盖的安装：把下主轴瓦分别置于主轴承盖内，在把止推轴承片分别装到最后主轴承盖前后端面上，使止推轴承片带有油槽面向外用圆柱销固定。在紧密贴合状态下，圆柱销应低于止推轴承片 0.5～1.0 mm。

将已装好主轴承瓦的主轴承盖依次放入缸体上相应的主轴承的止口内，向前标记不得装反。将主轴承螺栓螺纹部分及螺栓头支撑面涂以机油。然后旋入螺孔中，孔壁不得与螺栓定位带接触，可用铜锤敲击主轴承盖进行归位。直至与缸体贴合为止，要保证后端面上、下止推片在同一平面内。

拧紧主轴承螺栓时，应从中间开始向两端交叉进行，并分次拧紧。其拧紧力矩为(250±10)N·m。待全部主轴承螺栓拧紧后，转动曲轴应旋转自如。最后将曲轴推至前端，用厚薄规检查曲轴轴向间隙应保证在 0.105～0.309 mm。

三、活塞和连杆的装配

安装在同一台发动机上的活塞连杆总成应为同一组的四配套件。装配活塞连杆总成时，应使连杆体与连杆端盖上一侧和活塞上向前的标记置于同侧。活塞销表面涂润滑油后对准销孔和衬套轻轻推入。如果活塞销装配困难，可将活塞放入热水中加热后再行装入，不允许锤击。然后用专用工具将活塞销挡圈装入槽内，必须使挡圈完全入槽。

四、活塞环的安装

安装活塞环时应注意使用专用工具，如图 8-1 所示。第一道气环有标记的一面朝上；第二道气环有标记的一面也朝上。油环总成的安装顺序是：先打开弹簧胀圈的搭接口，再把胀圈装入活塞环槽内，结合搭口，最后把油环外圈套在弹簧胀圈上，并使环的开口和弹簧胀圈搭口互相错开180°。活塞环装入环槽后要能在槽内自由转动，各环依次错开120°或180°，并避开销轴方向和侧压力方向。

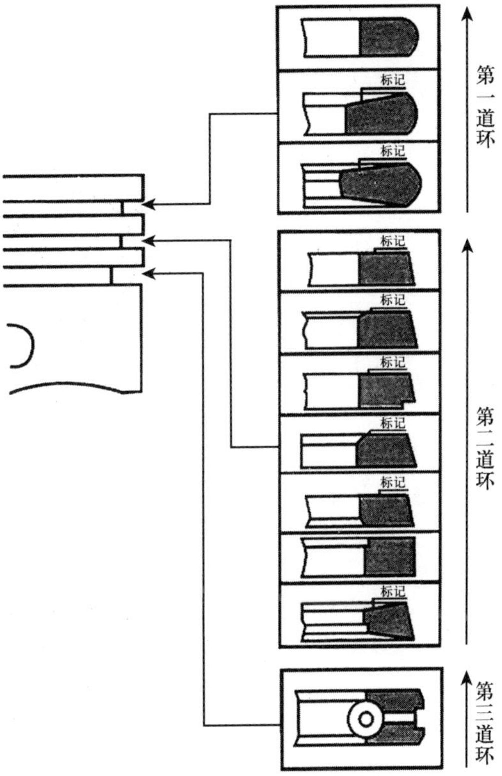

图8-1　活塞环的安装

五、活塞连杆组总成的装配

安装活塞连杆总成时，要使用专用工具（在不更换零件的条件下）按原始缸序装配。防止损伤螺纹或刮伤缸壁。装配前，需要将活塞、活塞环、连杆轴瓦、曲轴轴颈和连杆轴颈涂以润滑油进行预润滑。切记将活塞环端口错开120°或180°，同时避开侧压力及销轴方向。活塞顶部与连杆杆身的朝前标记朝向发动机的风扇端。

连杆端螺母的拧紧力矩为140～160 N·m。连杆轴颈与连杆轴瓦之间的间隙为0.06～0.128 mm。连杆螺栓与连杆孔为过渡配合，可起到定位作用，装配时可用铜锤敲入。

六、曲轴前端的装配

前油封在压入油封座之前，先把挡油片放入油封槽内，使回油位置对正，用专用工具把油封压入油封座孔内。再将曲轴的定位平键放入曲轴键槽内，直至与槽底贴合为止，并装入挡油片，再装好油封座用螺栓固装在气缸体前端。

七、凸轮轴的装配

将凸轮轴清洗干净，然后将其夹持在台钳上；为防止损伤凸轮轴，应在钳口垫以铝或铜片。安装止推片、半圆键和正时齿轮，注意齿轮上的正时记号朝外，将锁紧垫片套入并使其锁舌插进正时齿轮的键槽中，然后拧紧凸轮轴正时齿轮紧固螺栓。在正对螺栓平面处撬起锁紧垫片并与正时齿轮紧固螺栓侧平面贴紧，然后检查止推片和正时齿轮轮毂端面之间的间隙为0.080～0.218 mm。

凸轮轴及正时齿轮总成装入时，应先将各轴颈涂以润滑油，防止刮伤凸轮轴衬套，然后用套有弹簧垫圈和平垫圈的螺栓把止推片紧固，其拧紧力矩是30～40 N·m。

八、正时安装标记

各正时齿轮的记号要与相应正时齿轮的记号对正，如图8-2所示。

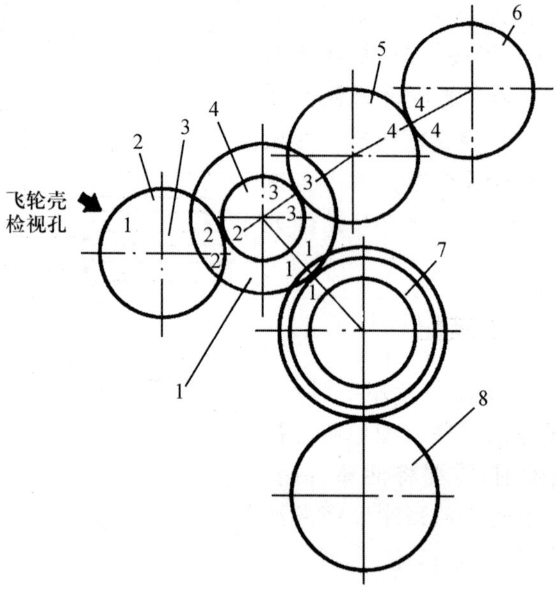

1. 正时中间齿轮　2. 喷油泵齿轮　3. 键槽　4. 正时中间齿轮
5. 正时中间齿轮　6. 凸轮轴齿轮　7. 曲轴齿轮　8. 机油泵齿轮
齿轮上标记:1. 曲轴齿轮记号　2. 喷油泵齿轮记号
3. 中间齿轮记号　4. 凸轮轴齿轮记号

图 8-2　CA6110 正时装配标记

九、飞轮壳及飞轮的安装

飞轮壳在装到气缸体之前，应先将飞轮正时指针紧固到飞轮壳内的检视孔的位置上，同时将飞轮壳固装到机体上，装曲轴后油封，螺栓拧紧力矩为 15～20 N·m。

安装飞轮，擦净与曲轴相配合的表面和端面，使飞轮销孔与销钉对应。把垫圈和锁片套在飞轮螺栓上拧入曲轴后端，拧紧力矩是(160±10) N·m，拧紧顺序按直径方向成对角拧紧，用扁铲撬起锁片使之与螺栓头的平面贴紧，但不要铲伤飞轮表面。然后检查飞轮端面摆动差在 R150 mm 范围内应≤0.15 mm，如果超限，应检查螺栓拧紧力矩是否均衡或安装表面是否有杂物。

十、集滤器油底壳安装

安装机油泵及集滤器并向集滤器内注入适量的润滑油，以保证机油泵的密封。同时将油底壳固装到机体上。为保证密封应使各螺栓扭矩均匀。

将发动机直立，安装启动机、空气压缩空气机、高压油泵、离合器总成、机油粗滤器、机油细滤器等外部总成。

十一、喷油器套的装配

装配前先将“O”形橡胶圈套上，然后在配合表面涂以密封胶后再压入缸盖孔内。用碾压器挤压同时在下端孔口处扩孔。

十二、气门导管的装配

将气门导管孔清洗干净，涂以润滑油，将导管压入孔内。压至气门导管上端距离气门弹簧座面 18 mm 时为止。

气缸盖总成装配完毕之后，要进行 3 min 的水压试验，压力为 0.3 MPa，在规定压力下不得有渗漏现象。

十三、气门油封的装配

首先把气门弹簧下座套入气门导管上，用专用工具把气门油封总成压在气门导管上。

十四、气门弹簧的装配

将研磨好的气门清洗干净，在杆部涂以机油，按研磨配对顺序插入气门导管内，然后装入气门内、外弹簧、气门弹簧座。用专用工具压弹簧座，使弹簧处于压缩状态，装入气门锁块。

十五、摇臂总成的组装

将摇臂支架从摇臂轴后端套入，顺次套入波形弹簧、气门摇臂、定位弹簧、摇臂轴支架、气门摇臂、定位弹簧、摇臂轴支架等，待全部组装后，拧紧定位螺栓。该装配组件应每缸有两个摇臂总成和一个摇臂轴支架，且支架位于两个摇臂之间。

十六、挺柱和推杆的安装

将挺柱放入缸体挺柱孔中，然后安装气缸垫总成。先检查是否有缺陷、是否清洁，然后对准定位销孔放平，注意安装方向，是否对准各个缸套、水孔及螺栓孔。对各缸涂以少量润滑油后在放上气缸盖。注意对准定位销孔。清洗组装完整的气缸盖放入气缸体上，并注意不要损伤气缸垫，将气缸盖的 18 支中长螺栓分别放入相应的孔中，将摇臂总成放入气缸盖上的相应位置，将 8 支长螺栓分别放入摇臂总成的相应孔中，各螺栓放入前均应涂以润滑油。

这时要把推杆装到推杆孔中。将摇臂轴总成，摇臂及摇臂轴支架组合件放在气缸盖上，放上气缸盖螺栓垫圈，在气缸盖螺栓螺纹部分涂润滑油后在拧入气缸体。气缸体的拧紧力矩为 180～200 N·m(M14 螺栓)和 35 N·m(M10 螺栓)。

拧上摇臂轴的 6 支 M12 螺栓，拧紧力矩为 30～40 N·m，和缸盖一起用缸盖螺栓拧紧在发动机上。

十七、气缸盖螺栓紧固顺序

当上述各部分完成后，按气缸盖螺栓拧紧顺序分三次拧紧，如图 8-3 所示，最后达到所要求的扭矩，按序调整气门间隙。装配完毕，待发动机运转到正常温度后，在按上述顺序和扭矩要求复查气缸盖螺栓扭矩。

调整气门间隙，冷态时，进气门的间隙为 0.30 mm，排气门间隙为 0.35 mm。

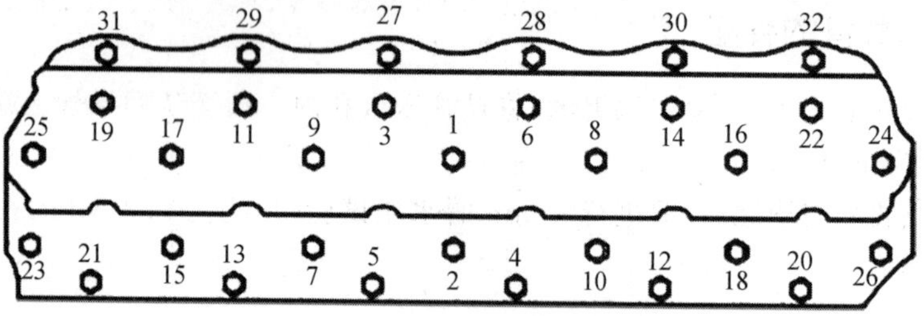

图 8-3　气缸盖螺栓拧紧顺序示意图

十八、风扇皮带的安装与调整

水泵总成、发电机总成安装之后，安装风扇皮带。通过改变发电机的相应角度来调节其松紧程度。如图 8-4 所示。在 4 kg 的作用力下两轮间的皮带挠度应在 10～15 mm 范围内。

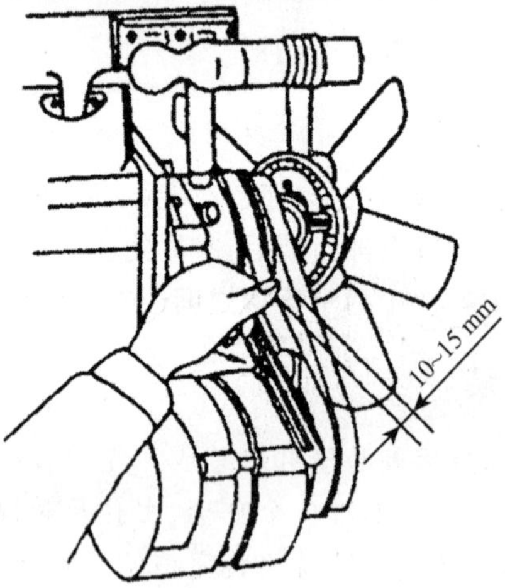

图 8-4　发动机风扇皮带调节示意图

十九、喷油泵及空气压缩机的安装

喷油泵安装前，应先将飞轮上的供油正时标记“0”对准飞轮壳上的指针，并确认发动机第一缸活塞处于压缩行程上止点位置；然后，将空气压缩机传动齿轮上的装配标记“2”对准飞轮壳上指针或检视孔装入。同时拆下飞轮壳观察孔橡胶塞，检查装配的正确性。此时，空气压缩机连接高压油泵的轴上半圆键应朝向上方。

装配喷油泵时，转动自动提前器壳体上的刻线与指针重合，此时为喷油泵第一缸供油始点；并用连接器将其与空气压缩机连接。若发现连接器上的螺栓孔不对中，说明油泵安装的倾斜角度不正确。

二十、供油提前角的调整

(1)打开飞轮壳观察孔橡胶塞。

(2)转动飞轮至一缸压缩上止点前 14°的位置，对准飞轮壳上的固定指针。

(3)松开连接器的两枚螺钉。

(4)转动自动提前器,使提前器壳体上的刻线与油泵体上指针重合;此时,即为喷油泵第一缸供油始点。

(5)锁紧连接器的两枚螺钉。注意:转动自动提前器方向与发动机旋转方向相同为供油正时提前,转动方向相反,为供油正时迟后。

若感觉供油正时稍早或稍晚,可松开连接器上的紧固螺栓,调整连接盘的腰形孔与钢片组之间的相对位置,向机体外转动,供油提前角变大(供油提前);反之,变小(供油迟后)。

知识点 3　发动机的磨合

一、发动机磨合的意义

微课 8-2
发动机的磨合

总成修理的发动机使用的零件有新有旧,零件的技术状况相差较大,修理工艺装备和企业生产技术水平又存在着很大的差异。有些总成修理的发动机在磨合中会出现拉缸、烧瓦等严重故障。因此,总成修理的发动机进行科学的磨合就更为必要。

1. 形成适应工作条件的配合性质

(1)扩大配合表面的实际接触面积　新零件和经过修理的零件,由于表面微观粗糙和各种误差,装配后配合副的实际接触面积仅为设计面积的 1/1 000～1/100,配合表面上单位实际接触面积的载荷就会超过设计值的百倍乃至千倍。微观接触面在高应力、高摩擦热作用下就容易产生塑性变形和黏着磨损,引起咬黏等破坏性故障。因此,使新零件在特定的磨合规范下运动,粗糙表面的微观凸点镶嵌其上并产生微观机械切削现象,使实际接触面积不断扩大,在短期内形成适应正常工作条件的配合表面。

(2)形成适应工作条件的表面粗糙度　每一种工作条件均有其相应的表面粗糙度,零件加工的表面粗糙度与工作条件的要求差距甚大。在磨合中才能形成适应工作条件的表面粗糙度。

(3)改善配合性质　由于磨合磨损形成了适应工作条件的实际接触面积和表面粗糙度以及配合间隙,不但显著地提高了零件综合抗磨损性能,也减少了其摩擦阻力与摩擦热,故障率降低,提高了大修后发动机的可靠性与耐久性。

2. 改善配合副的润滑效能

磨合使配合间隙增大以适应正常工作条件,改善了润滑油的泵送性能,增大了配合副间润滑油流量,不但改善了配合副的润滑效能,也有利于保持正常的工作温度和配合表面的清洁。

3. 提高发动机的可靠性与耐久性

金属在低于或近于疲劳极限下,磨合一定的时间,实现"次负荷锻炼",可以明显提高金属零件的抗磨损能力和抗疲劳破坏能力,从而提高机械的可靠性和耐久性。

发动机全部磨合过程由微观几何形状磨合期、宏观几何形状磨合期、适应最大载荷表面准备期三个时期组成。微观几何形状磨合期内(第一时期),微观粗糙表面因微观机械加工作用逐渐展平,表面金属被强化,显微硬度成倍提高,产生剧烈的磨损,增大配合间隙,形成适应摩擦状态的工作表面质量。宏观几何形状磨合期内(第二时期),零件表面形位误差部分的得以消除，磨损量逐渐减小，机械损失减弱。适应最大载荷表面准备期内（第三时期），零件磨损率和发动机动力性、经济性逐渐稳定，故障率降低，可靠性提高后两个磨合时期发动机装限速片，在限速限载条件下的运行过程中完成，称为“汽车走合”。第一时期磨合则于出厂前在台架上完成，称为“发动机磨合”。

二、磨合规范

选择合理的发动机磨合试验规范，才能保证磨合质量高，磨合过程中金属磨损量小，延长发动机寿命。发动机的磨合规范包括发动机转速、负荷及各阶段的磨合时间。发动机磨合分冷磨合与热磨合两个阶段。冷磨合是由外部动力驱动总成或机构的磨合。而发动机自行运转的磨合则称为热磨合。其中发动机自行空运转的磨合则称为无载热磨合；加载自运转磨合称为负载磨合。发动机的磨合质量在材料、结构、装配质量等条件已定的情况下，主要取决于磨合时期的转速、载荷、磨合时间、润滑油品质。因此，由磨合转速、载荷和磨合时间组成了发动机的磨合规范。

1. 冷磨合

冷磨合是对气缸与活塞环、曲轴轴承和凸轮轴轴承等主要配合表面的磨合。故磨合时侧置气门式发动机不装气缸盖、顶置气门式发动机不装火花塞或喷油器（柴油机）。一般在专门的设备上进行。图 8-5 是一种冷磨合、热试与测功的联合装置。它包括发动机安装凸缘盘、测功装置（也是加载设备）、拖动装置（包括连接电动机的摩擦离合器和变速箱等），还有润滑油供给装置、测油耗及发动机转速等辅助设备。

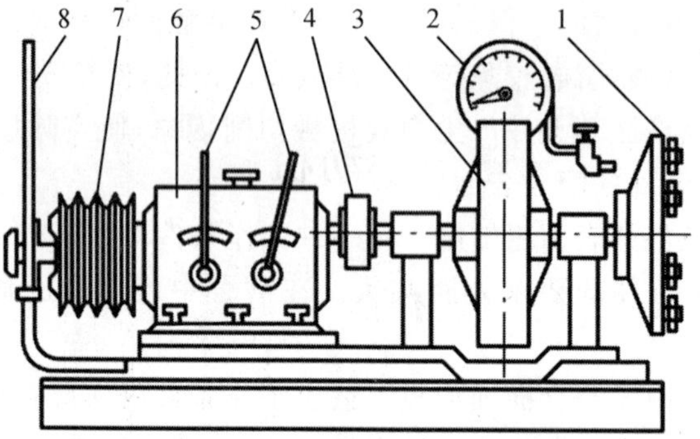

1. 凸缘盘　2. 称力机构　3. 水力制动鼓　4. 反向离合器　5. 变速手柄
6. 变速箱　7. 摩擦离合器　8. 离合器手柄

图 8-5　发动机磨合、试验、水力测功联合装置

2. 冷磨合规范

(1)冷磨合转速　起始转速 400～500 r/min、终止转速 1 200～1 400 r/min。起始转速过低，由于曲轴溅油能力不足、机油泵输油压力过低，难以满足配合副很大的摩擦阻力和摩擦热对润滑、冷却、清洁能力的需求，极易造成配合副破坏性损伤。由于高摩擦阻力和高摩擦热的限制，起始转速也不能过高。

(2)发动机磨合的关键是气缸与活塞环、活塞和曲轴与轴承等配合副的磨合。配合表面上的载荷主要由活塞连杆组的质量和离心力形成的。据有关资料介绍，在 1 200～1 400 r/min 转速范围内单位面积上的载荷最大。超过或低于此转速，载荷反而减小，均会影响磨合效果。

(3)磨合转速采取了四级调速　无级调速磨合效率低，在每级转速下，随着表面质量的改善，磨损率逐渐下降至平衡状态。为了提高磨合效率，故采用有级调速。

(4)冷磨合载荷　单靠活塞连杆组所产生的载荷显然不够，磨合效率低。实践证明，装好气缸盖，堵死火花塞螺孔，借助气缸的压缩压力来增加冷磨合载荷是极为有益的。

(5)冷磨合的润滑　现行的润滑方式有自润滑、油浴式润滑和机外润滑。实践证明：机外润滑方式最佳，对提高磨合效率极为有利。所谓机外润滑是指由专门的泵送系统，将专门配制的黏度较低，硫化极性添加剂含量高的专用发动机润滑油；以较大的流量送入发动机进行润滑的润滑方式。不但使摩擦表面松软，加速磨合过程，而且润滑、散热以及清洁能力很强，还可以提高磨合过程的可靠性。

(6)磨合时间　各级转速的冷磨合时间约 15 min，共 60 min。

3. 热磨合规范

(1)无载热磨合　无载热磨合是为有载热磨合做准备，其磨合原理与冷磨合类似，因此无载热磨合转速取 800～900 r/min。

(2)有载热磨合　起始转速为 800～900 r/min，磨合终了转速一般取 1 300～1 500 r/min，采取四级调速。磨合时间，多以每级磨合中的转速变化或润滑油温度来判断。当每级负载不变时，随着磨合的延续，零件工作表面质量改善、摩擦损失减小，发动转速会有明显的升高，表明这一级磨合已达到了要求，就可以转入高一级转速负载梯度的磨合。也可以用润滑油的温度变化评价每级磨合时间，在发动机冷却液温度保持恒定的条件下，摩擦阻力进入稳定阶段后，润滑油温度也从升温转入温度稳定状态，就可以转入高一级磨合。实践证明，上述磨合规范的总磨合时间为 120～150 min。

任务二　柴油发动机综合故障分析

【任务目标】

✓ 知识目标

1. 掌握农机发动机的故障现象；
2. 掌握农机发动机的故障原因。

✓ 能力目标

1. 能够规范使用设备、工具；
2. 能够进行发动机典型故障分析；
3. 能够进行发动机异响判别。

✓ 素质目标

1. 严格执行柴油发动机综合故障分析的安全操作规范；
2. 严格执行柴油发动机综合故障分析的“6S”管理规范；
3. 培养团队协作意识、责任意识和爱岗敬业精神；
4. 培养学生自主学习、归纳总结、语言表达的能力；
5. 培养学生对“三农”发展的信心。

【任务工单】

任务工单见表 8-2。

表 8-2　柴油发动机综合故障分析任务工单

专业			操作时长	40 分钟		
班级			机型	农机 4 缸柴油发动机		
学号			时间	年　月　日		
姓名			成绩			
柴油发动机综合故障分析作业表						
序号	作业内容	作业要点	配分	评分标准	得分	备注
1	安全文明生产	(1)做好操作前的准备,包括检查和备齐所需的工具、量具与零件、设备; (2)遵守安全操作规程,正确使用工具,操作现场整洁	10	未达到要求,1 次扣 2 分,扣完为止		
2	曲柄连杆机构异响判别	(1)主轴承敲击声; (2)连杆轴承敲击声; (3)活塞撞击气缸声; (4)活塞销敲击声	20	未能正确操作,1 次扣 2 分,扣完为止		
3	配气机构异响判别	(1)凸轮轴轴承敲击声; (2)气门敲击声; (3)气门弹簧断裂的碰撞声; (4)气门与活塞碰撞声	30	未能正确操作,1 次扣 2 分,扣完为止		
4	发动机典型故障分析	(1)柴油机窜气的主要原因; (2)柴油机拉缸的主要原因; (3)拉瓦的原因; (4)燃油消耗率达不到规定指标的原因; (5)柴油机工作时排气冒黑烟、青烟、白烟的故障原因; (6)柴油机油水混合的主要原因	30	未能正确操作,1 次扣 2 分,扣完为止		
5	技术要求	(1)遵守安全操作规程; (2)正确使用工具,操作现场整洁	10	未达到要求,1 次扣 2 分,扣完为止		
评分说明		(1)工具及零件掉在地上每次扣 1 分; (2)量具掉在地上每次扣 3 分; (3)因操作失误造成零件及工具、量具损坏每次扣 2 分; (4)违反安全操作规程每次扣 1～3 分; (5)因违规操作发生重大人身或设备事故,按零分计				
学生签字			教师签字			

【相关知识点】

知识点1 农机发动机的故障概述

在发动机使用中，发动机的故障原因往往涉及各机构和各系统，为尽快找到故障所在，应先根据故障现象确定故障性质，进而查明故障所属机构或系统，最后根据各机构或系统的故障诊断方法查明具体故障原因。为便于分析发动机总装后运行中出现的具体问题，本书汇总了发动机的综合故障诊断。

一、发动机故障现象和原因

1. 柴油机故障现象

(1)声音异常 如有不正常的敲击声、吹气声、放炮声等。

(2)速度异常 如飞车、怠速不稳、最高空车转速超标等。

(3)动作异常 如不易启动、带不动负荷、功率达不到标准、工作时产生剧烈震动等。

(4)外观异常 如冒白烟、黑烟、蓝烟，漏气、漏油、漏水和碰坏零件，油漆色泽差和外表生锈，装调质量差，螺栓长短零件相对位置不符合要求。

(5)温度异常 如机油、冷却水和排气温度过高，轴承过热。

(6)压力异常 如机油压力过高或过低，气缸内压缩力低，柴油机爆发压力低等。

(7)气味异常 如产生焦味、臭味和烟味。

2. 柴油机故障的原因

(1)润滑系统零部件装调不当 如粗滤器垫片装反向，机油管法兰平面挠裂及长短不对致使螺栓拧紧后平面密封不良，以及螺栓漏紧、调压阀橡皮圈切断和闷芯因杂质或机体上孔同轴度不对致使闷芯卡滞，油底壳或主油道螺塞未拧紧，细滤器皇冠螺母松动、机油冷却器缩松砂眼，开车前机油未加到油尺规定刻线等，都可能引起漏油、油压过低、无油压甚至“咬车”等重大故障。

(2)冷却系统零部件装调不当或冷却系统布置不当 可能引起水泵、缸头、出水管、节温器漏水，风扇打坏水箱，柴油机过热和水箱开锅等重大事故。柴油机断水就会引起拉缸烧瓦，若断水后立即加入冷水有可能引起座圈脱落，受热零件变形或裂纹。

(3)燃油系统零部件装调不当 如油泵与空压泵同轴度调整不当，大于0.2 mm，油泵联轴节螺栓及油泵托架螺栓未拧紧，都可能引起联轴器簧片断裂；供油提前角和喷油压力不符合将导致功率不足，油耗超标；油泵未调整好会引起扭矩点不符及怠速不稳、飞车等常见故障。输油泵大六角闷头、三角法兰平面、各油管接头等处漏油是常见故障。

(4)主轴承与连杆轴承装配位置颠倒或错误，配合间隙及扭紧力矩不符合规定要求，造成烧瓦或磨损严重等重大事故。

(5)定时齿轮装合关系错误，气道或气缸掉入异物，造成敲缸。供油时间不正确，使燃烧条件恶化，功率不足，排气冒烟，启动困难，甚至根本不能启动。

(6)活塞与缸套配合间隙不符合要求，活塞环开口位置没有按120°交错安装，扭曲环装倒，造成活塞环窜气和窜油现象。

(7)气门间隙不符合要求造成气门关闭不严，或加速配气零件的磨损，影响油耗及功率。

3. 柴油机零件质量问题

(1)铸件缩松砂眼、有细小裂纹,装在柴油机上,初期运转时不易暴露,但使用一段时间后,上述缺陷逐渐扩大,引起漏水、漏油、油水混合及零件损坏。

(2)机体主轴承孔同轴度不合格,个别主轴承孔径小,曲轴同轴度超差,会引起烧瓦事故,安装阻水圈的孔太小或缸套水套间隙太小,会引起拉缸。

(3)零件精度和部件精度及材质不符合要求是产生故障的最主要原因。如气门弹簧材质有微孔,运转后在 2 000 h 内常发生断裂敲缸或拉缸事故,凸轮轴金相组织不合格造成凸轮早期磨损。喷油器油嘴焦死导致雾化不良,引起功率不足、冒黑烟。缸套失圆和多棱形引起拉缸。

4. 违章操作

(1)新车时油泵上部左侧的怠速限位螺钉未松开,致使发动机刚运转就升至高速,未经磨合而直接高速运转常出现烧瓦、拉缸等严重事故。

(2)冷车启动后,未经过暖车,而马上带负荷使用,造成零部件严重磨损或损坏。

(3)长时间超负荷、超速运行及发生飞车事故,造成零件严重磨损或损坏。

(4)带负荷停车,受热零件因冷却过快产生裂纹。

(5)运转中机油和冷却水温度过低或机油温度过高、油压过低,加快零件磨损。

(6)6110 增压柴油机长期不用或新车刚使用时,必须拆掉增压器进油管对增压器加注清洁润滑油后才能启动,否则易使增压器轴承磨损,从而引起增压器转速下降,柴油机功率不足。

5. 使用维护保养不良

(1)不及时添加机油和定期更换机油,造成机油量不足或机油污染变质而丧失润滑性能。不按时清洗机油粗滤器造成机油流通阻力增加,甚至堵塞,使润滑条件恶化而引起零件严重磨损。机油精滤器不按时清洗会使胶状杂质结聚在转子内,从而使精滤失效。吸油网上的丝维状杂质不及时清理,清洗干净,会引起油压过低,甚至无油压,而造成烧瓦报废曲轴的重大故障。

(2)不按时清洗柴油滤清器和柴油箱,会使大量杂质进入各精密偶件内,引起早期磨损或喷油器油嘴焦死,油泵进油接头空心螺钉内的粗滤网堵塞而引起供油量不足,柴油机工作无力。

(3)未按时清洗空滤器或更换滤芯,会使滤清效果降低,空气流通阻力增大,进气量小,造成柴油机工作无力,排气冒黑烟和引起气缸套等零件严重磨损。若空滤器及进气系统的密封垫破损或安装不当,会造成短路,有灰尘杂质的空气直接进入气缸,引起缸套早期磨损,甚至拉缸等重大故障。

(4)未按时检查和调整气门间隙,因间隙过大造成配气机构加速磨损和气门弹簧断裂等事故。

(5)未按规定检查蓄电池充电量,及时补足电解液,使启动转速过低,造成启动困难等故障。

二、发动机异响判别

1. 主轴承敲击声

响声低闷而沉重有力。柴油机转速越快声音越响,突然提速时响声更大,有负荷或重负荷时更为显著。

2. 连杆轴承敲击声

响声比主轴承敲击声轻而响，为音调清脆而清晰的当当声。猛提转速或骤增负荷时，响声最明显。

3. 活塞撞击气缸声

响声是猛烈清晰的当当声。转速突变或低速运转及大负荷时声音更为显著，一般低温状态时响声明显，温度升高后响声减弱或消失，这是与主轴承和连杆轴承响声的显著区别。

需判断是哪一缸响，可逐缸停止喷油，如响声显著减弱或消失说明该缸有故障。

4. 活塞销敲击声

响声是一种非常尖锐，音调甚高且明显的敲击声，其声音如同用小锤打钻子。当柴油机转速变化时，特别是由高速突然降到低速时，气缸上部可听到尖锐的当当金属冲击声响。在柴油机低速时，响声缓慢而明显，猛提转速时，响声也随之加大加快；柴油机温度升高后，响声不减弱，喷油提前角加大时，响声加剧。这与活塞撞缸明显不同。

5. 凸轮轴轴承敲击声

响声是一种沉闷的敲击声。比主轴承间隙过大的敲击声稍尖锐。

6. 活塞环敲击声

当停止喷油时响声会减轻，但不会消失；如果活塞环折断，会发出一种唰唰声；活塞环与环槽间隙过大，会发出一种比较钝哑的锤击声，随着转速增高响声随之加大。活塞环碰撞缸套磨损凸肩，会产生金属碰撞声。

7. 活塞环漏气声

活塞环漏气声通常是一种空洞的渴渴声。当响声出现时，曲轴箱的通气口会有大量烟气冒出。

8. 飞轮敲击声

飞轮敲击声主要是飞轮螺栓松动、飞轮偏摆等造成的，是一种沉闷敲击声。

9. 气门敲击声

在低速运转时，发出连续不断、有节奏的较轻微的嗒嗒的敲击声，转速提高时，响声也随着提高，但因有数只气门一起响，响声很杂乱。

10. 气门烧损的响声

当气门烧损时，由于封闭不严，在空气滤清器处有嗤嗤的响声。严重时，触摸进气支管有烫手的感觉。

11. 气门弹簧断裂的碰撞声

响声是一种嚓嚓的声音。严重时气门不起作用（落下），这时活塞碰击气门发出当当的碰撞声，同时进气或排气管中冒出大量黑烟、转速显著下降、振动加剧。

12. 气门与活塞碰撞声

气缸盖处发出沉重而均匀的有节奏的碰撞声。

13. 摇臂轴断油的响声

响声是一种干摩擦发出的、有节奏的、连续的、不沉重的、清晰的切切声。低速时声音清晰，高速时声音减弱。

14. 气门座松动的响声

气门松动后会发出一种嚓嚓的声音。伴随这种响声的一般还有气流声。严重时,活塞在上止点时发生碰击而发出当当的响声,柴油机转速显著下降。

15. 齿轮撞击声

柴油机高速运转时,在齿轮室处可听到较尖锐而连续的镳镳声或咔啦咔啦声。柴油机降低转速时,可听到喋喋的敲击声,此响声由凸轮轴传到齿轮室外壳。

16. 机油泵内敲击声

机油过稀会发出嗡嗡的声音。

17. 喷油时间过早的敲击声

喷油时间过早会造成气缸内发出有节奏的清脆的当当声。

18. 喷油嘴滴油的敲击声

无一定节奏的清脆响亮的金属敲击声(有时出现相隔很近的两下响声),与此同时,排气管也有放炮声和冒灰白烟,运转不稳定。

可用断油法检查,当松开某一高压油管接头螺母时,响声消除,说明该缸的喷油器或喷油泵有故障。

19. 喷油泵的响声

如果工作中有砰砰的响声,而且响声总是在喷油开始时发出,表明压力过高。如果喷油泵柱塞下端的凸块折断,会使气缸发出猛烈的金属敲击声。

20. 紧固连接件松脱的响声

紧固连接件松脱后与各运动件碰撞、发出刺耳的金属摩擦声或敲击声,应立即停车检查处理。

知识点2　发动机典型故障分析

一、柴油机窜气的主要原因

(1)柴油机拉缸。

(2)柴油机烧瓦咬轴。

(3)柴油机油水混合。

(4)活塞环开口走至同一轴线上,或活塞环结胶后失去弹力。

(5)活塞与缸套磨损严重。

(6)柴油机严重超负荷运转。

二、柴油机拉缸的主要原因

(1)气缸套材质不好及内孔表面网纹太浅、储油状况不良,造成拉缸,常是360°范围内有大面积拉伤痕迹。

(2)气缸套内孔呈棱形,但手感摸不出来,运转施加负荷后在多棱形处呈多条宽10~20 mm拉伤痕迹。

(3)柴油机断水过热及汽车上坡时长期超负荷过热,水箱开锅引起拉缸,甚至咬缸。拉缸的部位常常是360°范围内大面积拉伤,甚至咬死。

(4)油环弹力超差过高,致使刮油干净,造成干摩擦引起拉缸。6110/125 柴油机的油环弹力是 65～90 N 与 68.6～98 N,油环内的撑簧必须与原环成对使用,不允许互换,否则容易使油环弹力超差偏高引起拉缸。

(5)第一道气环形状不对,手摸不能低于活塞外圆表面,气环不能灵活运动而被卡住,引起拉缸。

(6)油环或气环断裂,活塞表面碰伤,活塞销挡圈断裂或跳出,引起拉缸。

(7)活塞环开口间隙太小引起拉缸。300 系列柴油机的活塞环开口间隙均由装试工修配达标。

(8)试车及柴油机大修后未经磨合运转就升高转速或带负荷运转也会引起拉缸。

(9)润滑油质量太差、机油太黏、燃烧不良等造成活塞环胶结,导致润滑不良引起拉缸。

(10)活塞、缸套表面的碰伤或表面清洁度差,引起拉缸。

(11)机体缸套水封槽尺寸偏小,装缸套后,内孔尺寸超差变小,或呈椭圆形,引起拉缸。因此装后必须检测缸径尺寸。

三、拉瓦的原因

(1)机体主油道、润滑油管内管接头、板翘式机油冷却器芯子、曲轴油孔、连杆油孔,机油粗滤器内腔等部位的杂质和毛刺,都可直接进入轴瓦引起拉瓦。因此,提高这些关键部位的清洁度是防止拉瓦的最重要途径和最细微的任务与措施。

(2)曲轴油孔的圆角及表面粗糙度不合格、有震纹或磕碰伤、曲轴同轴度超差、跳动过大,也是引起拉瓦的主要原因。

(3)轴瓦材质不好、弹力不够、贴合度不好,引起传热、散热不良,常引起拉瓦和穴蚀。

(4)机油压力太低或断油,不仅引起拉瓦,甚至引起咬轴。

(5)机油粗滤器滤网破裂,或清洗保养机油粗滤器时,杂质进入干净油腔内,这些杂质直接进入主油道引起拉瓦。

(6)出厂试车时,柴油机与测功器同轴度未校一致,常常引起第六、第七道轴瓦拉毛及后油封座磨损,严重时造成报废曲轴及机体的重大质量事故。

(7)中速柴油机开车前未对主油道压油。6110 增压柴油机长期不用,启动时未对增压器轴承加注润滑油,常引起拉瓦及增压器轴瓦烧损。

(8)出厂试车及大修后的柴油机未经磨合就高速行驶常引起拉瓦。

(9)6110 柴油机满负荷试车时未冲水冷却油底壳,致使机油温度过高引起拉瓦。

四、燃油消耗率达不到规定指标的原因

(1)喷油提前角不对。

(2)喷油器喷油压力不对、漏油或不雾化。

(3)进排气门冷态间隙不对。

(4)进气阻力太大、应小于 3.33 kPa。

(5)高压油泵总油量太大。

(6)排气背压太大。

(7)出水温度太低。

(8)水力测功器拖重。

五、柴油机工作时排气冒黑烟、青烟、白烟的故障原因

1. 排气冒黑烟

(1)柴油机超负荷。

(2)喷油不良、喷雾太粗或滴油。

(3)燃油质量差。

(4)供油提前角不正确。

(5)空气不足。

2. 排气冒青烟

(1)活塞环磨损卡住。

(2)油底壳内润滑油油面过高。

3. 排气冒白烟

(1)喷油器雾化不良,滴油、喷油压力过低。

(2)燃油中有水。

(3)刚启动、个别气缸不燃烧(特别是冬天)。

六、柴油机调速不稳定的主要原因

(1)各缸油量不一致。

(2)喷油嘴堵塞。

(3)柱塞弹簧断裂。

(4)各配合间隙过大。

(5)喷油提前角过大或过小。

(6)柴油滤清器堵塞。

(7)输油泵进油管空心螺栓内滤网堵塞。

七、柴油机油水混合的主要原因

(1)机体挺柱孔处砂眼漏水,引起油水混合。

(2)气缸盖气道内缩松漏水,引起油水混合。

(3)气缸盖防冻堵盖未敲好及松动后漏水,引起油水混合。

(4)机体水封槽内杂质等造成阻水圈密封不好而漏水,引起油水混合。

(5)机体封水孔毛刺锐边擦伤或切掉阻水圈一块橡胶造成漏水,引起油水混合。

(6)总装气缸套敲击或气压压装时,因缸套歪斜造成缸套缸沿断裂导致漏水,引起油水混合。

(7)活塞销卡簧未装就敲击缸套,造成缸套裂缝漏水,引起油水混合。

(8)机油冷却器芯子震裂造成机油进入水道及水箱中,引起油水混合。

(9)机油冷却器芯子与盖板间垫圈未垫好,密封胶未涂均匀,螺栓未紧好,造成机油进入水道及水箱中,引起油水混合。

八、后油封漏油的原因

(1)1993 年 10 月份前生产的 6110 柴油机因设计的安装位置问题，无 2 mm 宽的回油间隙，容易引起漏油。

(2)1994 年 3 月份前生产的 6110 柴油机油封下方只有一个回油孔，这样运转时来不及回油，易引起漏油。现在已改为下方有 3 个回油孔。

(3)柴油机装配时因吊具设计、操作不当。吊运翻身时把后油封压歪，单面高低不一致，引起漏油。

(4)后油封唇口划伤及材料不合格，容易引起漏油。

(5)总装后油封时未去除曲轴头上的毛刺，装配时划伤油封唇口容易引起漏油。

(6)总装后曲轴头上未涂机油致使新车刚运转时，油封唇口干摩擦引起漏油。

(7)出厂试车时柴油机与测功器同轴度未校精确而引起后油封座回油齿隙磨平引起漏油。

(8)飞轮壳缩松后及结合碰伤后，油从螺孔中溢出来，常误判为后油封漏油，实际上是飞轮壳报废或不合格。

(9)飞轮壳止口与曲轴同轴度大于 0.27 mm，引起后油封漏油。

九、出水温度过高

(1)皮带是否过松　一般以 3～5 kg 的力在皮带中段能按下 10～20 mm 为宜。

(2)水管中有空气　一般积聚在气缸盖上部造成气囊，出水管不出水或水量很少，水温不断上升。此时应松开出水管上的温度传感器，放出空气直到出水畅通为止，再拧紧水管各接头。

(3)水泵漏水　应及时更换水封。平时应按规定周期从水泵上的黄油嘴对水泵轴承腔加注钙基润滑脂。一般汽车每行驶 2 000～2 500 km 应加注一次润滑脂。

(4)柴油机水腔及水箱内腔积垢过多　水垢的主要成分是碳酸钙、硫酸钙、二氧化硅。尤其是使用硬水、脏水的车辆，积垢严重，减少了冷却水流量并影响散热，出水温度过高。可按如下方法清洗：将烧碱(氢氧化钠)750～800 g 配煤油 150 g 置于桶内加水制成混合液，晚上加入水箱内，保存一个晚上。第二天早上启动柴油机运转 10～15 min，然后将水放出。再加入清水清洗水箱。

(5)节温器失灵，脏物堵塞，应及时清理或更换。

(6)水温感应器失灵，应及时更换。

(7)风扇不匹配或误装反向。

(8)柴油机长期超负荷运行。

(9)汽车上后置式柴油机安装位置不当，通风系统气流不畅，排气管辐射热量没有隔离，引起出水温度过高，水箱开锅。因此，必须重视汽车上通风系统气流的畅通，及时清理机器表面的灰尘污垢。

(10)使用硅油风扇离合器时，该装置失效导致风扇转速不够，可用锁块锁死，暂时解决。

(11)寒冷冬天应放尽冷却系统中的水，以免结冰时胀坏机体、气缸盖、冷却器等零件。

十、气门漏气的原因

(1)气门凡尔线角度与气门锥面角度不吻合，铰凡尔线后，容易引起气门漏气。铰刀的锥角以 $90°26'\pm2'$ 为宜。陶瓷单刃铰刀刃口支承面以 0.02 mm 为宜。

(2)气门凡尔线同心度差及有震纹将引起气门漏气。

(3)气门杆及气门导管碰撞弯曲、变形引起气门漏气。

(4)气门导管内孔超差，尺寸偏小，致使配合间隙过小，运转时受热膨胀卡死气门。

(5)气门间隙过小，运转时受热膨胀，摇臂顶开气门，致使关闭不严，引起漏气。

(6)旧机气门凡尔线积碳、磨损成凹槽或烧蚀，以及磨损后气门杆与气门导管间隙过大，气门上下运动时歪斜，引起气门漏气。

(7)气门锥面磕碰损伤引起气门漏气。

参考文献

[1] 卢华．农用发动机构造与维修[M]. 北京:机械工业出版社,2022.
[2] 杜长征．农机发动机构造与维修[M]. 北京:北京航空航天大学出版社,2016.
[3] 母忠林．国三柴油机构造与维修专题详解 300 例[M]. 北京:机械工业出版社,2013.
[4] 扶爱民．汽车发动机构造与维修 [M]. 3 版．北京:电子工业出版社,2012.
[5] 仇爱玲．内燃机构造与原理[M]. 北京:电子工业出版社,2012.
[6] 杜长征．拖拉机构造与维修[M]. 北京:中国农业出版社,2011.
[7] 李庆军．农用动力机械使用与维护[M]. 北京:中国劳动社会保障出版社,2011.
[8] 扶爱民．汽车发动机构造与维修[M]. 2 版．北京:电子工业出版社,2009.
[9] 惠东杰．柴油汽车喷油系统构造与调试技术[M]. 北京:机械工业出版社,2009.
[10] 谭影航．柴油机使用维修使用技术问答[M]. 北京:机械工业出版社,2007.
[11] 薛华．汽车发动机[M]. 大连:大连理工大学出版社,2007.
[12] 张西振．汽车发动机构造与维修[M]. 北京:机械工业出版社,2005.
[13] 郑伟光．汽车发动机构造与维修[M]. 北京:机械工业出版社,2002.
[14] 姜年强．汽车修理工艺[M]. 北京:人民交通出版社,2001.